U0189653

香草与香料

香草与香料

[英] 吉尔·诺曼 著

桑建 译

摄影：戴夫·金

中国轻工业出版社

图书在版编目（CIP）数据

香草与香料／（英）吉尔·诺曼（Jill Norman）著；
桑建译. —北京：中国轻工业出版社，2022.11
ISBN 978-7-5184-2312-5

Ⅰ.①香… Ⅱ.①吉… ②桑… Ⅲ.①香料—配制
Ⅳ.①TQ65

中国版本图书馆CIP数据核字（2018）第275389号

责任编辑：史祖福　方晓艳
策划编辑：史祖福　　责任终审：劳国强
封面设计：锋尚设计　　版式制作：锋尚设计
责任校对：晋　洁　　责任监印：张　可

出版发行：中国轻工业出版社
　　　　　（北京东长安街6号，邮编：100740）
印　　刷：鸿博昊天科技有限公司
经　　销：各地新华书店
版　　次：2022年11月第1版第3次印刷
开　　本：889×1194　1/16　印张：20.75
字　　数：420千字
书　　号：ISBN 978-7-5184-2312-5
定　　价：168.00元
邮购电话：010-65241695
发行电话：010-85119835
传　　真：85113293
网　　址：http://www.chlip.com.cn
Email：club@chlip.com.cn
如发现图书残缺请与我社邮购联系调换
221380S1C103ZYW

For the curious
www.dk.com

混合产品
纸张｜
支持负责任林业
FSC® C018179

目录

食谱 265

前言

天竺葵

自2002年本书的第一版问世以来，编者们便开始不断地探索新的食材，包括：石榴、杞果、茴香、甘蓝、各种品质的土豆、沙拉用绿叶蔬菜以及新鲜香草等。这些香料及食材的甄选范围遍布线上线下，从日韩酱料、最新品的墨西哥辣椒、到秘鲁的辣椒和香草酱，再到格鲁吉亚的中亚调味料（khmeli suneli，字面意思是"干香料"），应有尽有，编者们的热情可见一斑。与此同时，芥末的种植技术已经传入英国，藏红花也再次出现在英格兰东部埃塞克斯郡的萨弗伦沃尔登（英国国会选区）附近。

目前，食品科学家们正在研发无化学合成的新型香料色素，尽管这类研发还处在初步阶段，但是人们发现，一种生长在盐碱滩涂沙地或海岸岩缝间的海蓬子，学名为圣彼得草，也被俗称为海茴香，用它可以研制出一种咸味清鲜的绿色粉状香料，同时又能散发出类似芹菜、青柑橘皮和普通茴香的芬芳，用这种香料调味而成的意大利面清淡可口，配上海鲜酱便是一道不可多得的美味佳肴。

还记得在第一版中，编者曾介绍过食品公司所生产的"香味指纹"（第128页），例如，美国国家航空航天局（NASA）的太空食品计划中所研制出的液状浓缩香料，是一种从食用植物中直接提取出的香味精华，这种浓缩的天然香料产品最初只应用于分子料理中，但现在，人们可以随时在线上购买到包括水果、香料、香槟及其他饮料，以及类似的浓缩天然香草或香料口味的酱料等各式各样的产品。

当然，编者并不是在建议你用这些产品来代替常用的香草或香料，不过你可能会想尝试一下。假设，你做了一道量非常大的菜品，在调味料上，也许只需要充分稀释一滴液状浓缩香料即可。

在内容上，编者对香草和香料的相应信息进行了更新，并添加了更多的香草及香料混合物、调味酱汁（sauces）、调味料（condiments）以及部分品类的食盐。内容上增添食盐部分的主要原因在于，现如今，人们日常饮食中的食盐与香草和香料是相辅相成的，同时生活中也充斥着来自世界各地不同颜色、不同质地的食盐。除这些章节之外，食谱章节也相应拓宽，增添一些新的食谱配方，为大家介绍日常烹饪中香草和香料更加广泛的运用方法，以及那些源自香草及香料产区的特色美食食谱。

什么是香草和香料

香草和香料的定义，并不如字面上看起来那么明确。概括来讲，人们心目中的香草，指的是因其独特的风味和香气，而被厨师使用的植物，香草（herb）这个词，是从拉丁文"herba"演变而来的，原来的意思是"草"，或泛指"绿色作物""有叶植物"，其包括的范围要比我们现在称作香草的食物类别还要大许多。同样，香料（spice）这个词，也是源自于拉丁文的"species"，它的原意是指特定的种类，从罗马时代开始，香料就被当成一种重要的商品。大多数烹饪用的香草，都生长在气候温和的地区。而香料则多属于热带植物的产物，例如香根、树皮、种子、花苞及果实之类。无论是完整还是磨碎的香料，通常都要经过干燥后再加以使用。

本书编排方式

在定义香草和香料时，我们遵循的标准是一般的欧洲编列方法，同时根据香草和香料主要的香气与味道，作为分类的依据。有些很容易就可以归类到特定的科属，有些则很难明确地定义，可能会同时具有好几个科属的特色。举例来讲，金盏花基本味道香甜，但是却带有一点苦味；有些亚洲罗勒与其说是滋味甘甜，还不如说是辛辣；姜的味道尝起来辛辣刺激，但是同时也带有大地泥土温暖的感觉。除此之外，本书编排时遇到的另一个难处，则是因为每个人对味觉和嗅觉的表达方式有所不同，你对香气的感受可能和我不一样，而且彼此对同一种味道所使用的措辞也可能不同。

香蜂草

甘草

芥末酱

豆蔻皮

　　欧洲对香草和香料所下的定义并非世界通用。在东南亚地区，任何一种具有香气的植物，如果在新鲜时使用，就称作香草，但如果是要经过干燥后才使用，那么就算是同一种物质，也会被认定为香料。在美国，美国香料协会（American Spice Trade Association）所下的定义如下："香料，意指任何经过干燥且主要用来调味的植物。"这样的解释自然也包括了干燥的香草，甚至包括了脱水洋葱。可是这样一来，这里所指的香料就不能包括那些我们也称为香料的新鲜植物了。

有益健康的香草和香料

　　早期人们使用香草和香料，是作为医疗用途。时至今日，在很多香草和香料的原产地，当地人仍然很重视这些植物的药用功能。通常在烹饪中加入香草和香料，除了它们那令人增进食欲的香味，其中所公认的功效，如促进健康，防止胃部胀气以及帮助消化油腻食物等，也是很重要的因素。早在我们了解到什么是人体必需的营养素之前，新鲜的香草和香料就已经提供我们人体所必需的矿物质和维生素。热带地区的国家，辣椒所含的维生素C，在当地饮食中的重要性不亚于它为烹饪所增添的风味。大多数的饮食文化都认同均衡饮食的重要性。印度的烹饪，承袭他们古老传统的原则，在烹调时加入香草和香料以增添风味，同时也借此促进身心健康。

在中国，药食同源的观念源远流长。中国烹饪认为人体健康来源于五味，也就是酸、甜、苦、辣、咸，以及食物材质与色彩之间的平衡。香草属阴，例如薄荷和荷兰芹，会减缓新陈代谢的进行；反之，香料属阳，例如辣椒和姜则会促进新陈代谢。同样的道理也适用于伊朗，厨师费尽心思想在被归类成"热"或"冷"的食材中取得平衡。在西方，香草与香料为低盐和低脂肪的食物增加了风味。此外，一些证据表明大蒜可以帮助降低胆固醇。

香料的使用起源

过去人们也很重视香草和香料所具有的防腐功效。在冰箱发明之前，香草和香料的挥发性精油和其他成分，可以延长许多食物的保存期限。经过腌渍的肉类、鱼类和蔬菜，可以保存整个冬季，使用香料则可以增添这些食物的风味。尽管我们已经不再需要这些保存食物的方法，但是很多方法至今仍然继续在使用，因为我们喜欢它给食物增添的风味。

世界各地的饮食特色在于传统风味的组合和当地食材的应用。譬如，西班牙的藏红花、番红花、大蒜和坚果；法国的葡萄酒和香草；意大利的罗勒、大蒜、橄榄油和鳀鱼；英国的欧芹、百里香、鼠尾草和芥末；东欧的奶油、莳萝和葛缕子；中东的柠檬、欧芹和肉桂。在印度北部，生姜、大蒜和孜然是最重要的香料，而在南部，是芥末籽、椰子、辣椒和罗望子；泰国使用鱼露、柠檬草、高兰和辣椒；中国使用酱油、生姜和四川胡椒；墨西哥对辣椒、香菜和肉桂情有独钟。

香草和香料通过它们的香气、味道、质地和视觉吸引力来刺激所有的感官，但不要过度使用它们，加入太多的香草和香料会毁掉一道菜。你尝试一下喜欢的混合配方，就会发现香草和香料能给你的烹饪带来微妙、融洽以及复杂深奥的感觉。

Jill Norman

香草

香草的介绍

芳香天竺葵

大蒜

现在，在超市、园艺中心以及专业种植园，新鲜的香草随处可见。常见的香草通常是每周购物的一部分。香草经销商通常会出售几种罗勒、薄荷、百里香或马郁兰，也会有越南香菜和中国香葱，但有一些紫苏、米苏亚、越南香脂草、稻米草、土荆芥仍然很难找到，尽管网上可以订购到相应的种子。

新鲜香草的新市场

当代国际贸易越来越发达，现在的超市中，可以看到产自土耳其、塞浦路斯或是以色列等地的香草，这已经是司空见惯的事情了。在香草专卖店，一个星期至少会有一次小规模的进货，也包括来自日本、泰国、新加坡等地知名的热带香草。虽然现阶段异国香草的需求，可能大部分还是来自于移民社区和餐厅。但是根据我亲自调研这类香草专卖店的经验，发现许多当地的香草爱好者，对这类异国香草也非常好奇，都很乐意去尝鲜。为了这些本地香草迷，我在这次的新书里，也列入了一些新引进的香草。在美国等气候温暖的国家，已经开始种植许多香草，因此除了移民，本地需求也在逐渐增加，说不定几年之后，本地的商店除了常见的欧洲品种，也会贩卖由刺芫荽、越南香菜和土荆芥所扎成的新鲜香草束。

欧洲传统香草

　　欧洲香草对于现代烹饪仍是不可或缺的一部分。在法国，特别重视龙嵩叶、百里香、月桂和大蒜；意大利则是罗勒、鼠尾草以及迷迭香；希腊则有牛至；斯堪的纳维亚注重莳萝；英国强调荷兰芹、鼠尾草、百里香与月桂。现代厨师的烹调方式，仍免不了带有传统香草调理方法的影子。但是，随着新的香草不断出现，厨师正在积极探索不同口味的组合和尝试研究新的菜肴标准。如果你还是个香草料理的初学者，先从几道传统菜肴试试看吧。譬如：鸡肉配上龙嵩叶、墨西哥鳄梨沙拉酱拌胡萝和辣椒、烤鳕鱼时佐以萨尔萨辣酱、烤洋芋撒上迷迭香和大蒜，或是在炖牛肉时放入一束香草跟红酒共煮。一旦领会到香草调味料影响烹饪风味的关键，你就会欲罢不能地继续实验改良，创造出属于自己的独特风味。

　　我们重新发现了许多过去一度很风行、但是后来被世人所遗忘、甚至是视若杂草的香草。17世纪的欧洲，大量种植并在制作沙拉时使用香草。1966年，约翰·艾佛林（John Evelyn）的著作《沙拉》（*Acetaria*）中，就记载有30种以上沙拉使用的香草，包括罗勒、菊苣、苦苣、鼠尾草、各种水芹、蒲公英、茴香、牛膝草、锦葵、薄荷、滨藜、马齿苋、芝麻菜和酸模。1731年，菲利普·米勒（Philip Miller）在其著作《园丁字典》（*Grandener's Dictionary*）中，曾叙述如何种植香草。经人

迷迭香　　　　　　　罗勒

香葱

工培植的某些香草可以在某个淡季，甚至全年都很容易取得，但是其他香草，像是没药树、鼠尾草或是牛膝草，你就得自己栽植了。专业的香草种植园随时都在经营拓展插枝繁衍用的母株种类，以符合市场对不同香草越来越大的需求。可是同时也出现了滥用某类香草的现象，像芝麻菜和茴芹就是经常被过度使用的香草，希望这类香草不会因为潮流而改变，也不会因为滥用而从市面上消失。

香草的选择及使用

大体说来，使用香草时，大部分人看重的是其本身的香气和味道，而不是用它们来丰富菜肴的口感。香味清淡的香草，像是莳萝、荷兰芹、茴芹等，很适合鱼类和海鲜烹饪；而味道比较浓郁的迷迭香、牛至和大蒜，能为炖烤小羊排与猪排增味不少；根茎类蔬菜与百里香及迷迭香很搭；茄子适合普罗旺斯香草、青豆与香葱；番茄则跟罗勒和荷兰芹很契合。在精致与丰富的风味间找到平衡点是件非常重要的事，记得要审慎地使用香草。

由于现在大量的新鲜香草在市面上流通之故，许多厨房不再摆放各式各样小包装且易走味的干燥香草。像干燥的罗勒和荷兰芹，根本就不值得用，干燥会让它们失去香气，只剩下霉味，风味更是消失殆尽，像这类香草就该趁新鲜时食用。新鲜荷兰芹的清新草本风味和罗勒香草束中混合着大茴香和丁香飘散出来的甜美香气，让我们从嗅觉开始，再到味蕾，全都沉醉其中。跟其他的香草不同，这两种就算用量再多，也不会压过其他材料的味道，例如青酱意大利面和荷兰芹塔布雷沙拉就是最好的例子。味道浓烈的香草，如牛至、百里香、鼠尾草、薄荷和迷迭香等，就很适合拿去干燥。干燥不但能保留香气，更多时候甚至还能浓缩它们的风味。不管是新鲜的还是干燥的香草，都应该审慎使用，否则不但不能增添菜肴的滋味，反而会因为味道过强，而盖过其他一切味道。

龙蒿叶

山薄荷

捣烂叶片
要用香草制作酱料或面团时，可能要使用研钵将香草捣烂。经过捣碎后，香草的其他成分也许会释放出来。

剁碎香草
马上要用时才去剁碎香草，刚切碎的香草有着最佳的香气与滋味。

风干香草
有些香草可以自己在家进行干燥。之后摘下干燥好的叶子，放到密封罐里。

　　如果刚开始烹调就放入香草，在这道菜肴中香草就会释放出它们的特殊风味。干燥的香草要记得一开始就放下去，如果使用的香草有坚硬的叶片，像迷迭香、薰衣草、冬香薄荷、百里香和月桂等，都耐得住长时间的烹煮。如果在烹饪的过程中放入香草的梗，记得要在上菜前拿掉。如果这道菜烹调时间很长，为了保留香草的香气，在快煮好的时候，拌一些切得很细的香草叶到锅里。像薄荷、龙嵩叶、茴香、马郁兰和圆叶当归这类味道强烈的香草，在烹调的任意一个阶段都可以放入。一些精致的香草，像罗勒、茴芹、细香葱、莳萝、胡荽、紫苏、香蜂草等，它们的香精油在加热后很快就会挥发掉。所以，要保有这类香草的风味、口感以及颜色，就必须在上菜前才加入菜中。

特征

荷兰芹的香气微辣，带点淡淡的大茴香和柠檬的香味。口感强烈，带有本草植物的味道，尝起来有淡淡的胡椒味。平叶荷兰芹无论是在风味的持久度、质感或是口感上，都胜过卷叶荷兰芹。这两种都能衬托出其他调味料的香味。

使用部位

最常使用的部位是新鲜的叶子，但是茎部却有丰富的特殊香味。汉堡荷兰芹可用它的根来种植。

购买与储存

买的时候，要挑选新鲜大束的荷兰芹。用保鲜袋包好放在冰箱里。把烂掉的小枝叶剪掉，可以储存4~5天。也可以把荷兰芹切碎后冰在小容器里，或是加点水放进制冰盒里冻成冰块。绝对不要购买干燥的荷兰芹。

栽培

荷兰芹的种子要花上好几个礼拜才会发芽，如果先把种子用温水浸泡一夜，就可以加快它的发芽速度。荷兰芹在地面上播种，等它的幼苗长得足够大的时候，要记得间苗（thin seedlings）。每年播种，这样一来，当第一批在次年开始结籽的时候，第二批荷兰芹正好已经可以开始使用了。晚春时节即可采收。

荷兰芹（Parsley）
Petroselinum crispum

荷兰芹也许是唯一一种被绝大多数西方国家的厨师认为是不可或缺的香草。荷兰芹是一种应用范围广泛的耐寒两年生植物，原产地在地中海东部地区。现在，荷兰芹在大多数的温带地区都有栽培。汉堡荷兰芹的根部利用价值胜过它的叶部，在16世纪的时候，德国首度开始种植。

烹调用途

荷兰芹最受人喜爱的地方，在于它新鲜的口感。荷兰芹含有丰富的铁质、维生素A和维生素C。应用范围广，世界各地都有拿来当作酱料、沙拉、填料和蛋卷的不同做法。在盎格鲁－撒克逊的传统文化中，荷兰芹被当作调味料来使用（除制作荷兰芹酱之外）。直到近代，才开始有将荷兰芹视作盘面装饰的风气。在烹饪快结束时，加入切碎的荷兰芹，可为菜肴带来清新的风味。油炸过的卷菜荷兰芹，它深蓝色的小枝叶是炸鱼排的最佳装饰品。汉堡荷兰芹多半用在汤品和炖肉里，但是也可以在氽烫或炙烤后用与其他根茎类蔬菜一样的烹调方法来料理。它也很适合和土豆一起压成泥。

卷叶荷兰芹（Curly Parsley）
P. crispum

非常适合拿来当作盘面的装饰。如果使用在美乃滋或其他酱料中的话，卷叶荷兰芹可以增添淡淡的草本清香，以及诱人的绿色。

平叶荷兰芹（Flat-leaf Parsley）
P. c. var. 'Neapolitanum'

平叶荷兰芹又称作法国荷兰芹或意大利荷兰芹。平叶荷兰芹的绝佳风味非常适合烹调，广泛适用于欧洲与中东地区。

茎部

跟叶子相比，荷兰芹的茎部，风味没有那么好。使用时要扎成一束，用在需要长时间烹煮的高汤或炖肉里。上菜前记得把茎取出来。

风味配对

配方基本素材：荷兰芹是许多传统综合香料中的基本材料，例如法式香草束、法式调味香草末、碎荷兰芹香蒜油酱汁、意式香草酱、莎莎酱以及塔布雷沙拉（tabbouleh）。

适合搭配的食物种类：蛋、鱼、柠檬、扁豆、米、番茄及大多数蔬菜。

适合搭配的香草或香料种类：罗勒、月桂、刺山柑、茴芹、辣椒、细香葱、大蒜、香蜂草、马郁兰草与牛至、薄荷、胡椒、迷迭香、酸模、盐肤木、龙蒿。

汉堡荷兰芹（Hamburg Parsley）
P. c. var. tuberosum

汉堡荷兰芹多半种植在欧洲中北部，栽培的方法并没有比平叶荷兰芹困难多少。汉堡荷兰芹的根长得跟小株的欧洲防风草很像，有时候圆圆的根也有点像块根芹。汉堡荷兰芹的味道介于荷兰芹和块根芹之间，带点淡淡的坚果香。叶子无论是在香味还是口感上，都显得比较粗糙。

特征

马齿苋有淡淡的香气，肥厚的叶片和茎的部分，尝起来有一种清新的柠檬味，带点淡淡的辛辣味和涩味，嚼起来脆脆的，很多汁。

 使用部位

叶片和嫩枝均可使用。花朵可加入沙拉中。使用马齿苋时，都只吃新鲜的。

 购买与储存

新鲜的马齿苋，如果用保鲜袋包好放在冰箱的蔬果保鲜柜，可放2~3天。夏季的希腊和土耳其商店，往往会陈列大把大把的马齿苋。墨西哥的市场也很容易看到马齿苋的踪迹。

 栽培

马齿苋适合种在日光充足的地方，以潮湿的松土培植。初夏时在户外播种，60天之后叶片就可以采收。如果天气炎热干燥，跟其他的香草比起来，马齿苋需要浇更多的水。收割马齿苋时，离地面有一点距离，留下两片叶子继续生长。制作沙拉时，通常会使用嫩叶部分，否则吃起来太老。花期为夏季，开小黄花，但是开花时间很短，只开在中午这段时间。

 风味配对

适合搭配的食物种类：甜菜根、蚕豆、黄瓜、鸡蛋、菲达乳酪、新土豆、菠菜、番茄、酸奶。

适合搭配的香草或香料种类：琉璃苣、茴芹、水芹、芝麻菜、沙拉地榆、酸模。

马齿苋（Purslane）
Portulaca oleracea

马齿苋是一种蔓生的一年生植物，在世界各地均可看得到。在南欧和中东地区，已经食用数个世纪之久。马齿苋有丰富的铁和维生素C，同时也是 ω -3的最佳来源。ω -3是脂肪酸的一种，能够帮助维持心脏健康。

烹调用途

嫩叶部分很适合加在沙拉里面。将剁碎的马齿苋混合在蒜味的酸奶酱里，就是中东烤肉常见的佐料。马齿苋同时也是一种名叫法多胥（fattoush）的黎巴嫩沙拉的基本材料。

将较老的叶子部分汆烫后，就可以当作蔬菜食用。经过烹煮后，会加强马齿苋的黏性，很适合用来当作汤品或炖菜的勾芡。例如土耳其传统的料理——小羊肉炖豆，就会加一大把马齿苋进去。马齿苋是地中海沿岸汤品很常见的食材。

墨西哥料理则会将马齿苋跟猪肉、墨西哥绿番茄（tomatillos）、红辣椒、特别是当地的烟熏墨西哥辣椒（somky chipotle chillies' p.245）一起烹煮。

新鲜的枝桠与花朵
绿马齿苋有椭圆形、厚而多汁的肉质，茎则是圆形带一点红色。金色马齿苋（*P.sativa*）植株比较小，也不耐寒。

春艳花（Claytonia）

Claytonia perfoliata

春艳花，又称作冬季马齿苋或矿工的莴苣，是一种模样纤柔、耐寒的一年生植物，非常适合当作冬天的沙拉用香草。"矿工的莴苣"这个外号，源于加州淘金热时，矿工经常吃这种野生植物，来避免得坏血症。就像马齿苋这类跟它不同的香草一样，春艳花含有丰富的维生素C。

烹调用途

春艳花的叶片、嫩茎还有花朵，是调制一钵沙拉时既实用又美观的香草。我个人特别欣赏春艳花的耐寒性，尤其当其他沙拉用植物可能因为不耐寒而干枯的时候，特别好用。叶片和叶柄都可以拿来烹煮，试着单独料理，或者和其他植物一起烹煮，炒拌时用一点蚝油酱汁来提味。

新鲜的枝桠与花朵

春艳花的叶片，会围绕着它的嫩枝生长。夏初时，在细枝上会开小白花。

特征

春艳花没有香气。尝起来滋味清淡。

使用部位

叶子、嫩茎和花朵。

购买与储存

北美洲是春艳花的原产地。在北美的草原阴凉处，可以采集到野生的春艳花。欧洲比较少见野生春艳花的踪迹。一旦采下春艳花后，最好马上使用。但是如果用保鲜袋包好，放在冰箱里的蔬果保鲜室，可以储存1～2天。

栽培

有些香草苗圃现在都存有春艳花的母株可插枝，但其使用播种的方式，也很容易栽种成功。春天播种，夏天就能使用；夏天播种，冬天就可以采摘。种在花园的春艳花通常能平安度过冬天，除非那年特别严寒。春艳花喜欢疏松的土壤，但是也颇能适应环境。若要找装饰花园四周的植物，春艳花再适合不过了。

风味配对

适合搭配的香草或香料种类：水芹、细香葱、芝麻菜、酸模。

特征

琉璃苣的香气温和淡雅，风味带点略强的小黄瓜味。口感清凉，尝起来清新中又有点淡淡的咸味。

使用部位

叶片和花朵。不要使用硬茎。

购买与储存

琉璃苣都只使用新鲜的。如果用沾湿的厨房用纸或保鲜袋包好，放在冰箱保鲜室，可以储存1～2天。一旦摘下花就要马上使用，否则琉璃苣的花朵很快就会枯萎。可以将花朵冻成冰块，然后加进饮料里。

栽培

种植琉璃苣时要在日光充足的地方，要有排水良好的土壤。这是一种长得乱蓬蓬的大丛植物，很容易就自动散播种子繁衍。栽培琉璃苣的时候，记得只在你确定想要的地方，因为琉璃苣的主根很长，不容易移走。春夏两季皆可采取琉璃苣的嫩叶，一旦花开了，就要尽快摘下使用。

风味配对

适合搭配的食物种类：鳗鱼和其他脂肪含量高的鱼类、土豆沙拉、白乳酪、酸奶；皮姆鸡尾酒和其他常见的夏日低度酒精饮料。

适合搭配的香草或香料种类：茴芹、水芹、莳萝、大蒜、薄荷、芝麻菜、沙拉地榆。

琉璃苣（Borage）
Borago officinalis

这种强韧的一年生植物原产于南欧和西亚地区，现在在全欧洲和北美洲各地都已移植成功。人们之所以会想种琉璃苣，单纯是为了那星形蓝花令人赞叹不已的美丽。以前的香草学者，认为食用琉璃苣具有振奋人心及鼓舞勇气的功效。时至今日，他们发现琉璃苣能刺激肾上腺，同时还有轻微的镇静与抗抑郁效果。

烹调用途

琉璃苣是调制沙拉的基本香草种类。记得将嫩叶切碎使用，如果留下完整的叶片，会因毛茸茸的质地而不爽口。将切碎的叶片配上小黄瓜拌酸奶或酸奶油，然后将做好的部分加进姜汁或莎莎酱里。比较老的叶子，可用水煮或煎炒处理。与我们烹调菠菜的方法一样，意大利人会将琉璃苣配上菠菜和面包屑、蛋和巴马乳酪，然后当作意大利方饺和意大利肉卷的内馅。土耳其人则会把琉璃苣的叶子加到绿豌豆汤里。

在沙拉中添加琉璃苣的花朵的话，能为沙拉增添一种类似小黄瓜的风味。漂浮在奶油浓汤上的花朵，则是最美丽的点缀。如果加进皮姆（Pimm）英式鸡尾酒的壶里，更能增进鸡尾酒的风味。将琉璃苣的花朵用糖煮过，就可以将做好的琉璃苣蜜饯拿来装饰蛋糕和甜点。食用琉璃苣的时候，一定要记得控制用量。

新鲜的叶片与花朵

所有琉璃苣这种植物的新鲜叶子与花中，只有*B.officinalis*这个品种可以食用。人类栽培出开白花的变种*B.o.*"亚巴"（Alba），它的用法跟开蓝花或紫花的品种一样。

沙拉地榆（Salad Burnet）
Sanguisorba minor

沙拉地榆是一种外观优美、丛生的多年生植物，有着深绿边缘带锯齿状的叶子。尽管外表看起来很脆弱，但事实上沙拉地榆非常耐寒且强韧，常会穿透薄雪伸展它常青的叶片。原产地在欧洲和西亚。早期的欧洲移民将沙拉地榆引进北美，如今已在当地落地生根了。

烹调用途

生吃是最能尝出沙拉地榆羽毛似嫩叶之微妙滋味的方式。尤其在秋冬时节，沙拉香草短缺的时候，加入沙拉中特别好用。将沙拉地榆剁碎后，可当作蔬菜或蛋料理的调味料。也可跟龙蒿、细香葱、茴芹搭配，这就成了上等的香草组合。叶片的部分，非常适合切细撒在汤或砂锅料理上，也很适合做成酱料和香草奶油。虽然很多人觉得沙拉地榆是醋的最佳调味伴侣，我却认为不太合适。

新鲜的枝桠
柔软幼嫩的叶片风味最佳。可爱的小红花则是一点味道也没有。

特征
沙拉地榆本身不具有香气，风味淡雅，令人联想到小黄瓜的淡淡涩味，同时隐约也有点坚果味。老化的叶片会变得苦涩，最好要先煮过再使用。

使用部位
叶片和嫩茎。

购买与储存
如果用保鲜袋包好放在冰箱的蔬果保鲜室，沙拉地榆可以储藏1~2天。在某些欧洲地区，在市场上成束的沙拉地榆和其他香草、沙拉蔬菜陈列在一起。

栽培
沙拉地榆很容易种植，在日光充足或稍微避阴的地方，用松软排水良好的土壤来栽培，就会长得很茂盛。摘掉尖端的花朵以及时常修剪叶片，这两种方式都能促进沙拉地榆的成长。在第二年后再分株，就可以长保嫩枝生长。

风味配对
适合搭配的食物种类：蚕豆、奶油干酪、小黄瓜、蛋、鱼、生菜沙拉和番茄。

适合搭配的香草或香料种类：茴芹、细香葱、春艳花、薄荷、荷兰芹、迷迭香和龙蒿。

特征

绿紫苏有着甜美而强烈的香气，带有肉桂、小茴香、柑橘、大茴香、罗勒的味道，入口之后则有令人愉悦的温暖口感。红紫苏没有绿紫苏香，风味比较柔和，带点微微的木头霉味，像小茴香、胡荽叶，并略带肉桂的香味。

使用部位

叶片、花朵和嫩芽。种子因商业应用，一般用来榨油。

购买与储存

在亚洲商店可以买到新鲜的紫苏叶。如果用保鲜袋包好放冷藏，可以储藏3～4天。市面上也有卖真空包装的红紫苏叶。日本商店有卖干燥的紫苏，储藏在密封罐中，可以保存6～8个月。

栽培

虽然紫苏对土壤或生长环境不太挑剔，但是不能泡水，也怕霜。喜欢排水良好的松软土壤，适合在遮蔽的日光充足的地方生长。择除紫苏的顶端嫩芽，可以促进它生长得更茂密。紫苏很容易自我繁衍，特别是红紫苏。

风味配对

适合搭配的食物种类：牛肉、鸡肉、英国小胡瓜（courgette）、鱼类、长条白萝卜、面条、意大利面食、土豆、米和番茄。

适合搭配的香草或者香料：罗勒、细香葱、新鲜腌姜、香茅、三叶芹、荷兰芹、日本花椒、山葵。

紫苏（Perilla）

Perilla frutescens

紫苏，或者使用它的日本名字称呼——shiso，它芬芳的叶片在日本、韩国和越南都被广泛使用。近年来，澳洲、美国、欧洲地区的厨师也开始探索紫苏的风味。紫苏是一种一年生的草本植物，是薄荷和罗勒类植物的近亲，原产地为中国。干燥的紫苏并没有新鲜紫苏好。

烹调用途

日本红紫苏主要用于着色和腌渍酸梅，梅干的日文名称为umeboshi，意指用盐腌渍的梅子（干咸"李子"）。紫苏和寿司生鱼片一起食用，据说可以去除生鱼中的寄生虫。叶子也被用来做汤和沙拉，用来包年糕。紫苏沾上面糊可以炸天妇罗。越南的做法是将紫苏切碎，加到面条里，或用绿紫苏叶将烤过的肉、虾还有鱼包起来，然后淋上辣酱，有时候做沙拉也会用到。

做饭的时候加入切碎的紫苏，味道会非常好，如果找不到新鲜的可以用干燥的代替。近年来我一直种植紫苏（种子在网上很容易买到），大多使用红紫苏在沙拉里或是配菜，现在我也越来越多地使用绿紫苏。在烤鱼或蒸鱼的时候往鱼肚子里塞入柠檬和青柠片，或加进鱼肉或者鸡肉料理的酱汁中，不然就拿绿紫苏取代罗勒，加到莎莎酱里。有时候我也会用绿紫苏代替罗勒和番茄，放入意大利面食中。有实验表明，从种子中提取的油是$\omega-3$脂肪酸的丰富来源。

绿紫苏（Green Perilla）

P. frutescens

绿紫苏的叶片毛茸茸的，很柔软，叶子边缘皱缩卷曲。看起来有点像芝麻菜。

三叶芹（Mitsuba）

Cryptotaenia japonica

三叶芹又称为日本荷兰芹、日本茴芹或是三叶草。这种生长在凉爽气候条件下的香草，是日本野外很常见的多年生植物，常出现在日本料理中，用途很广泛。现在无论是澳洲、北美洲还是欧洲都有人工培育。最初栽种的目的只是为了供给日本餐馆，但如今，也出售给一般香草的爱好者。

烹调用途

在日本，三叶芹被拿来吊汤或用来炖煮料理以及给煎饼调味。也有加到沙拉或油炸类、醋渍料理中。此外，三叶芹无与伦比的优雅风味，很适合配上松茸。这道菜日文称作matsutake no dobinmushi，是一种每年只有在珍品松茸出产的当季那几周，才吃得到的珍馐。

这道料理是将松茸在高汤中煨煮，等到快起锅的瞬间放入三叶芹。如果将一小束三叶芹，在叶柄处打个结，再炸，就是天妇罗料理。料理时，通常会将三叶芹稍稍汆烫一下，这样一来，叶子就会变得更柔软。不然就是在煎炒的食物起锅前放入。煮太久会破坏三叶芹叶片的风味。而其外观看起来像水芹的抽芽幼苗，也是沙拉的最佳食材。

新鲜的叶片

三叶芹的日文原意，指的是三叶草，每三片小叶子构成一枝叶柄。三叶芹的含义跟英文中的"trefoil"遥相呼应。

特征

三叶芹的香气很淡，但是尝起来的味道特殊，温和不夸张的口感非常宜人。带有茴芹、当归、芹菜的味道，似乎含有酸模的涩味，隐约有着丁香的风味。

使用部位

叶片和叶柄。

购买与储存

在日本或亚洲商店应该可以买到三叶芹，不然的话，就到香草苗圃去买一株回来吧。如果用浸湿的厨房纸巾或保鲜袋将三叶芹包好，放进冰箱的蔬果保鲜室，可以保存5～6天。

栽培

三叶芹是林地植物，在略微阴暗的地方长得很好。这是一种非常容易散播种子、自我繁衍的植物。到了夏天的时候，三叶芹会在叶片上开小白花。从春天开到秋天，甚至是冬天，三叶芹的叶子和细长的叶柄都可以采收，但是它的寿命不长，我们的种植经验是4～5年后重新种植三叶芹。

风味配对

适合搭配的食物种类：蛋、鱼类、海鲜、蘑菇、家禽、米；对大多数蔬菜来讲，也很适合做配菜，尤其是甜味的根茎类，像胡萝卜或欧洲防风草等。

适合搭配的香草或香料种类：罗勒、细香葱、姜、香蜂草、香茅、马郁兰草和芝麻。

特征

滨藜本身没有香味，叶片部分有像菠菜一样温和的味道，和大多数辛辣的沙拉用香草形成鲜明的对比。

使用部位

嫩叶。

购买与储存

种子和植物可从香草苗圃买到。最好在采摘后直接使用，不过如果用保鲜袋包好后，放在冰箱果蔬保鲜室可以保存一两天。滨藜有时会在高级沙拉香草包里出现。

栽培

如果使用肥沃、排水良好的土壤来栽培，就会长出比较大的叶片。红滨藜适合种在阴凉的地方，不然叶子会被太阳晒焦而枯萎。滨藜生长得很快，最好在晚春播种，到夏季再播种一次，以保证幼叶的持续供应。滨藜很容易长得又高又乱，如要避免这种情况，就需要经常摘叶片，当花朵开始结穗的时候，马上就要除掉，这样滨藜就会长成茂密的一丛。滨藜是一种会自我播种的一年生植物。

风味配对

适合搭配的食物种类：意大利沙拉植物卡拉罗那（catalogna）、玉米沙拉、生菜、日本沙拉菜、芥菜和其他蔬菜沙拉。

适合搭配的香草或香料种类：琉璃苣、菊苣、水芹、莳萝、茴香、马齿苋、芝麻菜、沙拉地榆和酸模。

滨藜（Orach）
Atriplex hortensis

　　滨藜是藜属植物的一种，就像藜（p.116）。它生长在欧洲和大部分亚洲温带地区，以前被采集并作为蔬菜种植。滨藜原来叫作山菠菜，但是已经很久没有人这么叫了，滨藜属植物已被重新发现并作为一种有吸引力的沙拉用香草。

烹调用途

　　滨藜最好的烹调方式是作为沙拉用的香草，但它也可以跟菠菜或酸模一起烹煮（可以减轻酸模的酸度）。三角形的叶子，尤其是红滨藜，是沙拉钵上最美的装饰，同时也是布置花园的最好植物。

新鲜的叶片

绿滨藜属植物有淡红色的茎；红滨藜属植物有深紫色的叶和茎。

没药树（Sweet Cicely）

Myrrhis odorata

没药树很容易被人忽视，但它是美味的天然甜味剂，从深秋到初春，它的叶片保持绿色并且可食用。在欧洲遥远的西部到高加索山脉，这中间的高地牧场，是没药树生长的地方，所以它很耐寒。人们很早之前就将它移植到北欧，现在在其他温带地区也有人工种植。

烹调用途

在烹饪的时候放入没药树的叶子和绿色的子，尽管它自身的味道会消散掉，但是它可以降低醋栗和大黄这类水果的酸味。如果在水果沙拉和奶油干酪甜点中加入叶子，就会增添一种大茴香的味道；如果是用在蛋糕、面包和水果派里，则可以增添甜味和微妙的香味。没药树也很适合加在咸的菜肴里，不过，为了不使风味流失，最好等到快煮好的时候再加入。嫩叶的尖端可以用在蔬菜沙拉和小黄瓜中，会带来一种微妙的味道；也可以加入酸奶和奶油中，用在鱼贝海鲜类的料理中，将没药树的叶子切碎，加到蛋卷和清汤中，再将它们加入到胡萝卜、欧洲防风草、南瓜煮烂后过滤的浓汤中，味道会非常鲜美香甜。没药树的叶子可以当作乳酪的装饰，花朵可以装饰沙拉。

新鲜的枝桠

到了晚春的时候，这种叶片如羽毛般的高大植物会开出香气甜美、有花边的白色花朵，开花后，会结成一球球的又大又可爱的种子荚。

特征

没药树的香味充满了吸引力，麝香味道中还有些许圆叶当归和大茴香的味道。尝起来味道很甜，像大茴香，并有一点点的芹菜味道。整棵没药树都有香味，还没有成熟的种子的味道是最强的，质地像坚果一样。成熟的种子颜色会变黑，有光泽，风味较淡，纤维较多，不容易嚼碎。

使用部位

新鲜的叶子、花朵和绿种子。以前，生的没药树根部，也会拿来加在沙拉里或是当作一种烹煮后食用的蔬菜。

购买与储存

香草苗圃可以买到没药树，也可以自己种。不过像菜市场或者超市，是没有卖没药树的。摘下来叶子，最好马上使用，要不就用沾湿的厨房用纸或者保鲜袋包好之后，放到冰箱冷藏里，可以储存2～3天。

栽培

没药树是很容易培育的，喜欢肥沃湿润的土壤和半阴暗处。没药树本身会散播种子自我繁衍。等到花期过后，稍微修剪一下可以促进它的生长。春秋之间，随时可以剪下叶子使用。春天是采收花朵的季节，等到夏天就可以采集未成熟的绿色种子。

风味搭配

适合搭配的食物种类：杏子、醋栗、油桃、桃子、大黄、草莓和根茎类蔬菜；鸡、明虾、扇贝。

适合搭配的香草或香料：茴香、细香葱、香蜂草、马鞭草、薄荷、香草。

特征

金盏花（pot marigold）的味道香甜，有一点像松香的味道。法国金盏花拥有独特的麝香味道，又带一点柑橘味。它的味道会让人联想到胡荽的种子。法国金盏花的花瓣有精致、芳香的苦味和泥土的味道。叶片带有淡淡的胡椒的味道。

 使用部位

新鲜或者干燥的花瓣，新鲜的嫩叶。

 购买与储存

可以用烤箱低温烘干金盏花的花瓣，然后再磨碎。干金盏花瓣可以在香草和香料供应商处购买；干燥金盏花花粉不太容易找到。干燥的金盏花花瓣和粉末要放在密封容器中保存。墨西哥薄荷金盏花如果用保鲜袋包好，放在冰箱冷藏里，可以保存1～2天。

 栽培

虽然金盏花在任何一种土壤上都可以长得很茂盛，但是它更适合日照充足的地方。摘下花朵可以延长花期，不过，如果金盏花开始结子的时候，就代表它即将自己散播种子。一般的金盏花和法国金盏花都是一年生的植物，而墨西哥薄荷金盏花是多年生植物，当气候变冷的时候，要将它搬进屋里过冬。

金盏花（Marigold）

Calendula officinalis and *Tagetes species*

金盏花的应用范围很广泛。金盏花（*C. officinalis*）和金盏花细叶的品种——法国金盏花（*T. patula*），这两种干燥的花，在格鲁吉亚被视为很贵重的香草。墨西哥和美国南部境内，则把墨西哥薄荷金盏花（*T. patula*）当作龙蒿的代替品。在秘鲁，修卡塔金盏花（*T. minuta*）是当地料理中必备的调味品。欧洲则习惯将金盏花的新鲜花瓣当成菜肴的装饰品或者加到沙拉里。

[园艺] 金盏花（Pot Marigold）
C. officinalis

金盏花是一种长寿的一年生植物，有淡绿色、长矛状的叶子。会开出单瓣或重瓣的花。摘下花瓣和嫩叶立即使用。

干燥的花瓣
来自格鲁吉亚的干燥金盏花（pot marigold）花瓣，带有甜美的麝香味和一点点橘皮的味道。

烹调用途

　　除了可以帮沙拉增添动人的香气，人们习惯使用金盏花的花瓣来增添食物的色泽，同时还可以借此加一点辛辣的味道。新鲜的花瓣可以添加到饼干、小蛋糕、卡仕达酱、奶油和汤里。干花瓣常被冒认为藏红花，在帮米饭染色的时候，可以作为一种廉价的替代色。

　　在格鲁吉亚，这是一种必备的调味料，跟辣酱、大蒜、胡椒等日常必需香料一样，都是当地综合香料配方的主要原料。当地的居民比较喜欢法国金盏花。法国金盏花和肉桂或丁香搭配起来，风味尤佳。当地人称它为伊美利田藏红花（Imeretian saffron）。这个名字是根据伊美利省（Imereti）取的，该省的居民很喜欢干燥的金盏花花瓣。

　　墨西哥薄荷金盏花通常与其他美国本土食物一起使用，比如鳄梨、玉米、南瓜属植物、番茄以及鱼、鸡肉等这类与龙蒿味道合适的料理。墨西哥薄荷金盏花与香瓜、夏令各类莓果和核果类味道也非常契合。

　　修卡塔金盏花，也称黑薄荷（black mint），有强烈的柑橘和桉树味道，后味有些苦。在南美洲以外，很难找到新鲜的修卡塔，不过美国有卖罐装的修卡塔糊。修卡塔现在已经变得越来越受欢迎。可以将修卡塔跟辣椒一起拿来给肉类、汤品、炖菜调味。

墨西哥薄荷金盏花
（Mexican Mint, Marigold）

T. lucida

墨西哥薄荷金盏花的叶片长而窄，它的气味比茴香更香，有轻微的干草味和辛辣的味道，有温暖的感觉。植物的英文名字叫做冬季龙蒿（winter tarragon）或墨西哥龙蒿（Mexican tarragon），原因是它类似于龙蒿的味道。

法国金盏花
（French Marigold）

T. patula

这是一种一年生的植物，锯齿状的叶子，花朵部分可以分为平稳的单瓣和皱皱的多瓣，花朵的颜色从黄色到深橘色。

特征

甜罗勒甜辣相交，有丁香和茴香的香味。味道带有温和的胡椒的辛辣，也有点像丁香，隐约带有薄荷及茴香的香调。紫罗勒和灌木罗勒，莴苣罗勒和褶边的罗勒有相当类似的味道（pp.31~33）。

 使用部位

新鲜的叶子，将从花穗中摘下的花蕾加入到沙拉中或用作菜肴的装饰物。

 购买与储存

大部分的罗勒很容易碰伤或枯萎，所以不要买叶子下垂或发黑的。用沾湿厨房纸或保鲜袋包好可以在冰箱蔬果保鲜室存放2~3天。泰国罗勒（p.35）更坚韧，可以保存5~6天。甜罗勒和泰国罗勒在许多超市都有售。罗勒叶可以冷冻3个月，最好的方法用水或橄榄油将罗勒煮烂，再放入冰盒中冷冻。

栽培

大多数罗勒都属于娇弱的一年生植物。罗勒很容易发芽，但它需要肥沃、排水良好的土壤以及有充足阳光同时又阴凉的地方。在凉爽的气候条件下，需要放在温室或窗台上。摘下顶端的嫩芽可以延迟花期，还可以促进罗勒的生长。初霜时即可收割。

罗勒（Basil）
Ocimum species

轻抚罗勒的叶片，散发出温暖和阳光的芬芳——在每一个希腊村庄，弥漫着罗勒的醉人香味。罗勒属于薄荷科，这一点很容易从它的香甜又带有薄荷和大茴香的味道中判断出来，它原产于热带亚洲，在那里已经种植了3000年，现在只要是气候温暖的地方，都会栽种罗勒。

甜罗勒（Sweet Basil） *O. basilicum*

甜罗勒又称作热那亚罗勒，这种植物有明亮光滑的绿色大叶子，开小花。适合所有的西方料理，罗勒最适合做成青酱、蔬菜蒜泥浓汤和番茄沙拉。与大蒜搭配起来，风味绝佳。罗勒最好的保存方法，就是将罗勒叶储存在密封罐里，撒上盐，倒入橄榄油，放到冰箱冷藏里。虽然罗勒最终还是会变黑，但是这样泡出的油很香。

烹调用途

在西方烹饪中，不管是沙拉、沙司还是汤，罗勒都是番茄的天然伴侣。它是一种很好的调味料，将软黄油与切碎的罗勒、大蒜、磨碎的柠檬皮和一些面包屑混合在一起，然后在烘烤或烘烤前将混合物置于鸡肉或鸡肉的表皮之下。罗勒配上鱼和海鲜也是一绝，特别是龙虾和扇贝，还有烤小牛肉和羊肉。它与树莓的味道也相当契合。紫菜罗勒可以做出一种漂亮的淡粉色的醋。如果将甜罗勒在番茄酱或其他酸性物质中煮熟后会变黑，但保留它的味道。煮熟后，它很快就失去了香气，所以在料理的时候，先将酱汁加入到菜肴里，然后在煮熟的时候再加一点香味。罗勒叶可以撕成碎片，也可以用刀切成碎片，但如果用刀切的话很快就会变黑。

风味配对

配方基本素材：罗勒是青酱和蔬菜蒜泥浓汤必不可少的素材。

适合搭配的食物种类：茄子、扁豆、豆子、意大利白乳酪、小胡瓜、鸡蛋、柠檬、橄榄、意大利面、豌豆、比萨、土豆、大米、甜玉米和番茄。

适合搭配的香草或香料：酸豆、细香葱、胡菱、大蒜、马郁兰草、牛至、薄荷、荷兰芹、迷迭香和百里香。

紫罗勒（Purple Basil）*O.b. var. purpurascens*

这种美丽的植物，也叫紫叶罗勒，有紫色或几乎黑色的叶子和粉红色的花。香气浓郁，有浓烈的薄荷和丁香的香气。罗勒可以加入到米饭和谷物料理中，或者拿来装饰沙拉。

罗勒其他的品种

罗勒有很多种，有些名字取自于它们特有的香气和外观。每一种罗勒都隐约带有温暖、甜美和类似于丁香和大茴香的香味，不过不同的品种，主要的香调也会改变。举个例子，皱叶罗勒带有辛辣的温暖、灌木罗勒带有一点胡椒的味道、茴芹罗勒则有大茴香的味道。在地中海料理中，罗勒的天然伴侣是大蒜、橄榄油、柠檬和番茄。罗勒最著名的搭配方式就是做热那亚酱。它是法国南部的蔬菜蒜泥浓汤中的主要成分。

紫色皱叶罗勒
（O. b. 'Purple Ruffes'）

紫色皱叶罗勒是一种观赏植物，有着巨大的、闪亮的紫栗色的叶子，带有皱叶和粉红色的花。它的味道是温暖又带有甘草般清凉的感觉。绿色皱叶罗勒有宽大的灰绿色的叶子，叶子的边缘有褶皱，花朵是白色的。这两种都和甜罗勒（p.30）一样。

灌木罗勒（Bush Basil）
O. b. var. minimum

灌木罗勒也叫希腊罗勒，这是一种紧凑的灌木，有小的叶子，白色的花，还有胡椒的香味。很适合做盆栽，很容易在花盆里生长。用法和甜罗勒一样，可以在沙拉中加入完整的叶片。

肉桂罗勒（O. b. 'Cinnamon'）

这个品种是墨西哥特有的。树叶是紫色的，花是粉红色的。它带有明显的肉桂味，隐约带有樟脑的味道，适合加在豆类料理或者辛辣味道的炒菜中。

非洲蓝罗勒
（O. 'African Blue'）

这个品种因为它的外观和味道都很好，所以十分受欢迎。叶子绿紫色交错，花是紫色的。它有强烈的胡椒味、丁香味、薄荷味以及微微的樟脑的香味。适合搭配大米、蔬菜和肉类食用；是土豆沙拉好伙伴，做美味的香蒜酱的关键就是非洲蓝罗勒。

莴苣罗勒（Lettuce Basil）
O. b. var. crispum

这种罗勒有着松软的大叶子和柔软的纹理，特别适合用在沙拉里，或是切碎后和切好块的番茄及特级初榨橄榄油混合均匀，做意大利面酱。这种莴苣罗勒在意大利南部很受欢迎。

亚洲罗勒

　　亚洲罗勒的数量和欧洲罗勒的数量一样。很多香草苗圃现在供应一些常见的亚洲罗勒。亚洲罗勒与西方罗勒的味道并不相同，这是因为罗勒精油中所含的化学成分不同。甜罗勒（p.30）的芳香成分以芳樟醇为主，其次是甲基胡椒酚和微量的丁香酚。而亚洲罗勒则以甲基胡椒酚为主，丁香酚为辅，并带有微量的樟脑香味。

烹调用途

　　亚洲罗勒是东南亚口味的沙拉、炒菜、汤和咖喱的调味品。在烹饪结束时加入它，芳香的叶子可以平衡菜肴中的香料。亚洲罗勒是泰国咖喱的材料之一。

　　适合搭配的食物种类：牛肉、鸡肉、椰子汁、鱼、海鲜、面类、猪肉和米饭。

　　适合搭配的香草或香料：辣椒、胡荽的叶和根、良姜、大蒜、姜、亚洲青柠、泰国沙姜、香茅、罗望子和姜黄。

柠檬罗勒（Lemon Basil）
O. b. citriodorum

这种浓密的罗勒有一种清新的柠檬香味。在印度尼西亚被称为kemangie，拿来油炸鱼和海鲜，或者将柠檬罗勒加入沙拉中，也可以撒在水煮扇贝、烤鱼或猪肉串上。

荷力罗勒（Holy Basil）
O. sanctum

荷力罗勒香气浓烈，辛辣刺激又不失甜美，有薄荷和樟脑的味道，又有点麝香味。如果找不到荷力罗勒，可以用甜罗勒加一些薄荷叶代替。荷力罗勒烹煮后香味会变得更强。生吃的味道比较苦。泰国料理中有一道菜是将鸡肉、辣椒和罗勒一起炒制，在这道菜中，荷力罗勒就是必不可少的食材。同时被广泛应用于肉类料理。

青柠罗勒（Lime Basil）
O. americanum

青柠罗勒和柠檬罗勒有一点像，但是跟柠檬罗勒比起来，青柠罗勒叶子的颜色比较深，香气偏酸，适合用于沙拉、鱼与海鲜类食物。

泰国罗勒（Thai Basil）*O. b. horapa*

泰国罗勒有浓烈的大茴香香调，刚好衬托出它令人陶醉不已的香甜胡椒味。风味持久，带有一种温暖的介于大茴香和甘草之间的味道。

甘草罗勒（Liquorice Basil）*O. b. Anise*

这种观赏用的植物，又称作大茴香罗勒（anise basil），有紫色的叶脉，淡红色的叶柄跟粉红色的花穗。香气怡人，介于大茴香与甘草之间。用法跟泰国罗勒一样。

泰国柠檬罗勒（Thai Lemon Basil）*O. canum*

泰国柠檬罗勒又称作毛茸罗勒。这种植物魅力十足的香味带有柠檬和樟脑的味道，尝起来有胡椒和柠檬的风味。泰国的厨师会在咖喱鱼或者面条上桌前，加入一些泰国柠檬罗勒。将泰国柠檬罗勒的种子浸泡过后，就可以使用在椰奶甜点或冷饮当中。有时候，泰国柠檬罗勒会被当作绿色荷力罗勒来出售。

特征

月桂有甜美的植物香味，且带点肉豆蔻、樟脑的味道，有镇静的功效。月桂叶尝起来有一点苦涩，但是如果将月桂叶放置一两天之后，苦味就会变淡。完全干燥的月桂叶有强烈的香味。直至近代，干燥的月桂叶才被认为是月桂最佳的使用方式。

使用部位

新鲜和干燥的叶片。

购买与储存

可以直接从月桂树上采摘新鲜的叶片使用，不过如果先将叶子摆上一段时间，待叶片有点枯萎的时候可以降低它的苦味。如果想要制作完全干燥的月桂叶，要将它放到阴凉通风的地方，直到叶子变得干脆为止。若将干燥的月桂叶储存在密封罐里，其香味可以保存一年以上。不过如果当叶子过了保存期限时，就没有任何味道了。

栽培

尽管月桂最适合在温暖的地方生长，但是在寒冷地区，只要是日照充足，月桂也是可以生长的。月桂适合盆栽，在天气寒冷的时候可以搬到屋内避寒。在温暖的气候下，它在春天开出小的黄色的花，然后结成紫色的浆果（不能食用）。一年四季都可以采摘树叶。

月桂（Bay）

Laurus nobilis

月桂原产地中海东岸，然而，北欧和美洲从很早以前，就开始人工栽培。对希腊人和罗马人来讲，月桂代表了智慧与荣耀。他们会帮国王、诗人、奥林匹克冠军以及凯旋的将军们戴上光滑的、皮革般的月桂叶花环。月桂有许多品种，只有*L. nobilis*属的是用在烹调方面。

烹调用途

月桂叶要烹调很久才能释放出它的风味，所以多半用在高汤、汤品、炖菜、酱汁、卤汁和腌渍物中。要烹制鸭肉酱和陶锅肉之前，先放1~2月桂叶再烤。炖鱼也可以加点月桂叶或在烤鱼前在鱼肚子里塞入月桂、柠檬和茴香。制作印度烤串时，串上月桂叶一起烤（不过要记得先将干燥的月桂叶泡水）。煮肉菜烩饭时也可以加一点月桂叶。月桂是香草束中不可或缺的素材，调制基本白色酱汁时，在材料之一的牛奶中加入月桂，可增添绝佳的风味。月桂的味道和豆类、兵豆、番茄都很契合，特别适合用在番茄酱里。

土耳其人会在蒸小羊肉这类费时费工的料理中加入月桂叶；摩洛哥人则会在陶锅炖鸡肉或者羊肉的时候，使用月桂叶调味；在法国料理中，普罗旺斯红酒炖肉会使用月桂来搭配牛肉。如果将月桂加进卡仕达酱、大米布丁、文火炖煮的水果料理，就会产生一种宜人的特别香味。在土耳其当地的香料市集，盒装干无花果常常跟月桂叶放在一起。

新鲜的叶片

新鲜的月桂叶要先经过搓揉捻碎之后，才能释放出月桂的香酚化合物。在法国和地中海料理中，月桂都是不可或缺的香草。

4～6人份的料理只需要2～3片月桂叶调味，如果放太多，月桂味道就会太重。上桌前，记得将月桂叶挑掉。还要注意的是，在印度、加勒比海地区和南美洲等地，其他品种的叶子也称作月桂叶。

香草束

香草束指的是扎成一束的香草，用于需要费时费工的料理中来增添风味。图中这一束香草束包括百里香和荷兰芹的嫩枝，以及一片月桂叶（p.266）。

干燥的叶片

干燥的月桂叶摸起来质感粗糙，颜色为鼠尾草绿，不会变黄或转成褐色。等到要用的时候，再磨碎所需要的分量。

风味配对

配方基本素材：月桂是香草束和基本白色酱汁的必备材料。

适合搭配的食物种类：牛肉、鸡肉、栗子、柑橘类水果、鱼、野味、扁豆、羊肉、兵豆、大米、番茄。

适合搭配的香草或香料：甜胡椒、大蒜、杜松、马郁兰草、牛至、荷兰芹、鼠尾草、香薄荷和百里香。

特征

桃金娘整株植物都有香味。叶片的部分，所含的树脂有淡淡的甜美橙花香，它们尝起来像杜松子酒一样涩涩的。浆果是甜的，有杜松子酒、香料和迷迭香的香味。

使用部位

叶子、花朵和果实这几个部分都可以干燥后再使用。

购买与储存

桃金娘植物可以从专门的苗圃买到。用植物新鲜的叶子，在黑暗通风的地方晾干，直到变脆，然后放进密封的容器里。花苞与果实干燥后，以同样的方式存储。

栽培

桃金娘属半耐寒常绿灌木，叶小有光泽，有香味，白色花，夏天有美丽的黄色花蕊，秋天有紫黑色的果实。在天气寒冷的时候，桃金娘最好以盆栽的形式进行种植，以便拿到室内避寒，等到长大的时候，它可以种植在阳光充足，但是有遮挡物的地方。如果霜冻，植物可以用毯子保护。桃金娘叶可以全年采收。

桃金娘（Myrtle）
Myrtus communis

桃金娘的原产地在地中海海湾的丘陵地区以及中东地区。当地利用桃金娘来调味的历史已有数个世纪之久。尽管欧洲大陆后来偏好进口东方香料，但在地中海的列岛，例如克里特岛（Crete）、科西嘉岛（Corsica）和萨丁尼亚岛（Sardinia），桃金娘还是一种很受重视的调味料。

烹调用途

使用时，要选择刚从枝头上摘下的桃金娘，然后加到沙拉里或者当作菜肴的装饰。桃金娘的叶片对猪肉和野猪、野鹿、野兔、鸽子这种野味来说都是很好的调味料。炖肉的时候，在烹调的最后一道工序时，加入少量的桃金娘。如果要帮肉类或者野味调味的时候可以将桃金娘和百里香或者香薄荷搭配使用。如果是鱼类料理，就可以搭配茴香。烤肉时，可以在炭火里加一些桃金娘的小树枝一起烧，这样一来，肉就会熏上杜松一样的味道。在烤或者炸鸽子、鹌鹑前，在它们的肚子里塞入桃金娘果实和一瓣大蒜，或者按照杜松的烹调方式来使用，将干燥的桃金娘花苞和果实碾碎，就可以当成一种香料使用。

新鲜的枝桠

常见的桃金娘是最常用的，但是原产地在科西嘉岛和萨丁尼亚岛的紧凑型桃金娘，用于烹煮鸡肉和猪肉，具有同样芳香的品质。

白芷（Angelica）

Angelica archangelica

白芷比较高大，是两年生的植物。花茎的高度超过2米。它适合生长在凉爽的地方，非常耐寒。足以在斯堪的纳维亚和俄罗斯的北部地区生长。虽然种植它需要一个很大的空间，但它鲜明的绿色、锯齿状的叶子和大大小小的成群的黄绿色的小花，很值得观赏。

烹调用途

嫩茎可以做成蜜饯，嫩的枝叶可以加进卤汁里或者放入煮鱼或者海鲜的汤里。煮白芷和蒸白芷在冰岛和斯堪的纳维亚北部很受欢迎。白芷的叶可以添加到沙拉、馅料、酱汁和莎莎酱中。

白芷甜美有香甜味，跟大黄很相似，它们是天然的好搭档，很适合用在蜜饯、派和果酱中。每1千克的大黄里，可以搭配少量的嫩枝和切碎的叶片。白芷也可以加入牛奶或奶油中制成冰淇淋或卡仕达酱。

新鲜的叶子和茎
幼嫩的茎和叶最好在第一个夏季或第二年春季初剪下。

特征

白芷全身都有香味。当摩擦时，幼嫩的茎和叶有一种甜美的麝香气味；尝起来是麝香味的，苦甜参半，略带泥土味，温暖，有芹菜、茴香和杜松子的味道。花有一种蜜糖香味。

使用部位

幼嫩的叶子和茎，从种子和根部萃取出来的精油可以当作饮料的调味品。例如苦艾酒和利口酒。

购买与储存

市面上买不到新鲜的白芷，所以只能自己种植。在一些苗圃可以买到幼苗，不过也可以从种子开始种起，如果用保鲜袋将白芷的嫩茎包好的话，放入冰箱里可以保存一个星期，但是叶子两三天就会枯萎。

栽培

白芷适合生长在阴凉的地方，需要肥沃的土壤。第一年的时候，它会生长出像管子一样的茎，冬天会暂时枯死，第二年春天又恢复生机。到了晚春或者初夏，会长出淡紫色的花梗，顶端结出美丽的花苞。开花以后就开始结籽，结籽后死亡。这种植物很容易自我繁殖。

风味配对

适合搭配的食物种类：杏仁、杏子、榛子、李子、大黄、草莓、鱼和海鲜。

适合搭配的香草与香料：茴香、杜松子、薰衣草、香蜂草、肉豆蔻、胡椒、紫苏。

特征

芳香天竺葵品种有数百种，香味也不同，有苹果和柑橘类水果、肉桂、丁香、豆蔻、薄荷、玫瑰和松木。在烹饪中最适合的是玫瑰天竺葵和柠檬天竺葵。

使用部位

新鲜的叶子。花没有什么香味，但做甜点的装饰很漂亮。叶子晒干以后或者枯死虽然还保持着香味，但不利于烹饪。

购买与储存

每年春天，苗圃都会大量供应芳香天竺葵。将老的叶子剪掉，用保鲜袋包好放入冰箱蔬果保鲜室可以保存4~5天。花朵最好在用的时候再取。

栽培

芳香天竺葵很娇贵，是多年生植物，但是在初霜就会枯萎，很适合种在花盆里，冬天搬进室内避寒或者放到有遮挡的地方。芳香天竺葵也可以在室内的温室或在窗台上栽种，夏天剪枝，早秋扦插繁殖。

芳香天竺葵（Scented geranium）
Pelargonium species

芳香天竺葵香气浓郁，跟其他植物的香味正好相互辉映。它最初是在17世纪时从南非引进欧洲的，18世纪的时候，又引进到美洲大陆，一直到19世纪中叶，人们才发现芳香天竺葵的经济价值。当时法国的香水工业用玫瑰天竺葵精油替代进口的玫瑰精油。

柠檬天竺葵（Lemon geranium） *P. crispum*
这种天竺葵长得很挺拔，有蓬乱卷缩的小叶片，开淡紫色的花，带有清新的柠檬香。

新鲜的叶片
轻抚或者摩擦天竺葵的叶片后，就会散发出香气。

烹调用途

含有玫瑰天竺葵香味的糖可以用在甜点和蛋糕里，做法是罐里装满白砂糖，放入天竺葵叶子，放置两周，使用前把叶子拿掉。

天竺葵叶糖浆可用来做冰沙，煮水果，或稀释为提神饮料。将250毫升水和150克糖煮至沸腾，加入10~12片轻压碎的天竺葵叶，水开，关火，放凉过滤。如果是柠檬天竺葵就加入2汤匙的柠檬汁，如果是玫瑰天竺葵，就加入1汤匙的玫瑰水，之后放入密封罐，放进冰箱约一个星期。在制作黑莓或混合莓果的夏令布丁时，糖浆就派上用场了。也可以在平底锅里加几片天竺葵叶子调味。

可以将夏令水果浸渍在含有天竺葵叶的酒或者糖浆中。如果要做成果酱或者果冻，在快完成的时候加入一些天竺葵叶。玫瑰天竺葵适合搭配的水果有苹果、黑莓和覆盆子等；柠檬天竺葵适合桃子、杏子和梅子。至于冰淇淋、卡仕达酱这类，在制作过程中可以将10~12片叶子稍微揉碎浸泡在500毫升加热的奶油或牛奶中，放凉过滤使用。

烤蛋糕的时候先将模具铺上玫瑰天竺葵的叶子，然后倒入面糊。这样做出来的海绵蛋糕或重奶油蛋糕会有一种隐约的香味，放凉后再将叶片去掉。

玫瑰天竺葵
（Rose geranium）

P. graveolens

这个品种的天竺葵是一种挺拔的植物，有三角形的、被深深切过的叶子和粉红色的小花。香味是玫瑰和香料的混合体，令人想起土耳其那种沾了糖霜的橡皮糖。

普里茅斯淑女
（P. 'Lady Plymouth'）

这个品种的天竺葵色彩斑斓，叶子刻痕很深，三角形，边缘是乳黄色，粉色小花。味道像柠檬薄荷玫瑰混合香味。

特征

薰衣草具有着强烈的香甜花香味，带有类似柠檬和薄荷的辛辣香味。味道跟香味遥相呼应，隐约有樟脑的味道，入口后，微带苦涩的余韵。薰衣草的花朵是香气最浓烈的部分，但叶子还是可以拿来使用。

使用部位

新鲜或干燥的花朵、叶片。

购买与储存

从春天一直到秋天的这段期间，园艺中心和苗圃，都供应有许多不同品种的薰衣草。如果用保鲜袋将新鲜的薰衣草花、叶装好，放在冰箱冷藏，可以保存长达一星期之久。如果是干燥过的薰衣草，保存期限可以超过一年以上。要干燥薰衣草花朵时，将叶梗的部分，分成一小束一小束挂起来，也可以平均分散摆在盘子上晾干。等到充分干燥后，从叶梗上轻轻将花朵搓下来，然后用密封罐保存。

栽培

不管是种在花园还是花盆中，薰衣草都需要开阔且日照充足的地方，以及排水良好的土壤。采收花朵的最佳时机：在花朵全开之前就赶紧摘下，此时薰衣草花的香精油正是最浓烈的时候。叶子，只要在薰衣草的生长季节里，随时都可以采摘。

风味配对

适合搭配的食物种类：黑莓、蓝莓、樱桃、布拉斯李子、桑葚、梅子、大黄、草莓、鸡肉、小羊肉、雉鸡、兔肉。

适合搭配的香草或香料种类：马郁兰草、牛至、荷兰芹、紫苏、迷迭香、香薄荷和百里香。

薰衣草（Lavender）
Lavandula species

只有当窗外的风景变为一大片在炙热的日光中闪动着蓝紫色光芒的薰衣草田时，才代表这趟沿着隆河谷地（Rhone valley）的旅行，真正迈入了温暖的南方。薰衣草的原产地在地中海沿岸地区，于英国都铎王朝时期变成广受欢迎的园艺植物。时至今日，世界各地都栽培薰衣草，用来装饰、烹饪以及萃取香精油。

英国薰衣草
（English lavender）
L. angustifolia

英国薰衣草是一种常青的多年生植物，长有灰绿色的叶片，会开淡黄色、紫色或白色的花朵。这种美丽的模样使得英国薰衣草成为最具吸引力的园艺植物。别名又叫普通薰衣草。由于它的樟脑味没那么重，所以也是最适合拿来烹调的薰衣草种类。

新鲜的叶片

跟迷迭香一样，薰衣草的叶片老而韧，一定要切碎才行。同样，花朵的花托基部也固定得很牢，不过花瓣倒是可以摘下。

干燥的花朵
柔软，带有花香叶的英国薰衣草，跟地中海沿岸原产的带有强烈香气的薰衣草比起来，香精油的价值相等。

烹调用途

薰衣草的味道非常浓烈，所以使用时一定要拿捏好分量。在装满白砂糖的罐子里，埋入少许干燥的薰衣草，放置一周左右，这罐白糖就会薰染上甜蜜芬芳的香味。还有一种方法也能达到一样的效果，就是将新鲜的薰衣草花朵和糖一起磨成粉。这种方法做出来的味道比较强，因为在磨粉的过程中，会压碎薰衣草的花苞，糖会因此吸收薰衣草所释放出的香精油。这种调味过的糖可用在烘焙甜点上。

做蛋糕、脆饼或酥皮综合甜点时，在面团放烤炉烘焙前，可以先加入一些切碎的新鲜薰衣草花朵。在蛋糕或甜点上，可以撒一些薰衣草花瓣作为装饰。做果酱、果冻或熬煮水果蜜饯时，如果在烹饪结束前，加进一些薰衣草花，更能增添甜美的香味。也可以将薰衣草浸泡在奶油、牛奶、糖浆或酒当中，然后再用这些调味过的材料，来制作雪泥等甜点。薰衣草口味的冰淇淋非常好吃，巧克力冰淇淋或慕斯，跟薰衣草的味道也很搭配，很适合加一点薰衣草进去。

薰衣草也很适合加在咸口味的菜肴中。做沙拉时，可以加一些切碎的薰衣草叶片进去，或是在沙拉上撒上薰衣草花朵作为装饰。剁碎的薰衣草花瓣也很适合米饭。小羊腿，用烤盘盛装的烤全兔、鸡肉或雉鸡等，都可以用切碎的薰衣草花叶来调味。调制卤汁跟腌肉粉时，也能加进一些薰衣草。用薰衣草调制出的醋，更是一绝。

在地中海沿岸地区，薰衣草是当地综合香草的配方材料之一。在普罗旺斯，则会将薰衣草跟百里香、香薄荷和迷迭香混合之后再加以使用。在摩洛哥，有时候当地人会在一种他们称作ras el hanout的食品中加入一些薰衣草。

法国薰衣草（French Lavender）
L. stoechas

它又称作西班牙薰衣草。这种矮小的灌木植物，长有狭长的绿色叶片以及紫色花朵，花朵的顶端有紫色的苞片。有些品种很耐寒，有些则属于半耐寒，需要遮蔽物才能度过寒冬。与狭叶薰衣草比起来，法国薰衣草的樟脑叶要呛多了。

　　由于经济价值的缘故，薰衣草的栽培面积非常广大。薰衣草的主要
经济价值来自蒸馏出的薰衣草精油，长久以来，人们一直忽略薰衣草在

烹饪方面的用途。近年来，由于将薰衣草用在咸味或甜味的料理上，都能展现出令人惊喜的风味，人们才又渐渐在烹饪上注意到薰衣草。

特征

新鲜的车叶草味道很淡，如果将车叶草剪下，会释放类似新割下的稻草以及香草醛的味道。跟叶子比起来，车叶草的花朵香味更清淡些。车叶草尝起来的味道正如同它闻起来一样。

使用部位

叶子与花朵，整株车叶草的茎。

购买与储存

园艺中心和香草苗圃都买得到车叶草。最好在使用车叶草的前一两天左右，就先摘下所需分量的车叶草枝叶，因为要等到车叶草的叶片开始凋萎或干燥时，才是它香味最浓的时候。即使经过冷冻之后，车叶草叶子的香味也不会消散。冷冻车叶草的方法如下：将车叶草均匀地散放在盘子上，再冷冻，一旦冷冻之后，要用保鲜袋将车叶草包好后，放到冷冻库储存。

栽培

车叶草可以从种子种起，只是它发芽的速度非常缓慢。不过，只要新播种的车叶草存活下来之后，就会在阴凉处很快繁衍开来。春季和早夏时节，是摘取车叶草花叶的好时机，过了这时节之后，车叶草的香味就会变得淡多了。

风味配对

适合搭配的食物种类：苹果、香瓜、洋梨、草莓。

车叶草（Woodruff）
Galium odoratum

车叶草的英文名字woodruff，蕴含树林（wood）和羽状物（ruff）之意，正是暗示着这种低矮、多年生的匍匐蔓生植物，自然栖息地就在林地。车叶草原产于欧洲和西亚，现在北美洲的温带地区也可以看到车叶草的踪影。车叶草有着美丽像星星一样的白花，它的叶片狭长有光泽，就好像整齐羽毛环的特殊环状叶片外观，使得它成为春天时最受欢迎的园艺植物。

烹调用途

当车叶草凋萎时，才是它那宜人香气最馥郁的时候。这种香草在德国的传统用法中，最主要是拿来用在一种称作Waldmeisterbowle（Waldmeister是车叶草的德文名字）或Maibowle的饮料中，也可称其为punch。这是一种用来庆祝五朔节等节庆场合时，特别调制的饮料。这种特调饮料的材料包括白酒、香草、糖和香槟气泡酒。我们也可以将车叶草浸泡在稍后烹饪时会用到的液态材料当中，例如卤制鸡肉或兔肉时会用到的卤汁、沙拉酱或调制意大利牛奶蛋羹甜点（sabayon）和雪泥时会用到的酒里。这些液态材料只需添加一两枝车叶草茎调味即可，使用时要记得将茎取出。车叶草的花也可以拿来装饰沙拉。

新鲜的叶片与花朵

车叶草含有香豆素，这种成分如果食用过量，有可能对肝脏造成伤害，现在已经被视为一种致癌物质，所以，只能少量使用车叶草。幸运的是，只要一两根茎，就能充分享受到车叶草令人陶醉的香气了。

香兰（Pandan）

Pandanus amaryllifolius, P. tectorius

香兰或螺旋松品种的植物，生长于热带地区，从印度到南亚、澳洲北部以及太平洋群岛上都看得到它们的踪迹。*P. amaryllifolius*这种品种的叶子，除了可以增添料理的香味，还可以用来包裹食物。萃取自香兰花朵的奎拉香精油，是莫卧儿皇帝的御用香料。

烹调用途

使用前，先用叉子的尖端将香兰叶戳一戳、刮一刮，这样一来，可以促使香兰叶释放出香气来。然后再将香兰叶打成一个松松的结，以免香兰叶的纤维散掉。

煮饭前，加一两片香兰叶进去，这样煮出的饭，就会像马来西亚和新加坡当地的香饭一样，洋溢着一股淡淡的清香。马来西亚和新加坡当地的厨师，还会将香兰叶加在薄煎饼、蛋糕以及用米或树薯粉（tapioca）所做的奶油甜点类中调味，也可以用在汤品或咖喱里面。斯里兰卡当地就是将香兰叶当作调配咖喱粉的调味料之一。香兰叶也可以用来包裹食物，泰国料理就有清蒸或油炸香兰叶包鸡肉的菜色，泰国厨师甚至会将香兰叶编成盛放甜点的容器。

印度当地，将奎拉香精油当作印度肉饭，或者肉类料理、甜点，以及印度传统冰淇淋的调味料。只要在快上菜前，再将已用少许水稀释过的奎拉香精油洒在料理上就可以了。香兰叶也是自制柠檬水时的好配料，可以为柠檬增添特殊的风味。

新鲜的叶片

香兰叶的汁液可供食物染色使用。香兰叶汁的做法是，将4~5片略切过的香兰叶加一点点水，打成汁。

特征

香兰叶闻起来为甜美清新的花香味，带有淡淡的麝香味，以及刚刚割过的草香。尝起来很美味，有草香和花香的味道。香兰叶必须经过捣碎或烹调过后，才会释出香兰特有的风味。奎拉香精油则带有甜美细致的麝香以及玫瑰味。

使用部位

叶子和花朵。

购买与储存

在亚洲商店可以买到新鲜的香兰叶。如果用保鲜袋包好，放在冰箱里可以保存2~3个星期。但不管是冷冻过的，还是干燥过的香兰叶，都比不上新鲜香兰叶的香气。市售的罐装香兰叶萃取液，颜色看起来很不自然，太过鲜绿，同时香味也消散得很快。香兰叶粉有种淡淡的草味，不过几个月后就会逐渐转淡。至于奎拉香精油或奎拉水（kewra water），就是已经用水稀释过的奎拉香精油，只要盖紧盖子，同时避免直接日晒，就可以储放2~3年。

采集时机与方法

在南亚各地的庭院里，都可以看到香兰树。香兰树富有光泽的剑形叶子，会绕着树干螺旋形地生长。香兰是一种很容易栽培的植物，随时都可以采收香兰叶，至于花朵，赶在开花后马上摘取，就是最佳采收时机。

风味配对

适合搭配的食物种类：鸡肉、椰子、咖喱料理、棕榈糖、米饭类。

适合搭配的香草或香料种类：辣椒、胡荽、芦荟、姜、亚洲青柠和香茅。

特征

佛手柑全株植物都有明显的柑橘香。味道近似柑橘味，不过还多了些温暖、辛辣的感觉。花朵的香味比叶子的味道更加细致。

使用部位

新鲜或干燥过的叶子、花朵。干燥的佛手柑叶可拿来冲泡饮料。

购买与储存

香草苗圃和园艺中心都可以买到整株的佛手柑植株。由于佛手柑的花朵和叶片都很容易凋谢枯萎，所以一旦摘下后就要马上使用。也可以将佛手柑经过切碎、冷冻后再加以使用。将佛手柑的叶子和花朵，均匀地散在盘子上，或是将茎扎成一束束之后，挂在通风良好的阴暗处风干。等干燥后，再用密封罐保存。北美洲地区，干燥的佛手柑也被视为一种香草茶出售。

栽培

佛手柑属于多年生的薄荷属植物，在大多数的环境里都能安然生长。不过最佳的培育环境，还是肥沃保温的土壤，以及日照充足，或稍有阴影的地方。每三年就要将佛手柑挖出来，将中心的部分丢弃，移植外围的幼株来替补。当花朵盛开时，就是采收花朵的好时机，整个夏天随时都可以摘下叶片使用。

佛手柑（Bergamot）

Monarda didyma

*Monarda*属的植物，原产地在北美洲，这个名称是根据16世纪时一位西班牙的内科医生Nicolas Monardes而命名的。这位医生所出版的《新世界趣味妙闻》，是美国第一本植物志。至于bergamot这个名字，则可能是因为这种植物的香味，近似于佛手柑橘的味道，所以才这样命名。佛手柑的别名又叫蜂香薄荷，因为它的花朵总是吸引蜜蜂飞舞其间。

新鲜的叶片

所有人工栽培的佛手柑亚种，即便各有各的绚丽夺目、色彩缤纷的螺纹花朵，香气也略有不同，不过，它们在使用的方法上没有什么不同。

烹调用途

　　佛手柑只有新鲜幼嫩的叶片和花朵才能用作烹饪。在蔬菜水果沙拉中，可以加一点撕碎的叶片和花瓣进去。佛手柑的味道跟鸭肉、鸡肉还有猪肉都很合适。也可以将佛手柑切碎后，加到酸奶或奶油中再调制成酱料；也可以直接加在莎莎酱里。如果将佛手柑的花朵配上奶油起司跟小黄瓜，就是三明治的最佳馅料。

　　佛手柑也因奥斯威果茶（Oswego tea）而出名。这种茶是根据安大略湖旁的奥斯威果山谷而命名的。当初居住在奥斯威果山谷的印第安原住民部落，模仿早期的欧洲移民泡茶的习惯，利用佛手柑泡出了这种印第安人茶饮。试着在一壶印第安风味茶中，或者自制柠檬水和夏日冷饮中，放入一些干燥或新鲜的佛手柑花朵或叶子吧，将会为饮料增添一股清香。

佛手柑莎莎酱

将佛手柑叶片、荷兰芹跟橙子切碎后，可以做出一种很可口的莎莎酱，非常适合搭配印度猪肉串或烤鱼。

风味配对

适合搭配的食物种类：苹果、鸡肉、柑橘类水果、鸭肉、奇异果、香瓜、木瓜、猪肉、草莓和番茄等。

适合搭配的香草或香料种类：细香葱、水芹、莳萝、茴香、大蒜、香蜂草、薄荷、荷兰芹、迷迭香以及百里香。

佛手柑的其他品种

蜂香薄荷 *M.fistulosa* 俗名为美洲薄荷。跟人工培育的品种比起来，这种佛手柑的外观比较没那么出众，香味虽然比较浓，但是也较低劣。使用这种佛手柑时一定要小心。

另外一种亚种佛手柑与牛至相比较，不管是香气还是味道都很相似。在美国西南部，当地居民有时候会将这种佛手柑当作牛至的代替品使用。

特征

压碎香蜂草的嫩叶后，会散发出久久缭绕不散的清新柠檬香，还带有淡淡的柠檬薄荷味。香蜂草的香气淡雅宜人，味道不会像马鞭草或香茅那样浓烈。香蜂草中较老、较大的叶子，会有麝香的风味。

 使用部位

新鲜或干燥过的叶子。

 购买与储存

到香草苗圃可以买到香蜂草的种子或整株植物。如果用保鲜袋包好，放在冰箱的蔬菜保鲜室中，可以保存3~4天。要干燥香蜂草时，首先将香蜂草茎扎成一小束，然后挂在阴凉通风处风干。等到完全干燥后，再放到密封罐储存起来。干燥的叶片香味能维持5~6个月之久。

 栽培

香蜂草不论是用播种法，还是在春天、秋天时分割一些块根来种植，都很容易培植成功。开花后要稍微修剪，这样可以促使香蜂草生长。香蜂草这种植物繁衍得很快，很容易长得到处都是。所以如果你的花园比较小，最好是将香蜂草种在大罐子里。最好趁当季时提早采收香蜂草，不然再晚一点，就会繁衍过头，长得整片都是了。

 风味配对

适合搭配的食物种类：苹果、杏子、胡萝卜、软质白乳酪、英国小黄瓜、蛋、无花果、鱼、香瓜、蘑菇、油桃、桃子、豌豆、夏季莓果以及番茄等。

适合搭配的香草或香料种类：佛手柑、茴芹、细香葱、莳萝、茴香、姜、薄荷、水田芥、荷兰芹以及没药树。

香蜂草（Lemon balm）

Melissa officinalis

香蜂草是薄荷类的多年生植物，原产地在南欧与西亚，现在所有温带地区都有人工栽培的香蜂草。香蜂草的叶子皱皱的，呈锯齿状，会开小小的白花或黄花。香蜂草没有艳丽的外表，不过却一直在花园里占有一席之地，主要是因为它不但能吸引蜜蜂，还有一种非常宜人的柠檬香。

烹调用途

香蜂草的主要用法，直接拿干燥或新鲜的叶片来冲泡花草茶，具有镇定、安抚人心的效果。新鲜的叶子可以拿来浸泡在夏季冷饮中，或是拿来拌入用冷冻水果为基础材料，混以雪泥或酸奶所做出的水果冰沙内。就烹饪来说，用香蜂草所调制的酱料、填馅、卤汁或莎莎酱，那种柠檬薄荷香能让鱼类或家禽类的料理更臻完美。制作蔬菜或番茄沙拉时，可以撕碎香蜂草的嫩叶放进去。或是将香蜂草切碎，撒在清蒸或快炒的蔬菜上，也可加到米饭或麦粒中。利用香蜂草也可以做出非常美味的香草奶油跟香草醋。由于香蜂草的香气给人清新舒畅的感受，所以也很适合用在水果甜点、奶油与蛋糕里。如果将香蜂草茶泡得浓一点，加糖作适度的调味后，就是制作雪泥的上好材料。

新鲜的叶片

当烹饪要用到香蜂草时，一定要选新鲜的，同时用量要大，因为香蜂草的香味很淡。也可以使用 *M. O. Aurea* 属的另一种变种。

越南香蜂草（Vietnamese balm）

Elsholtzia ciliata

越南香蜂草原产地在东亚和中亚的温暖地带，是一种矮小而茂密的灌木植物。有着锯齿状的浅绿色叶片，花穗为淡紫色。虽然越南香蜂草的香味跟香蜂草有些类似，但是这两种其实是完全不相关的植物。现在人工栽培的范围，于欧洲地区来说，德国培植得最多；美国的话，只要是有大量的越南移民聚集的地方，也会种植越南香蜂草。有时候，在欧洲和北美的一些地方，偶尔也看得到野生的越南香蜂草。

烹调用途

越南香蜂草可以作为蔬菜、蛋、鱼类料理、汤品、面条和米饭类的调味品。许多越南菜上菜时会附上的香草配料盘中，也可以加入越南香蜂草。在泰国料理中，常见的用法是将越南香蜂草当作蔬菜一样来处理烹调。

 特征

越南香蜂草有很明显的柠檬香，隐隐带有花香。味道虽然与香蜂草有点神似，不过更加强烈，反而比较像香茅。如果找不到越南香蜂草，可以将香蜂草与香茅混用。

使用部位

新鲜叶片与嫩枝。

 购买与储存

越南香蜂草在欧洲和北美洲不算普遍，不过如果香草苗圃有供货给当地的南亚餐馆的话，多半会有培植越南香蜂草的，不然也可到亚洲商店找找。如果用保鲜袋包好，放在冰箱蔬果保鲜室的话，可以储存3～4天。

新鲜的叶片

长久以来，越南香蜂草在南亚除烹饪用途外，也被视作一种药用植物。但是对西方厨师来说，这种香草还是一种很陌生的植物。

栽培

越南香蜂草是多年生植物，不过通常会用种植一年生植物的方式来培育。当天气变暖，霜都溶解的时候，就可以在室外播种了。如果环境够温暖潮湿，越南香蜂草就可以长得很茂盛。将买回来的越南香蜂草嫩枝插在水里，可以促进它生根。如果秋天的时候插枝，只要放到温暖的地方，越南香蜂草就能生长。从春天到早秋这段时间，随时都可以采收叶片。

 风味配对

适合搭配的食物种类：茄子、小黄瓜、莴苣、蘑菇、大葱、杨桃和鱼贝海鲜。

适合搭配的香草或香料种类：茴芹、亚洲罗勒、辣椒、胡荽、芦苇姜、大蒜、薄荷、紫苏、罗望子。

特征

马鞭草有浓郁的清新柠檬叶，尝起来的味道就跟它闻起来的味道一模一样，只不过没那么强烈。马鞭草甚至可以说比柠檬还有柠檬味，只不过马鞭草尝起来不会酸。就算经过烹煮，马鞭草还是能够保持其香味。干燥叶片的香味可以维持一年之久。

 使用部位

新鲜或干燥的叶片。

 购买与储存

专业的香草苗圃随时都会有马鞭草全株植物的存货。剪下来的马鞭草叶片可以用冰箱保鲜约1~2天。枝桠的部分，如果放在水杯中，也可以撑过24小时。可以先将马鞭草叶片切碎，再用小锅仔或用冰块盒冷冻保存。如果想干燥马鞭草的话，要将它的茎扎起来，挂在阴凉且通风良好的地方风干。干燥的马鞭草通常是用来当作花草茶，这也是干燥叶片的最佳利用方式。

 栽培

马鞭草需要日照充足和排水良好的土壤。整个生长季中，随时都可以视需要来采撷马鞭草叶使用。定期修剪可以让马鞭草长得更茂密，到了秋天，要将弱小不良的分枝剪掉。由于马鞭草不耐寒，所以最好种成盆栽，到了冬天叶子落光，就可以拿到室内过冬，一定要等到天气转暖时，才能再拿到室外去。

 风味配对

适合搭配的食物种类：杏桃、胡萝卜、鸡肉、英国小胡瓜、鱼类、蘑菇以及米饭。

适合搭配的香草或香料种类：罗勒、辣椒、细青葱、胡荽、柠檬、百里香、薄荷、大蒜。

马鞭草（Lemon verbena）

Aloysia citriodora

马鞭草的原产地在智利以及阿根廷，后来西班牙人引进到欧洲去，到了18世纪，又被携带到北美洲。在法国，马鞭草一开始是被花露水厂商用来榨取香精油。一直到100年前左右，才开始被当作园艺观赏植物而大量培植。任何一处的香草花园，只要种有马鞭草，它那令人清醒不已的纯粹柠檬香，就能为整个花园增色不少。

烹调用途

马鞭草跟鱼类和家禽类料理可说是天作之合。可以将马鞭草的枝叶塞入鱼类或家禽类的肚子内，或是先将马鞭草切碎后，再加到填料或卤汁里使用。马鞭草那种清新且朝气十足的气味，跟任何较为油腻的食物，例如猪肉、鸭肉或较油腻的蔬菜和肉饭等，都很相似。马鞭草也可以作为甜点和饮料的调味料。煮水果时，可以在糖浆中加入一些马鞭草的枝叶。或是将马鞭草切得很细后，加进水果沙拉或水果馅饼中。如果将马鞭草浸泡到奶油中，就可以用这种奶油做出气味清新的冰淇淋。如果在蛋糕模型中排上马鞭草叶片，烤出来的海绵蛋糕或重奶油蛋糕就会带有柠檬香。

新鲜的枝桠

可以在冰茶或夏令冷饮中放一些马鞭草枝叶进去。也可以直接用马鞭草新鲜的叶片来冲泡花草茶。马鞭草是所有香草茶中，消除疲劳功效最佳的茶饮。

黄樟（Sassafras）

Sassafras albidum

　　黄樟是一种有香味的观赏用树木，原产地在美国东部从缅因州到佛罗里达州一带。当地的美国人会示范美国早期移民利用黄樟树皮、树根或叶子泡茶的方法。移居到路易斯安那州的法裔加拿大人，从乔克托族印第安人那里，学会了将磨成粉的干燥黄樟叶当成调味料加到炖煮浓汤中的方法。而且黄樟的根在以前是调制沙司时的必备材料。

烹调用途

　　使用磨成粉的干燥黄樟叶所做成的菲力粉虽然只有在路易斯安那州当地的料理才用得到。不过这可是要做出法裔路易斯安那风味与口感的克里奥尔式（Creple）汤品和炖菜的必备材料。尤其是要炖煮秋葵浓汤时，一定会用到黄樟粉。秋葵浓汤是一种使用丰富的蔬菜、海鲜或肉类所熬出的辣味浓汤，可以拌在饭上吃。菲力粉黏稠的特性可以让这道汤更浓厚，不过，在加菲力粉之前，要先将锅子从火上移开。不然汤汁会硬化且过稠，使口感被完全破坏。有些牌子的菲力粉，除了黄樟叶粉，还加入了其他磨成粉的香草，例如月桂、牛至、鼠尾草或百里香之类。

干燥的叶片

黄樟树叶子很大，染有鲜明的秋天的色彩，即使是长在同一根树枝上的树叶，都可能会有一个、二个或三个等裂口数量不一的裂片。

菲力粉

要做出路易斯安那州风味料理的丰富口感，菲力粉绝对是不可或缺的食材。通常上菜时，菲力粉也会当作佐料一起上桌。

特征

黄樟的嫩叶有柑橘茴香那种涩涩的香味。黄樟根闻起来有樟脑的味道。菲力粉口味微酸，比较像是柠檬酸的味道，又带虹口木头味。短时间加热可以带出菲力粉的风味。

使用部位

叶片与树根。

购买与储存

最好不要直接使用新鲜未加工过的黄樟，因为天然的黄樟含有黄樟素，那是一种致癌物质。市售的黄樟树根、树皮或树叶都已经先经过加工处理，将黄樟素去除。选购现成的菲力粉、黄樟茶或浓缩黄樟茶时，一定要先认明是否有"不含黄樟素"字样，这样才能安心使用。菲力粉可以保存6个月，黄樟茶的保存年限可以达一年或以上。

栽培

大多数的黄樟树都是野生的，只有幼株才能移植。因为已长成的黄樟树主根埋得很深，不太可能移动得了。也因此，市面上不太可能贩售黄樟树。市售的菲力粉，是由春天时所采收的黄樟树叶，经由干燥磨碎所制成的调味品。

特征

压碎的鱼腥草叶片，有胡荽的香味，带有柑橘味，有时候甚至会有鱼腥味。风味上跟越南香菜、刺芫荽相似，有酸涩的味道，不过却比它们多了隐隐的鱼腥味。因为这个味道，所以被称作鱼腥草。在越南，当地人则会叫它鱼薄荷。有些鱼腥草植株的味道闻起来很可怕，有些则虽然刺鼻却还怡人。人们对鱼腥草的喜好很两极化，不是喜欢，就是讨厌。

使用部位

新鲜叶片。

购买与储存

在香草苗圃或园艺中心都能买得到鱼腥草的植株。购买之前，请先压碎一些叶片闻闻看。叶片如果用保鲜袋包好，放到冰箱的蔬果保鲜室，可以保存2～3天。

栽培

鱼腥草可以种植在潮湿的土壤中，或是池塘、小溪旁的浅水滩。不过鱼腥草可是一种侵略性强的植物。如果想栽种那种色彩缤纷亮丽的变种，最好要种在日照充足的地方，这样叶子的颜色才会够鲜艳。从春天到秋天这段时间，都可以收割鱼腥草叶。由于鱼腥草会开小白花，又长有心形叶片，所以鱼腥草也成为美丽的地被植物。

风味配对

适合搭配的香草或香料种类：辣椒、水芹、芦苇姜、大蒜、姜、香茅、薄荷。

鱼腥草（Houttuynia）
Houttuynia cordata

这种性喜潮湿环境的多年生植物，并不受西方厨师的欢迎，不过，在南亚地区，鱼腥草却被当作香草广泛使用。鱼腥草原产地在日本，现在大多数的东亚地区都可以看到它的踪迹。烹饪时，最常拿来使用的是墨绿色叶片的亚种，但是你也可以用另一种外表醒目的人工栽培品种"变色龙"（*H.c.* 'Chameleon'）。"变色龙"的叶片夹杂有绿、红、粉红和黄色。越南当地则将鱼腥草称作"rau diep ca"，这个发音后来引入西方，变成英文中的外来语，称作"vap ca"。

烹调用途

在日本，当地人将鱼腥草视作一种蔬菜，而不是当作香草来使用。当地人会将鱼腥草跟鱼类或猪肉一起用文火煨煮。在越南，鱼腥草是一种非常普遍的植物，当地人常会将鱼腥草切碎后，跟鱼或鸡肉一起清蒸。如果要烹煮亚洲风味的清汤，可以将鱼腥草的叶子切成细丝后加入汤里。鱼腥草最常见的吃法其实是生吃。通常生的鱼腥草会配上牛肉或鸭肉，或是跟生菜一起浸泡至辛辣到像是快烧起来一样的泰国北部酱料（nam prik）中，或是当作沙拉来食用。可以试着将鱼腥草搭配上莴苣、薄荷、金莲花（nasturitun）的嫩叶和花朵。可以试着将鱼腥草切丝之后，加到炒菜、海鲜料理或鱼汤之中。也可以用胡荽、越南香菜或是刺芫荽来代替鱼腥草。

新鲜的叶片

日本鱼腥草有明显的橙子和胡荽味，中国鱼腥草味道则比较难闻。"变色龙"（*H.c.* 'Chameleon'）有色彩斑斓的叶片。

稻米草（Rice paddy herb）

Limnophilia aromatica

　　稻米草的原产地在热带亚洲。现在美国的香草苗圃也开始贩售稻米草了，不过欧洲市面上还看不到这种香草。稻米草在20世纪70年代和80年代时，由来自南亚的移民带入美国。稻米草的越南名称rau om和ngo om现在也广为人知。美国城市里的越南移民社区可以很容易找到这种香草，而稻米草的好处也的确值得让大家知道。稻米草讨喜的香味，应该能促使大众勇敢地来尝试这种新香草。

烹调用途

　　越南人非常热爱稻米草。他们会在蔬菜料理或酸味汤品上桌前，将稻米草切碎后加进去。他们也会将稻米草加到鱼类料理中，最常见的方法就是将稻米草加到越南菜常配的香草碟里。稻米草常常跟淡水鱼一起搭配使用。在泰国北部，会将稻米草配上发酵过的鱼肉和辣椒酱食用，或者加进由椰奶调配出的咖喱中。马来西亚的厨师则习惯将稻米草当作蔬菜来使用，有点类似菠菜的用法。稻米草的柠檬清香也很适合用在甜点中。

新鲜的枝桠

这种小小的蔓生香草，最容易辨认的特征在于，稻米草的叶片会以三片一组的方式，沿着它纤细的枝条，一轮一轮地长上去。

特征

稻米草有醉人的花朵柑橘调香味，带有麝香味，和些许小茴香那种呛鼻的泥土味。整体来说，稻米草属于芬芳细致的香草之一。

使用部位

新鲜的嫩芽和叶片。

购买与储存

到香草苗圃可以买到稻米草的植株。如果将稻米草的叶茎用保鲜袋包好，放到冰箱的蔬果保鲜室，就能储存几天。

栽培

稻米草是一种蔓延性的植物，有长长的、绿色的叶子，会开淡紫色的花朵。在东南亚地区各处的水塘里都能看到这种香草的踪影，现在水稻田里，也找得到经过人工栽培的稻米草。通常会长在水深只有几厘米、很浅的池塘或水塘边，在日照充足或半遮阴的地方都长得很好。虽然稻米草是一种多年生植物，不过却不太耐寒，过冬时需要一些保护措施，只要是在生长季节期间，随时都可以采摘叶片来用。

风味配对

适合搭配的食物种类：椰奶、鱼贝海鲜类、青柠汁、面类、米饭、青葱、叶菜类和根茎类蔬菜。

适合搭配的香草或香料种类：辣椒、胡荽、香茅、芦苇姜、罗望子。

特征

酸模没有香味。花园酸模尝起来的味道，从清新微呛，一直到带有强烈的涩味都有。越大片的叶子，就越可能略带苦味。花园酸模的质地很像菠菜。圆盾叶酸模整体风味则较为温和，有较多的柠檬味与汁液。

 使用部位

新鲜叶片。

 购买与储存

很少有食品店贩售酸模，因为酸模凋谢得很快，最好在摘下后的一两天内就要使用。保存时，要用保鲜袋封好，然后放到冰箱的蔬果保鲜室冷藏。酸模没办法完全干燥，不过叶子的部分可以冷冻保鲜。首先，先除去枝干的地方，再利用蒸的方式，将叶子蒸到完全软掉为止，或是用一点点奶油来烹调酸模的叶子。之后再将处理好的酸模装进小罐子里冷冻起来。

 栽培

花园酸模最适合肥沃、湿润的土壤，以及有遮阴且半日照的生长环境。如果日照时间太长，会造成酸模的叶子味道变苦。圆盾叶酸模则比较喜欢干燥一些、温暖一点的环境。这两个品种都是耐寒的多年生植物，用播种的方式就能够轻松地培植出酸模了。不然，也可以到香草苗圃直接购买成株的酸模回来，到了秋天，酸模长出很大的叶片时，就可以进行分株。酸模非常容易结籽，所以为了促进叶片的生长，记得要择除花梗。

 风味配对

适合搭配的食物种类：鸡肉、小黄瓜、蛋、鱼肉（特别是鲑鱼）、韭葱、兵豆、莴苣、贻贝、猪肉、菠菜、番茄、小牛肉以及水田芥。

适合搭配的香草或香料种类：罗勒、琉璃苣、茴芹、莳萝、圆叶当归、荷兰芹、龙蒿。

酸模（Sorrel）

Rumex acetosa, R. scutatus

酸模属草类，在欧洲和西亚绝大多数的草原上都看得到酸模的踪迹，同时，酸模也是一种值得种在花园里的香草。花园酸模，学名为 *R. acetosa*，是最常见到的品种；另一种品种——圆盾叶酸模，也称法国酸模，学名为 *R. sanguineus*，风味则更幽微清淡，狭长的叶片带有清晰的脉络。远自古埃及时代起，酸模就以能为各式各样丰富的食物增添酸味而闻名。

烹调用途

酸模有丰富的维生素A和维生素C，还有草酸成分，草酸就是导致这种植物有酸溜溜口感的原因。酸模最佳的使用方式，是跟其他食物混合后再一起上桌，这也正是长久以来酸模的传统用法。

在绿色的乌克兰罗宋汤里，加土豆或者菠菜，用黄油、汤汁和奶油来调味。

花园酸模 *R. acetosa*

从春天起，一直到冬天酸模逐渐枯死为止，随时都可以采收酸模的叶片。摘得越多，就越能刺激酸模长得更茂盛。

藿香（Agastache）

Agastache species

　　藿香是一种美丽、耐寒的多年生植物，隶属于薄荷家族的一员，近些年才刚在欧洲打开知名度。其中有两种特别具有烹调价值：一种叫茴香牛膝草，学名为 *A. foeniculum*，原产于北美洲；另一种叫韩国薄荷，学名为 *A. rugosa*，原产于东亚地带。墨西哥大牛膝草学名为 *A. mexicana*，是一种半耐寒的植物，在墨西哥到处都可以看到，当地人会将墨西哥大牛膝草的叶片和花朵拿来冲泡茶饮。

烹调用途

　　茴香牛膝草和韩国薄荷在烹饪中可相互替换。藿香通常会用在茶或夏令饮品当中，用法与大茴香很像。烹煮鱼贝海鲜时，可以在卤汁或酱料之中加入藿香叶，或者将叶子剁碎加进来饭当中，也可以直接将叶子加到鸡肉或猪肉料理内。藿香的天然甜味，可以将原本就带有甜味的蔬菜，例如甜菜根、胡萝卜、南瓜、南瓜属植物以及甘薯等，衬托得更完美。藿香跟青豆、英国小胡瓜或番茄也是完美的搭配组合。可以拿藿香来点缀菜色，美化盘面，或是在要上菜前，加一点切好的叶片再搅拌一下。如果在沙拉中加一点藿香叶，沙拉会因此熏染一股隐约的大茴香的风味。而将藿香与其他的夏令香草混合均匀后，可以将其加进煎饼糊或蛋卷里，或是拿来调制出香草酱，也可搭配橄榄油炒大蒜与新鲜面包丁、意大利面食类。藿香也是夏令水果的好搭档，和杏子、蓝莓、桃子、洋梨、梅子、覆盆子等味道都很合。如果想调制藿香蜂蜜酱的话，首先在小罐子里填入藿香花和藿香叶，然后再倒入加热过的液状蜂蜜，蜂蜜的量要盖过藿香花叶，然后让藿香蜂蜜酱放上一个月就可以了。

特征

茴香牛膝草不管是香味或在尝起来的味道上，都带有甜甜的大茴香味。所以不像许多其他的香草，单独品尝时会有苦涩的感觉。韩国薄荷闻起来有桉树和薄荷味，但是尝起来跟蔬菜茴香牛膝草比较接近，入口后，都有余味无穷的大茴香味。

使用部位

新鲜叶子，花朵可拿来装饰盘面。

购买与储存

有些专业的香草苗圃会有藿香植株的库存。藿香的叶子算是颇为耐放的，如果用保鲜袋包好，放在冰箱蔬果保鲜室，可以储存4～5天。虽然藿香叶也可以拿来冷冻，不过最好还是用新鲜的叶片。干燥的藿香叶除了拿来冲泡饮料，可以说是一无是处。

栽培

茴香牛膝草与韩国薄荷比较适合种在排水良好，日照非常充足，但有遮蔽的地方。两种都能以播种法来种植。过二三年后，就可以开始进行分株或移植。如果不摘光藿香花，留下一些让它结籽，藿香就会自己散播种子繁殖，不过，这些新苗要一段时间才会长出来。在生长季节，可随时依需要摘取嫩叶来使用。而开花前的那段时间，是藿香香味最浓郁的时候。

风味配对

适合搭配的食物种类：青豆、英国小胡瓜、南瓜、根茎类蔬菜、南瓜属植物、番茄、莓果与核果类。

适合搭配的香草或香料种类：罗勒、佛手柑、茴芹、马郁兰草、薄荷金盏花、荷兰芹、沙拉地榆、龙蒿。

茴香牛膝草 *A. foeniculum*

茴香牛膝草，又称甘草薄荷，是一种长得笔直且分枝的植物。茴香牛膝草的叶子呈椭圆形，灰绿色中隐隐染有紫色的色泽。到了夏末时节，茴香牛膝草会长出醒目的紫色花穗，花朵会吸引蜜蜂前来。

茴香牛膝草花朵

茴香牛膝草闻起来像大茴香，但是花朵反而跟牛膝草比较像。不过事实上，这几种植物之间没有关系。

特征

茴芹有着甜美的香气。滋味微妙难以言喻，具有舒缓镇定的效果。在淡淡的大茴香味道中，隐约还带有荷兰芹、葛缕子和胡椒的味道。

使用部位

新鲜叶片。茴芹的花朵可以拿来当菜肴的装饰配菜。

购买与储存

茴芹不是一种可以久放的香草。如果用保鲜袋或湿润的厨房纸巾包好后，放在冰箱的蔬果保鲜室，可以储存2~3天。而先切碎后再以小罐子冷冻起来的茴芹，就可以保存3~4个月。茴芹做的香草奶油也可以冷冻保存。干燥的茴芹，香味几乎已经消失殆尽，不值得购买。

栽培

用播种的方式，就可以轻易地栽种出茴芹来。茴芹喜欢肥沃潮湿的土壤，最适合在半遮阴的地方生长。选定想种植茴芹的地点后再播种，因为茴芹并不合适移植。茴芹最适合在凉爽的环境中生长，夏天时，如果茴芹是种植在长得较高的植物下方，就可以在植物的树荫下生长。过老的茴芹叶会转成粉红色或黄色，香气也不再清新。第一次播种的时机，应该选在冬天快结束的时候，之后每过3~4星期，就要再播种一次，以确保长出足够数量的茴芹。

茴芹（Chervil）
Anthriscus cerefolium

茴芹的原产地在俄罗斯、高加索地区以及欧洲东南部地区。有可能是由罗马人将茴芹引进到北欧去的。自古以来，茴芹就象征着新生命的到来。当市场上出现了当季的茴芹时，也代表着春天的脚步已经到来，同时，法国、德国和荷兰当地的菜单上，会纷纷出现由茴芹所制成的当季酱料与汤品。餐厅常将茴芹用来当作菜肴的配菜装饰，其实，茴芹价值不只如此，自家烹调时，可更加广泛地运用。

新鲜的叶片

茴芹长得很快，播种后6~8天就可以采收了。可是茴芹可供使用的寿命很短，一旦开花后，茴芹就失去了烹调价值。所以一定要剪去花茎，同时还要记得常常采收。修剪时，从最外围的叶片开始剪起，这样可以促进植株内部长出新芽来。

烹调用途

茴芹是法国料理中不可或缺的香草之一。经典的法式调味香草末就是由茴芹、荷兰芹跟龙蒿所组成的。不管是用法式调香草末，还是单用茴芹将其加入蛋中，都能做出非常美味的蛋卷或炒蛋来。在荷兰与比利时，当地有种以茴芹调配出来的传统汤品。这种茴芹汤是用土豆或青葱来作汤头，或者加入奶油和蛋黄做成较为浓稠的茴芹汤。

如果在法式清炖肉汤中加入茴芹，汤就会变得非常鲜美可口。也可以将茴芹加在油醋酱、奶油或奶油酱中，能为这种酱料增添风味，做好的酱料适合配上鱼类、家禽类或蔬菜料理一起享用。茴芹也是沙拉的最佳搭档。试着将茴芹加进温热的土豆沙拉吧！甜菜根沙拉也很适合加入青葱和茴芹。

浓稠的蛋黄蘸酱有时也会用到茴芹和龙蒿。食用法兰克福青酱时，往往也都能吃出茴芹的滋味。少量的茴芹可以带出其他香草的香味，也可以只用大量的茴芹，使用时，只要均匀而大量地撒在蔬菜上就行了。如果是热炒的菜色要用到茴芹，一定要等到烹煮的最后一道工序，才能放入茴芹，否则茴芹的香气和风味会因为加热而迅速挥散。

卷叶茴芹和平叶茴芹，两者的营养成分一模一样。

风味配对

配方基本素材：茴芹是法式调味香草末的基本材料。

适合搭配的食物种类：芦笋、蚕豆、青豆、甜菜根、胡萝卜、奶油干酪、蛋、茴香、鱼贝海鲜、莴苣、蘑菇、豌豆、土豆、家禽肉、番茄以及小牛肉。

适合搭配的香草或香料种类：罗勒、细香葱、水芹、莳萝、牛膝草、柠檬百里香、薄荷、芥末、荷兰芹、沙拉地榆、龙蒿。

法式调香草末

适合用在蛋类、鱼类、家禽类料理的经典法式调味料，材料包括茴芹、细香葱、荷兰芹和龙蒿（食谱，p.266）。

特征

龙蒿的叶子闻起来很香甜，带有松木、大茴香或是甘草的香气。虽然龙蒿的味道颇重，不过尝起来口感细致，有辛辣的大茴香和罗勒的味道，入喉后余味甜美。虽然经过长时间的烹调后，龙蒿的香气会减弱，不过风味不变。

使用部位

新鲜枝叶。

购买与储存

超级市场贩售的龙蒿的量很少，所以最好自己动手种。将龙蒿的嫩枝用保鲜袋装好，放到冰箱蔬果保鲜室保存，可以放4～5天。干燥龙蒿枝叶的方式是，将龙蒿扎成束，再将成束的龙蒿吊挂在通风阴凉的地方。但是，干燥后的龙蒿会散失大部分的香气。如果改用冷冻的方式，不管是整株或切碎的龙蒿，其滋味都可以保留得更完整。

栽培

法国龙蒿的种植方法，可以用插枝或是在春天时用龙蒿白色的地下茎来进行分株。最好每三年进行一次插枝或分株，这样龙蒿才能保有最佳的味道。龙蒿需要肥沃干燥的土壤以及充足的日照。在法国龙蒿的根部完全长好之前，遇到严寒的时节时，需要做好保护措施。

龙蒿（Tarragon）

Artemisia dracunculus

龙蒿的原产地在西伯利亚和西亚地区。欧洲人起初并不知道龙蒿的存在，等到阿拉伯人统治西班牙时，才由他们引进龙蒿。在16、17世纪时，龙蒿在传统法国菜的烹饪里有了进一步的发展。在人工栽培的龙蒿品种中，最优良的通常就称作法国龙蒿，在德国则将它称作德国龙蒿。

法国龙蒿 *A.d.var.sativa*

这个品种的龙蒿，叶片呈正绿色，也是工人栽培的品种中较佳的一种。可以视需要采摘龙蒿叶来使用。仲夏时，可以摘下完整的枝条做成干燥龙蒿。

烹调用途

　　龙蒿是法国料理中不可或缺的材料，用于鱼料理、家禽肉料理以及蛋料理中。只要拿捏好用量，龙蒿就能为蔬菜沙拉增添一股浓浓的怡人滋味。龙蒿非常适合加在卤汁中，或是为羊奶乳酪或浸渍在橄榄油中的菲达乳酪提味。龙蒿的完整枝叶可以用来垫在鱼的下方，或是跟烤鸡或烤兔一起烹调。"龙蒿鸡"可以说是每个厨师必备的基本料理。

　　用龙蒿可以调配出一种多用途的香草醋。在芥末酱跟奶油中也常见龙蒿的身影。龙蒿能为蘑菇、朝鲜蓟，以及使用夏令蔬菜做成的法式蔬菜炖肉等，增添清新的香草香气。如果把龙蒿拿来搭配番茄，味道也不会输给罗勒与番茄的组合。使用龙蒿时，只要分量拿捏得当，龙蒿能引出其他香草的风味。

鱼料理用香草末

这种香草末，专为慢火细炖的鱼料理设计，使用时直接加到鱼汤里，材料包括龙蒿、百里香、荷兰芹以及切成条状的柠檬皮（食谱：p.266）。

风味配对

配方基本素材：龙蒿是法式调味香草末，以及同类型的香草综合配方的基本材料。龙蒿也是蛋黄酱·拉维歌沙拉酱，以及塔塔酱的基本材料之一。

适合搭配的食物种类：朝鲜蓟、芦笋、英国小胡瓜、蛋、鱼贝海鲜类、土豆、家禽类、婆罗门参与番茄。

适合搭配的香草或香料种类：罗勒、月桂、酸豆、茴芹、细香葱、莳萝、荷兰芹、沙拉香草。

龙蒿的其他品种

俄罗斯龙蒿

A.d.var.inodora 有时称作*A.dracun-culoides*，此品种的颜色较淡，外观也较粗糙，尝起来味道有点苦。烹调时避免使用这种龙蒿。选购龙蒿植株时，要确定牌子上有标明法国龙蒿。

墨西哥龙蒿

Tagetes lucida，实际上是金盏花的一种（P.29）。它的味道跟龙蒿很接近，不过比较起来，墨西哥龙蒿的甘草味比较明显。

特征

蒔萝有明显的大茴香与柠檬香味。尝起来则像是大茴香跟荷兰芹的混合体，虽然口味清淡，味道却很持久。由于蒔萝种子精油中含有香芹酮，所以闻起来像甜甜的葛缕子。种子尝起来像大茴香，口感有一点锐利，带有挥之不去的温暖感觉。

 使用部位

新鲜及干燥叶片、种子。

 购买与储存

购买时，要选外观看起来新鲜柔嫩的蒔萝。如果手边有大量的蒔萝，要赶快用掉。就算用保鲜袋包好，放在冰箱蔬果保鲜室中储存，放2~3天后，蒔萝就会枯萎。以真空密封罐保存的干燥蒔萝，风味可以保存一年左右。用类似方法储存蒔萝种子，保存期可达两年之久。但是，已经磨碎的蒔萝种子则不能久放。

栽培

以播种法就能轻松培植出蒔萝。春天时，可以在遮阴良好、日照充足的地方播种，要挑选排水良好，水分充足的土壤。接下来只要持续播种，就可以提供整季够用的蒔萝植株。蒔萝的幼苗很脆弱，所以要确保播种地区的四周没有杂草。蒔萝的花如果不摘掉，当花朵成熟后就会自己开始散播种子。千万不要移植蒔萝，否则很容易就会伤到蒔萝长长的根部。不要将蒔萝和茴香比邻而种，这两种很容易因异花受粉而产生杂交种。

蒔萝（Dill）

Anethum graveolens

蒔萝是一年生植物，原产地在俄罗斯南部、西亚地区以及地中海东部沿岸一带。人们之所以会广泛种植蒔萝，主要是为了它羽毛状的叶片（通常这种叶片称作蒔萝草）以及种子的利用价值。印度蒔萝主要的栽种价值也在于种子，学名为*A.g.subsp.sowa*，跟欧洲蒔萝的种子比起来，颜色更淡，外表更为细长，味道尝起来也比较刺激辛辣，常使用在咖喱配方中。

烹调用途

新鲜的蒔萝是鱼类和海鲜的最佳拍档，北欧菜就有很多这样的例子，例如萝腌鲱鱼、gravad lax（鲑鱼与盐、蒔萝一起腌渍，食用前再淋上芥末蒔萝酱的一道菜）。

叶片
虽然蒔萝的羽状复叶极小，但它却含有茴香的味道。

新鲜的叶片
冷冻法比干燥法更能保留住蒔萝的风味。用保鲜袋将完整的蒔萝枝桠包好冷冻起来，等到要用的时候再取下叶子。加热过后，蒔萝会丧失它原有的风味，所以要等到烹调的最后一刻才加入蒔萝叶。

在北欧和中欧地区，会将莳萝配合根茎类蔬菜、甘蓝菜类、白花椰菜跟小黄瓜一起烹调。俄罗斯厨师在罗宋汤和俄罗斯最有名的甜菜汤中，都会加入莳萝一起烹煮。他们也会在酸奶油或酸奶中拌入莳萝，再加上一点芥末，这样就可以调制出一种与甜菜根很相近的酱料，但是他们不放芥末，而改以辣根代替，再将这种酱料配上炖牛肉一起上菜。在希腊，当地人会将莳萝与葡萄叶做成填料。在土耳其与伊朗，他们烹煮米饭、蚕豆、英国小胡瓜、块根芹时，会使用莳萝来调味。伊朗料理中有一道代表性的菜肴，就是

使用菠菜、莳萝、青葱烹调出来的。印度北部有道菜与它有异曲同工之妙，它用到的材料有兵豆、菠菜，以及莳萝叶和莳萝籽。沙拉和沙拉酱中都可以用到莳萝，特别是土豆沙拉。

莳萝的叶子和种子都可以用在腌渍食品当中，例如纽约熟食店贩售的香脆小黄瓜，或者波兰、俄罗斯、伊朗当地很受欢迎的大蒜口味腌黄瓜。北欧人会将莳萝籽加到面包跟蛋糕之中，他们也会拿莳萝来帮醋调味。印度当地，莳萝叶和莳萝籽会用在咖喱粉和马萨拉辛香粉中。

风味配对

适合莳萝叶的菜色：甜菜根、蚕豆、胡萝卜、块根芹、英国小胡瓜、小黄瓜、蛋、鱼贝海鲜类、土豆、米以及菠菜。

适合跟莳萝一起混用的香草：罗勒、酸豆、大蒜、辣根、芥末、红椒粉、荷兰芹。

适合莳萝籽的菜色：甘蓝菜头、洋葱、土豆、南瓜、醋。

适合跟莳萝籽一起混用的香草：辣椒、胡荽籽、小茴香、大蒜、姜、芥末籽、姜黄。

干燥的叶片

干燥莳萝叶片有两种方法，一种是使用微波炉；另一种则是将莳萝叶铺在布上，然后在阴暗、温暖、通风良好的地方摆上几天。干燥的莳萝叶保留了些许新鲜莳萝的香气和滋味。

种子

莳萝的种子呈椭圆扁平状，由5根管束所组成，其中2条延伸成了较宽的外转框边。莳萝种子非常轻，10,000颗种子的重量仅仅25克。当种子的颜色转为淡褐色且完全成形的时候，才是采收的时机。将种子荚放进大的纸袋中，然后让它在温暖的环境完全干燥。等到完全干燥之后，用两手搓揉种子荚，就可以使种子与外壳脱离。而莳萝的种子适合使用在烹煮时间较长的菜肴中。

特征

整株茴香都有类似大茴香跟甘草的温暖香气。茴香吃起来的口感跟它的香气差不多，清新怡人，微甜中又带有淡淡的樟脑味。茴香的种子跟莳萝比起来，味道比较没那么刺激，不过跟大茴香比起来，还是要涩得多。

使用部位

嫩叶、花朵、花粉、叶茎、种子。

购买与储存

如果用保鲜袋包好，放在冰箱储存的话，茴香可以保存2～3天。不管是新鲜的茴香叶柄，或是那种扎成一束吊挂风干的干燥茴香叶柄，都可以拿来使用。如果用密封罐保存的话，保存期限可达6个月。但是，同样使用密封罐来保存，茴香种子的保存期可达两年之久。野生的茴香花粉，味道非常浓烈，外观呈金绿色的粉末状，可以用网络购物的方法取得。

栽培

茴香在大多数的环境中都能生长，不过最喜欢的环境还是排水良好的土壤以及日照充分的场所。茴香可以长到1.5米，甚至更高。茴香本身就很容易散播种子自我大量繁殖。千万不要将莳萝和茴香比邻而种，这两种很容易产生异花受粉的情形，会因此产生杂交种。当种子颜色转为黄绿色时，就可以将种子荚剪下来。将种子荚放在大型的纸袋内，然后置放在通风温暖的地方，等到干燥得差不多了，再摇一摇，种子会因此脱落。每3～4年就应该更换茴香植株一次。

茴香（Fennel）
Foeniculum vulgare

茴香是一种高大、耐寒、外形优美的多年生植物，原产于地中海地区，如今，世界各地都可以看到它的踪影。茴香是人工种植历史最为悠久的一种植物。古罗马人将茴香的幼芽当作一种蔬菜。中国人和印度人则认为茴香是料理的调味料，可以促进消化。时至今日，印度人还会使用茴香来治疗婴儿腹绞痛。不过，千万不要将茴香跟甘茴香搞混。甘茴香，学名为*F. v. var. dulce*，又称作球茎香花，被视作食用蔬菜的一种。

绿茴香 *F. vulgare*

绿茴香是一种高大，外观雄伟的植物，有着错综的羽状簇叶。整株植物都可以食用。虽然现在已经不再食用绿茴香的根部了，但是像叶片、枝条和果实（种子）的部分，还是有人拿来当作调味料食用。茴香之所以会有大茴香的气味，来自于茴香精油主要组成成分之一，茴香脑。而茴香种子所含的精油浓度最高。

茎部

茴香的枝叶味道清淡，即使干燥后，这种味道也可以完整保留下来。

烹调用途

春天的茴香，可以为沙拉和酱料带来一种清新且充满朝气的味道。晚春时节，茴香花或茴香花粉的点缀与使用，都能为冷汤、周达汤以及烤鱼等，增添一股大茴香的香气。

茴香跟油脂含量丰富的鱼类，是天生一对。西西里人在沙丁鱼意大利面中，会随个人喜好加入过量的茴香。在普罗旺斯，会先在烤盘铺上新鲜或干燥的茴香枝叶，再放上整尾的鲱鲤、鲈鱼、欧鳊鱼加以烘烤或以钢架炙烤，为鱼肉增添一股细腻的风味。

茴香的花粉味道较为浓重，风味令人不禁为之飘飘然。可用于鱼类、海鲜类、火烤蔬菜、猪排以及意大利面包。

茴香的种子可以用在腌渍物、汤品和面包之中。不妨试试伊拉克传统面包吧！这种面包就是加入磨碎的茴香种子和黑种草来调味。在希腊，当地人会将茴香叶或茴香籽，加入菲达乳酪和橄榄后混合均匀，做出一种风味绝佳的面包。在法国东北的阿尔萨斯省以及德国，制作德国泡菜时，也会放入茴香种子来调味。意大利人会将茴香种子用在烤猪肉和著名的佛罗伦萨意大利香肠上。

茴香种子同时也是五香粉的成分之一。五香粉是中国料理中很重要的一种综合香料，多半用在肉类和家禽类上。在印度东北方的孟加拉国，也有一种香料是用五种材料调配的，称作panch phoron，茴香就是材料之一。这种panch phoron主要用在蔬菜、豆类和兵豆料理中。在印度次大陆这一区的其他地方，茴香的使用也很广泛，例如一种称作garam masala的综合香料或是用来卤蔬菜或小羊肉的卤汁，以及一些甜点，这些料理中都有用到茴香。印度人甚至会在餐后嚼茴香，可以预防口臭，促进消化。

风味配对

适合搭配的食物种类：豆类、甜菜根、甘蓝菜类、小黄瓜、鸭肉、鱼贝海鲜类、韭葱、兵豆、猪肉、土豆、米饭、番茄。

适合搭配的香草或香料种类：茴芹、肉桂、小茴香、葫芦巴、香蜂草、薄荷、黑种草、荷兰芹、四川花椒、百里香。

青铜色茴香 *F. v. 'Purpureum'*
跟绿茴香比起来，这种植物的生命力没有那么旺盛，香味跟风味相对也淡得多。

种子
茴香种子的味道比叶子的味道还要来得强烈，入口后有苦苦甜甜的余味。用烘烤法来烘干茴香子，可以带出种子的香甜气味。种子的颜色从淡褐色到黄绿色都有，不过黄绿色的种子品质最佳，整粒储放种子是最佳保存方法，待要用时再加以磨碎。

叶片
茴香的叶子，只有嫩叶的部分才能提供烹调所用。茴香叶味道尝起来淡淡的，最好摘下后马上使用。

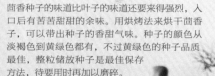

特征

绿薄荷的味道甘醇清新，淡淡的柠檬香衬托出一种强烈的甘甜呛辣味。胡椒薄荷的薄荷脑味道很明显，吃下去的口感如同燃烧的火焰般，有着火热的口感。但除此之外，胡椒薄荷带有淡淡的香甜及辛辣味，入口后余味清新沁凉。

使用部位

干燥或新鲜的叶片，花朵可用在沙拉或当作盘面的点缀。

购买与储存

新鲜的胡椒薄荷枝桠插在水杯当中，放置于厨房或冰箱中，可以保存2天左右。叶片的部分，可以切碎，装进小罐子里冷冻起来，或是将其与少量的水或油混合均匀后，倒进制冰盒后再冷冻。薄荷也适用干燥方法保存，方法是在薄荷开花前先摘下枝叶，然后扎成一束束悬挂在干燥通风的场所。也可以使用微波炉或低温的烤箱，将薄荷枝叶烘干。最后再将已经干燥好的薄荷放入密封罐保存。

栽培

薄荷是多年生植物，是很容易栽种的植物。薄荷比较喜欢温和的气候，适合种在有些许阴影或日照充足的地方，需要大量的水分。由于薄荷属蔓生性植物，所以除非你有足够的空间让薄荷自由生长，否则薄荷最好是种在花盆里。也可以种在无底的大型花盆或桶子里。

薄荷（Mint）
Mentha species

薄荷是世界上最受欢迎的口味之一，薄荷入口的瞬间，甜美的香气就带来清凉的感受，不止如此，它还有温暖身心的效果。薄荷的原产地在欧洲和地中海地区，但从很久以前就已散播到世界各地，潮湿的地区随处可见薄荷的踪迹。由于薄荷很容易跟其他植物杂交后产生混种，所以很容易混淆各种薄荷的名称。不过在烹饪上，薄荷主要可以分成两个族群：绿薄荷和胡椒薄荷（pp.68～69）。

新鲜的叶片

胡椒薄荷，又称花园薄荷，学名为*M.spicata*，是最普通的薄荷品种。它有尖尖的叶子，夏末时会开淡淡的紫色花朵。这种薄荷和其他经过人工栽培的变种，在食谱中全都以"薄荷"出现。在胡椒薄荷的生长季期间，随时都可以摘下它的叶片使用。不过最佳的采收时机是在开花前，那时正是薄荷的香精油最浓郁的时候。薄荷的香味来自薄荷脑，也因为薄荷脑的缘故，薄荷入口后，会在口中留下一股清凉、微微发麻的感觉。

烹调用途

世界各地有各种料理薄荷的方法。但是，新鲜薄荷跟干燥薄荷在食谱中，两者通常不能互相取代使用。

新鲜薄荷

西方料理中，常拿薄荷来帮茄子、胡萝卜、英国小胡瓜、豌豆、土豆以及番茄调味。薄荷的味道跟鸡肉、猪肉、小牛肉或是传统春季才出产的小羊肉都很合，可以将薄荷做成卤汁、薄荷冻、薄荷酱或薄荷莎莎酱来搭配上述材料。若在浓稠的蛋黄蘸酱中，原先使用的龙蒿换成薄荷后，就变成帕娄斯酱，这种酱料与钢架烤鱼或烤鸡料理时是最佳的拍档。

在中东，薄荷是制作黎巴嫩风味塔布蕾沙拉的必备食材。当地人也会将薄荷加入含新鲜香草和沙拉蔬菜的钵里，这种沙拉钵通常会跟当地称作"mezze"的开胃菜一起上桌。越南菜里，厨师会将薄荷加进沙拉中，或者放进搭配春卷用的香草配料盘里。甚至连东南亚料理，例如淋酱、印度尼西亚辣酱及咖喱中，都可以找到薄荷的踪影。薄荷清凉的特性，让它成为制作伊朗冷冻酸奶和小黄瓜汤时，最理想的香草。印度人调配酸甜酱和酸奶沙拉时，也会借助薄荷清新的口感。印度的厨师还会利用薄荷的清凉特性，拿来中和那些蔬菜或肉类料理因其他香料所产生的温热感。南美洲有许多地方都会将薄荷搭配上辣椒、荷兰芹或牛至，当作这类需

要长时间炖煮菜肴的调味料。墨西哥人则会在肉丸和鸡肉中，加一些薄荷调味。

薄荷的清凉味道，可以为水果沙拉、水果酒增色不少。当然，绝对不能忘皮姆英式鸡尾酒和冰镇薄荷开胃酒！用薄荷做成的百汇冰淇淋，美味更是一绝。薄荷也是许多巧克力甜点、巧克力蛋糕中，深受欢迎的口味。

干燥薄荷

地中海东岸及阿拉伯国家的人们，喜欢使用干燥薄荷胜于新鲜薄荷。希腊人有时候会将干燥薄荷、牛至、肉桂，用来帮希腊风碎肉丸子调味，和当作用葡萄叶包裹料理填料。塞浦路斯人则会在当地一种称作flaounes的复活节乳酪蛋糕中加入干燥薄荷。土耳其有种沙拉称作cacik，是将小黄瓜混上酸奶所做成的，这种沙拉是干燥薄荷的最佳搭档。烹调某些土耳其和伊朗料理时，可以先在锅里放一些橄榄油或过滤奶油，然后加入一茶匙干燥薄荷快炒一下。这种炒过的干燥薄荷叶，适合等到快上菜前，再加进刚做好的土耳其、伊朗料理之中，能增添一股鲜明的香气。此外，干燥薄荷加兵豆汤加羊肉或是干燥薄荷配上炖蔬菜等，都是值得一试的组合。

薄荷酱和帕娄斯酱适合搭配的食物种类：番茄、茄子、羊肉、南瓜、黄瓜、酸奶、黑巧克力。

适合搭配的香草或香料种类：罗勒、小豆蔻、丁香、小茴香、莳萝、葫芦巴、姜、马郁兰草与牛至、红椒粉、荷兰芹、胡椒、盐肤木及百里香。

干燥的叶片

市面上贩售的干燥薄荷中，最常见的就是绿薄荷品种。干燥绿薄荷的味道呛鼻且浓烈，但是失去了新鲜薄荷原有的清新甜味。

薄荷的其他品种

对厨师来说，在薄荷中，最具有烹饪价值的是绿薄荷及其近亲品种。胡椒薄荷因为味道太过刺激，所以较少直接用在烹饪上，多半当作糕饼甜点以及牙膏的调料。无论是新鲜或是经过干燥的薄荷，其帮助消化的能力一直为人津津乐道。这也就是为什么在土耳其、伊朗、印度等地的酸奶中，薄荷总是最常见的材料之一。小玻璃杯盛装的甜摩洛哥薄荷茶，或是单独使用薄荷或青柠花搭配薄荷所冲泡出的法式饮料，有同样的功效。

摩洛哥薄荷 *M. s. 'Moroccan'*

这种薄荷有鲜绿色的叶子，开白花，最有价值的地方在于它辛辣的香气。摩洛哥薄荷跟绿薄荷相比，没有那么甜。摩洛哥多半用在茶里面，以及各式各样薄荷味的料理中。

碗形薄荷 *M. x villosa f. alopecuroides*

这种薄荷的叶片呈圆形，有柔软毛茸茸的质感，结出的花穗会开淡紫色的花朵。一旦剪下来之后，很快会枯萎。虽然碗形薄荷的味道很好，但是一定要将叶片剁得很碎，不然吃起来会有毛茸茸的口感。碗形薄荷适用于所有运用到薄荷的料理。

苹果薄荷 *M. suaveolens*

这种薄荷长有皱皱的叶片，整株植物都覆盖着茸毛，有很茂密的淡粉红色花穗。苹果薄荷的香味，隐约有着薄荷和成熟苹果的香气，尝起来的滋味非常美好。叶子的质地不适合直接食用，最好是切成细丝再使用。

薄荷的其他品种

胡椒薄荷 M. x *piperita* 胡椒薄荷是薄荷（spearmint）和水薄荷（water mint）的杂交种。它生命力旺盛，叶茎长得很高大，长长的绿色叶片上有少许茸毛。胡椒薄荷的味道比较刺激，通常只有在制作甜点、冷饮时才会用到少许。也可以将干燥或新鲜的胡椒薄荷拿来泡茶。一般生意人种植胡椒薄荷，是为了薄荷油所提供的商业利益。

塔什干薄荷 M. s. 'Tashkent' 这是一种人工栽培品种。叶片很大，开深粉红色的花朵。香味和吃起来的口感都很浓烈。用法跟绿薄荷一样。

凤梨薄荷 M. s. 'Variegata' 凤梨薄荷的植株比苹果薄荷还要矮小，叶片边缘呈乳白色。嫩叶闻起来有种热带水果的香味，较老的叶片气味则有较多的薄荷味道。可以用嫩叶帮助沙拉、冷饮和水果甜点来调味。

罗勒薄荷 M. x *piperita citrata* 罗勒薄荷有深绿色的叶片，香味辛辣，有淡淡的罗勒味道。很适合搭配在茄子、英国小胡瓜与番茄的料理中。

野薄荷（玉米薄荷）M. *arvensis* 这薄荷有毛茸茸的灰绿色叶片，粉红色的花朵沿着叶茎呈螺旋状一轮轮地生长。香味刺激辛辣，但事实上吃起来的口感还蛮温和的。这种薄荷常常用于东南亚料理，含有大量的薄荷脑成分。

欧洲薄荷 M. *pulegium* 这薄荷可分成直立生长与匍匐蔓生的不同品种。有强烈的胡椒薄荷味，吃起来浓烈而苦涩，建议在使用这种薄荷时，分量上一定要谨慎才行。

巧克力薄荷 M. x *piperita citrata* 'Chocolate'

这种薄荷的叶片颜色，从墨绿到紫色都有。闻起来的味道就像是餐后的薄荷巧克力甜点一样。非常适合用在巧克力甜点中，也可以当作冰淇淋跟雪泥的装饰品。

黑胡椒薄荷 M. x *piperita piperita*

这种薄荷是由不同品种杂交而来，枝桠的部分呈深紫色，叶片呈墨绿带紫的色泽。具有刺激辛辣的香气，用法跟胡椒薄荷一样。

山薄荷 Pycnanthemum pilosa

这种优美的植物，其实并不算是真正的薄荷品种，但是它的嫩叶和芽蕾可以当成薄荷的替代品来使用。原产地在美国东部。虽然山薄荷的味道和口感跟薄荷很像，但比薄荷苦。

特征

整株卡拉薄荷闻起来都有温暖的薄荷味，并含有百里香跟樟脑的香味。尝起来有令人愉悦、辛辣温暖的薄荷味，并带有胡椒味及淡淡的苦味。小卡拉薄荷跟大花卡拉薄荷比起来，不论在香气或品味上，都更为强烈。

使用部位

叶片与小枝叶。花朵可以拿来装饰餐点，也可以用在沙拉当中。

购买与储存

在市面上已处理好的现成香草种类中，不包括卡拉薄荷。但是可以在专业的香草苗圃找到卡拉薄荷的植株。如果用保鲜袋将卡拉薄荷包好，放在冰箱中，枝叶可以保存1~2天。也可以将卡拉薄荷的枝干扎成一束，放在通风良好的地方吊挂起来晾干。等到干燥后，将叶片剥下来弄碎，再用密封罐保存。

栽培

卡拉薄荷性喜生长于排水良好的白垩土壤，即使有点遮阴也没关系，不过，最好还是要选日照非常充足、没有遮阴的场所来种植。不管是用分株还是播种的方式，都可以繁衍出卡拉薄荷来。大花卡拉薄荷是一种很美丽的园艺植物。不管是哪一种卡拉薄荷，都会招来蜜蜂。从春天一直到夏末这段时间，卡拉薄荷的叶子都可以使用。

风味配对

合适搭配的食物种类：茄子、豆子、鱼类、绿色蔬菜、兵豆、蘑菇、猪肉、土豆以及兔肉。

适合搭配的香草或香料种类：月桂、辣椒、大蒜、薄荷、桃金娘、牛至、荷兰芹、胡椒、鼠尾草和百里香。

卡拉薄荷（Calamint）

Calamintha species

这种芬芳的多年生植物，值得让更多的人知道其存在。对厨师来说，小卡拉薄荷（lesser calamint），学名为*C.nepeta*，又称山香草，是最有烹饪价值的品种。另一种常见卡拉薄荷（common calamint），学名为*C.sylvatica*，香味比较淡，不过用法与罕见卡拉薄荷相同。大花卡拉薄荷（Large-flowered calamint），学名为*C.grandiflora*，是种外观非常显眼的园艺植物，叶片可以用来泡茶。卡拉薄荷是香薄荷的近亲。

烹调用途

在西西里或北欧地区，小卡拉薄荷是很受欢迎的调味料。在意大利的托斯卡尼地区也一样，当地人很喜欢将小卡拉薄荷配上蔬菜一起烹调，特别是蘑菇料理。土耳其的用法，则是将小卡拉薄荷视作味道较为温和的薄荷来使用。不论是搭配烤肉、炖肉、野鱼或是烤鱼，或者是当作蔬菜或肉类的填料，还是加到卤汁酱料之中，味道都非常棒。烹调时要选用新鲜的卡拉薄荷叶，干燥的卡拉薄荷叶是拿来泡茶用的。而大花卡拉薄荷则有宽大、微微下垂的叶片。

新鲜的枝桠

小卡拉薄荷是一种生长浓密的植物，有毛茸茸的灰色叶片。整个夏季都会开白色或淡紫色的小花。

猫薄荷（Catnip）
Nepeta cataria

　　猫薄荷在英文中可以称作catnip或catmint。但要注意的是，catmint这个词有时也会拿来当作Nepeta科（某些观赏植物的名称）。猫薄荷的原产地在高加索地区和南欧，现在这种迷人的植物广泛地栽种于许多温带地区，连在野外也可以找到其踪迹。当猫闻到猫薄荷近似薄荷的香气时，会产生一种非常幸福陶醉的感觉。不过，只有当猫薄荷的叶子被揉碎时，才能散发出这种迷人的香气。

烹调用途

　　跟以前比起来，猫薄荷在现代烹饪上的重要性不如以前。不过意大利料理，如沙拉、汤品、蛋料理或是蔬菜填馅中，都还是会用到猫薄荷。加上一些味道强烈的猫薄荷叶，可以为蔬菜沙拉或综合香草沙拉增添特殊的风味。它浓烈的风味，跟一些脂肪含量较多的肉类，如猪肉或鸭肉等，味道也很相近。此外，猫薄荷也是很常见的香草花。

新鲜的枝桠

猫薄荷的叶片颜色为灰绿色，形状为心形，上面覆盖了一层白色的茸毛。花果有白色和淡紫色，带有红色斑点。

特征

揉碎猫薄荷的叶子之后，会散发出一股类似薄荷和樟脑的甜美香气。尝起来跟薄荷也很像，口感刺激辛辣，带有苦苦的味道。需少量使用。

使用部位

叶片与枝桠。

购买与储存

在园艺中心和专业香草苗圃都能买到猫薄荷的植株。如果将猫薄荷的小枝叶用保鲜袋包好，放进冰箱的蔬果保鲜室储存的话，可以保鲜1～2天。

栽培

猫薄荷是一种耐寒的多年生植物，很容易从种子培育起。此外，猫薄荷自我散播种子的能力也很强。而猫薄荷的最佳生长环境属于半遮荫处，是种不太需要人去照顾就可以长得很好的植物。猫薄荷不只对猫有吸引力，它也会招来蜜蜂。春夏两季随时都可以采收猫薄荷的叶子来使用。

特征

生的、干燥的大蒜味道既呛辣又刺激。带有水分的大蒜，就温和多了。当我们切开生的大蒜时，会产生蒜素，这也就是为什么吃了生的大蒜之后，口中会留下一股大蒜味。经过烹饪后，会降解蒜素的成分，不过会形成另一种味道较淡的双硫化物。

 使用部位

大蒜的鳞茎部分。

 购买与储存

一年四季都能买到大蒜。选购时，要挑没有撞伤、蒜头结实、未发霉或发芽的大蒜。如果你家的大蒜已经发芽，要把绿色的芽给摘掉，那部分不好消化。储存大蒜时，要将大蒜放在凉爽干燥的场所。在市面上都可以买到干燥的大蒜片、大蒜粒或大蒜粉。而大蒜泥可以用软管装好之后冷冻。烟熏大蒜是种时髦别致的玩意儿，不过没有什么特别的用处。

大蒜（Garlic）

Allium sativum

　　大蒜的原产地在中亚一望无际的干草原上，最先传播到中东。尽管大蒜是人类最早开始人工栽培的香草品种之一，但是大蒜早期的用途，主要着重其在医疗方面的神奇效果，古埃及人曾经大量食用过大蒜。就算到了早期英国移民带着大蒜迁徙到美国时，他们还是将大蒜当作一种药用植物。时至今日，大蒜已经被公认为具有降低血压及降低胆固醇的作用，而在烹饪方面，更是影响深远，有极大的重要性。

新鲜蒜头

在生长季节刚开始的时候，新生的蒜头还有很饱满的水分，相当多汁，味道温和，有着柔软、厚实、白色的蒜皮。

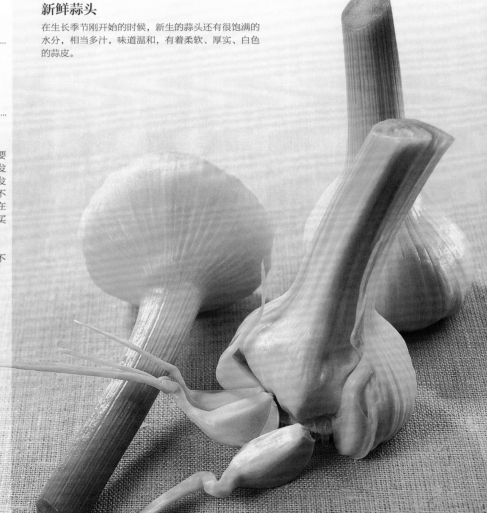

烹调用途

干燥的大蒜先用菜刀刀背压碎，可以很轻松地剥开皮。一旦把皮剥掉，再将大蒜倒进磨钵里，就可以很轻松地捣碎。最好不要用那种大蒜专用压制器，因为用压制器压碎的大蒜会多出刺激的臭味。

许多料理都可以利用大蒜来调味。将整瓣大蒜慢慢地熬煮之后，会有甘醇的坚果味。如果将大蒜切开，那么就算同样经过烹煮，味道还是会变得比较呛。同样的道理，将整瓣大蒜用油稍稍炒过，然后再将大蒜挑出来，会残留下清淡细腻的风味。或是换成压碎的大蒜，炒出来的味道就会比较强烈。千万不要让大蒜焦掉，否则味道会变得又苦又辛辣。将整头大蒜烤过之后，可以拿来跟新收成的土豆或根茎类蔬菜搭配。欧式料理中，会将大蒜跟鸡肉或小羊肉一起烤，与红酒一起慢火细炖，煮烂过滤之后做成浓汤或是拿来汆烫或快炒。新鲜幼嫩的多汁大蒜，不用剥皮，就可以直接丢进夏令蔬菜炖锅里熬煮。在西班牙，当地人会将大蒜的嫩芽炸

了之后当作饭前下酒小菜。将生的大蒜沙拉，搭配上番茄和油之后，直接涂到面包上食用，如果加入蛋黄和油捣碎，做出来的酱料称作经典蒜泥蛋黄酱。同样的材料，如果将蛋黄和油的部分换成坚果与罗勒的话，做出来就变成青酱了。说到食用大蒜的习惯，就会想到亚洲。亚洲人的每人大蒜食用量，比地中海沿岸国家居民要高许多。亚洲人通常会将大蒜配上香茅、生姜、胡荽、辣椒和酱油等使用。除此之外，像是快炒类、咖喱酱、印度尼西亚辣酱以及泰国辣酱等料理，也都会用到大蒜。在古巴，当地有一种叫作mojos的酱料，是当地人餐桌上最常见的调味料，它的材料里就包括大蒜、小茴香和柑橘类果汁。也可以将大蒜浸泡到油里面，放上数日待用；也可以浸在醋里面，不过所需的时间比较长一点，至少需要2个星期。不管是韩国还是俄罗斯料理中，腌渍大蒜都是非常受欢迎的一道泡菜。

大蒜的种植方法是采用鳞茎繁殖。最适合大蒜生长的地方是肥沃湿润的土壤与日照充足的场所。不管是多年生或是两年生的大蒜品种，都非常耐寒，可以熬过长期的严冬。当大蒜顶端变干，且开始垮下来的时候，就是大蒜收成的好时机，此时将整株大蒜完全拔起，再吊挂于阴凉处风干。等到采收的大蒜干燥后，它的表皮会变得像纸一样薄，同时风味也会更强烈。

风味配对

配方基本素材：大蒜是许多酱料的必备材料，例如经典蒜泥蛋黄酱、土豆蒜泥酱、大蒜辣椒酱、大蒜酸奶小黄瓜酱和青酱等。

适合搭配的食物种类：几乎适用于所有的咸味料理。

适合搭配的香草或香料种类：绝大多数的香草和香料均可以搭配使用。

干燥的大蒜瓣
干燥大蒜皮的颜色，会随着不同的品种而有所不同，从白色、粉红色到紫色都有。

大蒜是人类最早开始栽培的香草品种之一。尽管很多人不喜欢它强烈的味道，但是大蒜神奇的药用效果却是毋庸置疑的。在料理中最

常见运用到大蒜的地区，分别是东南亚和欧洲地区。

大蒜的品种

许多植物的香味成分，跟大蒜的成分有许多雷同之处。细长的胡蒜，实际上是韭葱家族的植物。欧洲野生大蒜（European wild garlic），又称熊葱，味道跟大蒜很像，而且因为早春时节就能采收，所以比起一般大蒜更有优势。象蒜，学名为*A.ampeloprasum*，它硕大的蒜瓣虽然对常吃大蒜的人来说，味道过于清淡了点，但如果将这种大蒜配上其他蔬菜一起烤，味道真的非常鲜美。北美野蒜，学名为*A.canadense*，它的味道则介于大蒜和韭葱之间。

胡蒜 A. s. var. *ophioscorodon*

胡蒜的原产地在英国北部。当胡蒜长到成熟期时，它的叶茎会扭转成螺旋形，同时还会开淡紫色的花朵，开花之后，会结出紫色的珠芽。胡蒜的每个部位都可以拿来使用：年初时，可以使用胡蒜新生的纤细尖头叶片，用法跟细香葱用法一样；到了夏天，就可以取下像豌豆大小般的珠芽以及鳞茎的部分，用法则跟大蒜的用法相同。而胡蒜整株植物的味道都比大蒜还要清淡。

熊葱 A. *ursinum*

在大多数的欧洲地区，都可以看到熊葱的踪影。熊葱的叶子长得跟欧铃兰很像，但是闻起来的味道却像野生大蒜一样。熊葱是种很容易栽培的植物，不过，具有侵略地盘的特点。在晚冬早春交接的季节，是采收熊葱叶片的好时机。在这之后，熊葱会开白色的星形花朵，这种花朵的香味要强烈得多了。熊葱的珠芽，则是全株植物中，味道最浓烈的部位。使用熊葱时，最好要用新鲜的叶子，可以增添冬季沙拉风味，或是拿来做土豆与蛋料理的装饰，也可以用在汤、奶油酱、酸奶酱之中，甚至拿来搭配芦笋或羊肚菌煮成意大利菜饭，或是蒸鱼时拿来包裹鱼排使用。

青葱（Green Onion）

Allium fistulosum

　　青葱原产地在西伯利亚，又名威尔斯洋葱、东方串葱、日本韭葱。它是亚洲产量最大的洋葱作物。欧洲的厨师都将青葱称作串葱，不过大多数的东方料理食谱中，都还是使用青葱这个名称。人们也常拿青葱这个名称，来称呼另一种叫大葱的植物。而大葱的学名为 A.cepa，虽然看起来跟青葱很像，但是味道却大有不同。

烹调用途

　　青葱可当作调味料，也可以当作蔬菜来使用，是一种东方料理必备的食材，通常会跟大蒜、姜一起搭配使用。不论是肉、鱼、海鲜还是家禽类，都可以搭配。很多汤品以及炖菜，也都很适合加些青葱进去。通常在烹饪快结束时，才会放青葱进去，就连快炒也是等到快起锅时才会放青葱，这样才能留住青葱的翠绿色泽与清脆口感。西式炖菜、土豆或豆类料理也是在快煮好时，才加入剁碎的青葱。生吃时，可以将青葱当作大葱的替代品。

新鲜的茎部

亚洲品种的青葱味道比欧洲品种的青葱还要强烈。大多数的青葱都是绿色的，不过有紫色茎的品种。

特征

青葱只有在切开时，才会出现淡淡的洋葱味。虽然吃起来洋葱的味道很明显的，不过仍属相当温和的口感。

使用部位

白色"茎"部分（即从底下球状隆起之处刚刚抽出的叶片底端部分），以及绿色的叶片。

购买与储存

有时候市面上会贩售青葱。选购时，不要买看起来枯萎，或是颜色已经变黄的青葱。如果想要自己栽种的话，可以到香草苗圃购买种子或植株。青葱剪下来后，放在冰箱的蔬果保鲜室可以保存1星期左右。不过存放前要将青葱包好，以免它的味道渗入其他食物中。

栽培

青葱是耐寒的多年生植物，适合用播种法来种植，喜欢排水良好的肥沃土壤，有时候会被当作可连续种植的阶段性作物。青葱不会结球茎，顶多是在底部有点类似球状的微微隆起。不过，就像一般的葱类，青葱也会整丛地繁殖，所以偶尔要从基部把青葱分开。5～6星期，青葱长到25厘米高时就可以收割。真正的东方品种青葱，叶子呈圆形空心状；欧洲的品种则是有较为扁平的叶片。

风味配对

适合搭配的菜色：蛋、鱼贝海鲜类、肉类、家禽类以及大多数蔬菜类。

适合搭配的香草或香料种类：茴芹、辣椒、胡荽、芦苇姜、大蒜、姜、香茅、荷兰芹、紫苏。

特征

细香葱的所有部位，闻起来都有淡淡的洋葱香，尝起来则有辛辣的洋葱味。

使用部位

茎和花的部位。

购买与储存

到香草苗圃可以买到成丛的细香葱。买回去后可以用分株法，视实际需要，将小的球茎分开，这样可以确保香葱的供应量不予匮乏。不能干燥细香葱。不过，用冷冻的方式，可以很完美地保留住细香葱的滋味，所以可以先将细香葱切碎后再冷冻起来。等到要使用时，再直接从冷冻库中取出使用即可。

栽培

细香葱的外观，看起来就像一般的草丛一样，不过茎的部分为空心，带亮绿色光泽，会开小小的粉紫色花穗。细香葱是耐寒的多年生植物，能够适应各种园艺土壤。不过因为细香葱的小球根部分，生长的位置离土壤表面很近，所以要记得充分浇水。栽培细香葱时，要使用分株法。到了冬天，植株会暂时枯死，等到早春时节，细香葱会很快地再次抽出新芽来。收割细香葱时，不要用拔的，最好要从最外围的细香葱开始剪下，这样才能维持细香葱茂密整齐的模样。一定要让细香葱丛维持在一定的高度，这样才能保护底下的球茎部分。

风味配对

配方基本素材：细香葱是法式调味香草的必备材料。

适合搭配菜色：鳄梨、英国小胡瓜、奶油干酪、蛋类料理、鱼贝海鲜类、土豆、烟熏鲑鱼以及根茎蔬菜。

适合搭配的香草或香料种类：罗勒、茴芹、胡荽、茴香、红椒粉、荷兰芹、没药树、龙蒿。

细香葱（Chives）

Allium schoenoprasum

细香葱是洋葱家族中个头最小、风味最细腻的一员。细香葱的原产地在北方温带地区。像欧洲、北美洲各地，从很早以前就已经有野生的细香葱。但是直到中世纪晚期时，欧洲才有人开始大量人工栽培。自19世纪以来，细香葱开始受到人们的欢迎。

烹调用途

绝对不要将细香葱拿来加热烹调，经过加热烹煮之后，细香葱的味道很快就会消散掉。用刀或剪刀将细香葱切碎后，就可以直接加进各种料理和沙拉中。细香葱细腻的洋葱风味、清脆的口感，以及翠绿的外表，无论是加进土豆沙拉、各种汤品，或是香草酱之中，都能让整道菜看起来更为生动，风味更加爽口。时至今日，细香葱拌奶油或酸奶油，已变成了烤土豆的经典淋酱。如果将细香葱跟大量的酸奶搅拌均匀，就成了烤鱼的鲜美佐料。细香葱的花朵亮丽美观，带有淡淡的怡人洋葱香，不管是撒在香草沙拉上，还是加进蛋卷当中，都是视觉上的享受。

新鲜的茎部

细香葱的外表应该要生气勃勃，而不是呈枝叶下垂的萎靡状，一旦剪下细香葱后，就要马上使用。

韭菜（Chinese Chives）

Allium tuberosum

　　韭菜的原产地在亚洲中北部，但是在中国的亚热带地区、印度和印度尼西亚等地也都有生长。中国使用韭菜的记录可追溯至几千年前。韭菜跟其他普通葱类植物比起来，它的叶子呈扁平状，而不像一般葱类的叶茎呈空心状。除此之外，韭菜会开白色的星形花朵。

烹调用途

　　将切成一段段的韭菜，快速地氽烫之后，就可以拿来搭配猪肉或家禽肉。韭菜也可以包在春卷里，或者用在诸如猪肉、明虾、豆腐以及青菜一类的热炒料理中，等快起锅时才加入韭菜，使料理多了一股辛辣的风味。如果将扎成小束的韭菜段，裹上面糊之后直接下锅油炸，就是一道天妇罗料理。含韭菜花苞茎的那部分，通常会单独拿出来贩售，算是价格比较高的蔬菜。在中国和日本，当地人会将韭菜花磨成粉后，加盐调味做成香料。韭黄很受欢迎，但价格不菲，可以在汤品、面类和蒸青菜等料理快完成时再加入。此外，将韭菜带花蕾的茎叶部分，浸到白葡萄酒醋的瓶子里，看起来十分美观，不止如此，浸泡过韭菜的白葡萄酒醋，还因此多了淡淡的大蒜香。

韭菜叶与连着花蕾的茎部

在中国商店，可以买到亮绿色的韭菜叶，浅色的韭黄叶，以及连着花蕾的韭菜茎。

韭菜无论是叶子还是花朵部分，与一般葱类比起来，大蒜味道都要浓烈得多。经氽烫之后的韭菜叶，味道就会变得温和一点。韭菜花的味道，尝起来比韭菜叶要更为强烈。

使用部位

叶片和花蕾部分。

购买与储存

亚洲商店就有贩售成束的韭菜，也有韭黄，或是扎成一小束连花蕾的硬茎部分。韭菜剪下后，很快就会凋零，特别是韭黄，这种韭菜枯萎的速度居所有韭菜类之冠。如果用保鲜袋包好，放到冰箱里，绿韭菜可以保存数天，不过要注意的是，韭菜的味道很重。

栽培

韭菜是种生命力很强的植物，在温带地区，一年到头看起来都是绿油油的。跟西洋品种的细香葱比起来，这种中国韭菜成长时似乎长得更小丛、更密集。韭菜并不会长出真正的鳞茎，而是借由地下茎来繁殖。随时都可以视需要，摘取适量的韭菜来使用。有时候，人们会将韭菜加以修剪后，放到阴暗处，这样一样，韭菜会因为晒不到阳光而有颜色淡化发白的现象。这种白韭菜所长出的淡黄色的嫩芽，就是一种价值不菲的珍馐。花朵要挑还是花蕾时，连着茎一起收割下来。

特征

锐叶芹菜闻起来带有荷兰芹的草本清香，尝起来则同时有苦味与温热的口感。中国芹菜吃起来的滋味跟锐叶芹菜很类似。相比较起来，水芹菜的味道就要清新得多，它尝起来的滋味近似于荷兰芹，而芹菜原有的温苦味较不明显。

 使用部位

叶片、茎、果实（种子）部分。

 购买与储存

锐叶芹菜可以存放4~5天。花园芹菜的保存天数也差不多。至于中国芹菜，由于它多半是连根一起贩售，所以只要在植株维持完整的状态下，就可保存一个星期。水芹菜则大概只能保存1~2天。不管是哪一种芹菜，都应该用保鲜袋将它们包好之后，放进冰箱储存。如果用密封罐储存芹菜种子，就算保存长达2年之久，种子的香气仍然存在。

 栽培

芹菜的自然生长地为沼泽地带。不过，如果挑选花园中保水良好的湿润土壤处，也可以轻松地用播种的方法来繁殖芹菜。除此之外，到一些英国香草苗圃，也可以买到现成的芹菜植株。在生长季中，随时都可以采收芹菜叶来使用。在东南亚，水芹菜是一种极常见的植物。如果你到当地看到水芹菜，记得要用小盆子来栽种，否则水芹菜会在你的花园里丛生得到处都是。种植芹菜时，要常浇水。

 风味配对

适合搭配的食物种类：甘蓝菜类、鸡肉、小黄瓜、鱼类、土豆、米饭、酱油、番茄、豆腐。
适合搭配的香草或香料种类：丁香、芫荽、小茴香、姜、芥末、荷兰芹、胡椒、姜黄。

芹菜（Celery）
Apium graveolens

　　野芹菜是一种古老的欧洲品种植物，直到17世纪时，才以人工培育的方式，从野芹菜栽培出花园芹菜与块根芹等品种。锐叶芹菜的外形跟原生种的野芹菜很像。中国芹菜的绿色叶子，则长得跟花园芹菜的叶子很像。另一种水芹菜，又称越南芹菜，学名为*Oenanthe javanica*，其实跟本文中所提到的芹菜并没有任何关系。它有笔直的茎，与小小的锯齿状叶片。但是，绝对不要把这种芹菜跟另一种学名叫*O.crocata*的有毒欧洲品种水芹混淆了。

锐叶芹菜　*A. graveolens*

锐叶芹菜看起来就像是平叶荷兰芹，只不过颜色更深，为暗绿色，同时叶片还带有光泽感。锐叶芹菜的茎部长得非常笔挺，在茎的上方会长出相当茂盛的叶子，构成一种密集丛生的植物外观。

种子

芹菜的种子跟它原本的植物母株比起来，无论是香味或是味道都更为浓厚。芹菜的种子带有强烈的辛香味，隐约有着肉豆蔻、柑橘与荷兰芹的滋味。吃下去后，余味微苦，有轻微烧灼感。

烹调用途

在荷兰和比利时等地，当地人使用锐叶芹菜的用法，就像我们使用荷兰芹的方法一样，都是当作菜肴的装饰或是在快上菜时才拌入的。当地有一道传统的鳗鱼料理，其中的青酱就有用到锐叶芹菜。在法国，当地人将锐叶芹菜用作一种煮汤用的香草；在希腊，鱼类或肉类砂锅料理，都常用到。锐叶芹菜是一种很实用的香草，有了它，你不用再去找芹菜茎，只要摘下锐叶芹菜的叶片，就可以当作替代品，可用在香草束、汤品或炖菜之中。

中国芹菜既可当作调味料，也可以当作蔬菜来食用，也可直接生吃，茎部则是切成薄片快炒。在东南亚地区，当地人会将中国芹菜的叶片或茎，拿来帮汤品、文火炖煮的料理，米饭或面类料理等调味。

至于花园芹菜和块根芹，可以生吃或是当蔬菜来烹煮。除此之外，它们的叶片也可以拿来做调味料。经烹调后，无论是哪一品种的芹菜，苦味都会变淡，但是其他的香味成分都不会流失。在越南，因为水芹菜的口感清淡爽口，所以常被拿来当作香草沙拉使用，或是略加烹煮过后，再加进汤品、鱼类和鸡肉料理调味。泰国料理的做法与上述的方法很像，当地的厨师会在生的水芹菜上淋上泰式酸辣酱后直接上菜，或是将水芹菜稍加氽烫，淋上泰式酸辣酱再上菜。日本人则会在寿喜锅里加入水芹菜。水芹菜同时也是番茄沙拉的最佳调味品。

俄罗斯人和北欧人在煮汤时，会加入一些芹菜籽。制作冬季沙拉时，将芹菜籽稍加压碎，再适量加到沙拉酱里，会为沙拉酱增添一股怡人的温暖滋味。在印度，当地的厨师也会将芹菜配上番茄，一起加进咖喱内。除此之外，在制作土豆沙拉、甘蓝菜类、炖菜或是面包时，不妨试着加点芹菜籽。因为芹菜籽很小，所有通常会整粒使用。芹菜籽的味道很重，使用时要注意分量。

中国芹菜 *A. graveolens*

中国芹菜，看起来就像花园芹菜的顶端部分。它的茎较为细长并呈空心状。

特征

圆叶当归的香味馥郁浓烈，有点像芹菜的香气。不过圆叶当归的味道跟芹菜比起来，要更加辛辣刺激，隐约还带有麝香味、大茴香、柠檬以及酵母的风味。圆叶当归无论在香味或是口感上，味道都相当鲜明持久。

 使用部位

叶片、茎、根以及种子部位。

 购买与储存

到某些香料商店，可买到圆叶当归的种子，和经干燥磨成粉的根部。市面上很少有人贩售切好的圆叶当归，不过因为它很容易培植，所以只要到香草苗圃购买种子或植株，自己栽培就可以轻松解决这个问题。自己栽种的圆叶当归，随时都可视需要摘取它的叶子使用。如果用保鲜袋包好放进冰箱内，圆叶当归可以保存3~4天。修剪圆叶当归时，要从外侧修起，剪茎时要靠近根部。等到种子颜色转成深褐色时，就可以将连同果实的枝桠一同剪下，然后在种子荚的部分包上纸袋倒挂风干。这样风干的种子可以保存1~2年。

 栽培

要栽培这种多年生的香草，可选择播种法或分株法。无论是在阴影处还是日照充足处，圆叶当归都可以长得很好，但要注意的是，圆叶当归的根会长得很深，所以需要湿润的土壤。圆叶当归到了冬天会暂时枯萎，不过它是一种非常耐寒的植物，就算表土冻结的深度有好几厘米，一样可以存活。

圆叶当归（Lovage）
Levisticum officinale

圆叶当归的原产地在西亚和东欧，当地人使用圆叶当归的历史可以追溯到古罗马时期。但是圆叶当归在欧洲以外的国家，却不曾受到青睐。但现今野生品种或人工栽培的圆叶当归，两者之间的差异已经越来越不明显，在其他地方，就连遥远的澳洲，也能看到移植过去，适应当地生长环境的圆叶当归。在意大利，一提到圆叶当归，当地人就会联想到利古里亚区，圆叶当归学名中的*levisticum*也许是*ligusticum*或是Ligurian的讹称。

枝桠

圆叶当归是一种外形高贵的高大伞形科植物。它的叶片相当大，呈齿状暗绿色。茎部则为脊状空心。夏末时节，圆叶当归会开小而美的黄色花朵，等花朵谢了之后，就会结大型的种子荚。

烹调用途

绝大多数的料理中，圆叶当归的用法跟芹菜或荷兰芹差不多。但要特别注意的是，因为圆叶当归的味道比另两种香草都要重，所以使用时应当要注意分量。经烹调后，圆叶当归的辛辣味会渐渐消失。

圆叶当归的叶子，切碎的茎以及根部，都很适合用在砂锅料理、汤品和炖菜中。如果饮食上有特别的限制，例如低盐饮食，圆叶当归更加适合，因为它可以当作盐的代替品使用。圆叶当归的嫩叶，无论是单独使用，还是配上土豆、胡萝卜、菊苣后一起烹煮，就是一道简单美味的汤品。除此之外，圆叶当归的嫩芽也常用在

海鲜周达汤里。同时，圆叶当归也是蔬菜沙拉的好搭档。老一点的叶片，则可以帮豆类或土豆提味。它也是很好的家禽肉填料。有一道值得一试的菜色，就是用圆叶当归帮土豆与瑞典芜菁奶油烤菜调味。其他像是土豆饼加上圆叶当归和切达干酪或瑞士格鲁耶尔干酪；还有像是奶油烤蔬菜配上圆叶当归等，都是值得推荐的料理。圆叶当归的种子，无论是完整粒状，或是磨成粉，都可以用在腌渍物、酱料、卤汁、麦包及小饼干之中。至于圆叶当归空心的茎，则可余烫后当作蔬菜使用。

种子
圆叶当归的种子（果实）很小，呈脊状，味道芳香，尝起来跟叶子的味道很像，不过还多一股温暖的口感和隐约的丁香味。

干燥的叶片
无论是用干燥或冷冻方式处理，都可保留大部分圆叶当归叶片的风味。干燥后的圆叶当归叶片，跟新鲜的比起来，它的酵母味更重，而且也更有芹菜味。

适合搭配的食物种类：苹果、胡萝卜、英国小胡瓜、奶油干酪、蛋料理、火腿、小羊肉、蘑菇、洋葱、猪肉、土豆及其他根茎类蔬菜、豆类、米饭类、烟熏鱼、甜玉米、番茄、鲔鱼。

适合搭配的香草或香料种类：月桂、葛缕子、辣椒、细香葱、莳萝、大蒜、杜松、牛至、荷兰芹、百里香。

圆叶当归的其他品种

苏格兰圆叶当归
Ligusticum scoticum 原产地在北方温带地区。此品种植物的高度没有 *L.officinale* 品种的高，味道也没有那么刺激。苏格兰圆叶当归的花是白色而非黄色的。用法跟一般的圆叶当归相同。

黑圆叶当归
Smyrnium olusatrum 又称亚历山大草，是另一种高大的伞形科植物，从古代到中世纪期间，一直生长在南欧跟西欧地区。这种植物很适合用在伊丽莎白鱼料理或海鲜料理之中。到了16世纪时，随着移民的迁徙，黑圆叶当时也跟着传到了北美洲。它的种植方式跟圆叶当归一样简单，外观看起来也很像，而且，植物全株的各部分之用法也都相同。

特征

牛膝草有股浓郁迷人的樟脑和薄荷香。它暗绿色的叶子虽然乍闻起来很清新，其实它的味道很强，有热辣、薄荷的口感，同时还有点苦，让人不禁联想到迷迭香、香薄荷以及百里香。

使用部位

叶片和嫩芽、花朵部位。

购买与储存

如果用保鲜袋包好，放在冰箱的蔬果保鲜室，可以储放约1星期。

栽培

用播种法就可以栽种牛膝草，不过其他像是分株法或插枝法也都可行。牛膝草喜欢干燥、多石及排水良好的土壤。牛膝草需要日照，也勉强可种在阴影处。牛膝草很耐寒，就连北方温带地区的气候也没有问题。每3年左右，就应该帮牛膝草分株，否则会因为长得太茂密而挤成一团。原则上，牛膝草是一种半常绿植物，所以就算是冬天也可以摘取它的叶子来使用。在晚夏时节，牛膝草会长出许多长而密的花穗来，这些花会引来蜜蜂授粉。牛膝草花朵的颜色取决于它的品种：像*H.O.albus*会开白色的花朵；*H.O.subsp.aristatus*则是开靛色的花朵；至于*H.O.roseus*的话，会开粉红色的花。

风味配对

适合搭配的食物种类：杏子、甜菜根、甘蓝菜类、胡萝卜、蛋类料理、野味、蘑菇、桃子、豆类、南瓜、南瓜属植物。

适合搭配的香草或香料种类：月桂、茴芹、薄荷、荷兰芹、百里香。

牛膝草（Hyssop）
Hyssopus officinalis

牛膝草是一种低矮的多年生灌木，半木本半常绿，原产地在北非、南欧和西亚地区。这种植物有着亮丽的外观，移植到中欧和西欧地区已有很长一段时间了。古罗马人把牛膝草当作一种草本酒的基本材料。此外，在中世纪初期，在许多修道院的院子里，修士们会种植牛膝草，将其当作食物的佐料和覆盖地面用的地被植物。

烹调用途

牛膝草的叶片和嫩芽可以用在沙拉中（此时牛膝草的花朵可充作一种随性简朴的盘面装饰），或者加进汤里。这种香草特别适合搭配兔肉、小山羊肉以及各种野味的炖肉。如果在比较油腻的肉类，如小羊肉上，用牛膝草搓揉一下，可以让肉更易消化。长久以来，人们习惯在调配夏日无酒精的冷饮、助消化剂以及利口酒中，加入牛膝草来调味。除此之外，牛膝草非常适合加在水果派、糖渍水果、雪泥以及甜点中，它可以帮杏子、酸樱桃、桃子以及覆盆子增添绝佳的风味。类似的用法，还有在熬煮水果甜点要用的糖浆时，可以在锅里放一小枝牛膝草跟糖浆一起烹煮，味道会变得更香醇。

新鲜的枝桠

使用牛膝草时，分量要少，否则它会盖掉其他食材的味道。

叶片

无论是牛膝草的花朵还是叶子就算干燥后也不会减损它们的风味。牛膝草所开的小花，味道跟叶子比起来，要更淡，更细致。

菊苣（Chicory）

Cichorium intybus

　　菊苣是一种高大的多年生草本植物，原产地在地中海内湾地带以及小亚细亚地区。现代栽培的品种，可追溯至16世纪时的欧洲。后来，则发展出两种不一样的人工培植品种：第一种是产生在18世纪末，当时荷兰人种植菊苣根，用来当作咖啡的便宜替代品，因为菊苣不含咖啡因，所以就算到了今天，在比利时、法国、德国以及美国，菊苣根都还很受欢迎；另一种则是在1845年时，比利时人培育出一种种在土壤或锯木屑中，不受日照而泛白的菊苣品种，今天这种泛白的品种称为法国菊苣。

烹调用途

　　菊苣的嫩叶可以拿来做沙拉使用。它的花朵则可拿来当作沙拉的点缀，但事实上菊苣也可以食用。老一点的叶子，快速余烫之后，可以用在烹调料理中。老的菊苣叶不适合用在沙拉里。

新鲜的叶片

菊苣在欧洲和北美洲的大多数地区都是很普通的植物。如果种在庭园里，开花期可以长到1米以上。

特征

菊苣本身没什么特殊气味。切开菊苣时，会流出乳白色的汁液，里面含有菊淀粉的成分，这就是为什么菊苣会有点苦的原因。鲜嫩叶子的苦味尝起来还蛮清爽的，不过老的叶子尝起来就难以入口了。但是，菊苣花一点苦味也没有。

使用部位

鲜嫩的绿叶、花朵部位。

购买与储存

到香草苗圃就可以直接买到菊苣的种子或植株。如果用保鲜袋包好，放在冰箱的蔬菜保鲜室，菊苣叶可以保存2~3天。但是菊苣花就一定要现采现用。

栽培

只要播种在保水良好，又能适度排水的土壤中，让菊苣长长的主根能充分伸展，它就可以生长得很好。菊苣的淡绿色叶片越靠近根部就长得越大，越上面就越小，叶柄会开岔长出分枝。从夏季一直到早秋时分，菊苣都会不断开出硕大的淡蓝色花朵，花形看起来跟杂菊花有点像，每次开花都只能维持一天左右，到了正午，在烈日下就会合起来。如果越早遏阻花朵生长，叶片就越茂盛。

风味配对

适合搭配的食物种类：新鲜干酪、莴苣和其他沙拉用的蔬菜、坚果类。

适合搭配的香草或香料种类：茴芹、芫荽、水芹、荷兰芹、马齿苋、沙拉地榆、没药树。

特征

这类香草草风味的基调是口感温暖，味道有点强烈，稍有苦味，略带樟脑味。马郁兰草的话，只要生长区域还属温带，它的风味就会再加上一点香甜、淡淡的辛辣味。至于牛至的味道，则要粗犷得多，胡椒味较重，味道也较刺激，通常都会带有柠檬香。不过，此类香草植物的风味，会随着生长位置的不同而有所改变。越冷的地方，味道就会越淡。

 使用部位

叶片和花苞。

 购买与储存

到香草苗圃就可以买到马郁兰草与牛至的植株。若要进行干燥，要等到花苞长出后，将花苞连茎一起剪下，扎成一束，挂在通风良好的场所。等到完全干燥后，将叶子从枝桠上搓下来，然后把干燥的叶子放进密封罐里保存。在超市里，较容易看到干燥的牛至，它比新鲜的牛至更普遍。干燥后的牛至可以存放一年。

 栽培

这类植物大部分的品种，都长得笔直又茂密，有木质状的枝干。用播种法或是分株法都可繁衍成功。牛至与马郁兰草需要排水良好的土壤和充分的日照。在冬天来临前，先帮它们修剪植株，以免日后散乱丛生。种植期间，随时都可视需要摘取叶片使用。若想制作干燥香草，记得要挑花苞刚结好的时机采收。虽说这是一种多年生的植物，在较寒冷的地区，马郁兰草的种植方式多半与一年生植物相同。

牛至与马郁兰草
（Oregano & Marjorarm）
Origanum species

　　牛至与马郁兰草是低矮的灌木状多年生薄荷属植物，原产地在地中海与西亚地区。这种植物常被人弄混，有部分原因是因为马郁兰草在以前的生物分类上，有自己的生物属别，即*Majorana*。另一部分的因素是因为牛至这个字，常被拿来当作一种用词，专指某种特定的味道和香气。所以，就算是完全不相干的植物，只要有类似的香味，也会被称作牛至。

一般牛至 *O. vulgare*

这种植物的茎泛着红色，质地偏向木质，叶片颜色为一般为绿色，叶子背面毛茸茸的。花朵则从深粉色、白色到淡紫色都有。

干燥的叶片

经干燥后的马郁兰草和牛至，风味更加浓厚，反而比新鲜的味道还要强。某些牛至的品种，经干燥后，会以希腊文*rigani*这个名称在市面上贩售。

烹调用途

对许多意大利料理来说，牛至已经变成不可或缺的食材了，特别是像意大利面酱、比萨及烤蔬菜。对希腊人来说，在烹调希腊风烤肉串、烤鱼和制作希腊风味沙拉时，牛至是最受欢迎的香草，在墨西哥面饼卷、墨西哥烤玉米片填馅时，是最重要的调味料。在西班牙跟拉丁美洲各地，当地人会用牛至来炖肉、烤肉、煮汤及烤蔬菜。若将牛至配上红椒粉、小茴香及辣椒后，就可以作为墨西哥美国风的辣椒豆炒牛肉和各种炖肉的调味料。牛至浓烈的味道很适合用于以铁架烧烤的肉类料理、各式填馅、料多丰盛的汤品、卤汁、炖蔬菜，甚至是汉堡肉调味。除此之外，牛至也可拿来帮油醋类调味料调味。

比较起来，马郁兰草的味道就较细致，也因如此，其风味更易在烹煮过程中散失。所以，马郁兰草需要等到烹调完成前的最后一刻才可加入料理中。马郁兰草根适合用在沙拉、蛋料理、蘑菇酱或是配上鱼类或家禽类。用马郁兰草调制的填料，味道会比牛至要淡一些。而新鲜的马郁兰草，可以调配出非常好吃的雪泥。除此之外，可将马郁兰草的叶子和花苞加进沙拉中，也可配上意大利白干酪或其他发酵时日不长的新鲜干酪。

烤肉时，若在炭火上放上一些马郁兰草或牛至的枝叶，烤出来的食物，就会熏染上一股迷人的香味。

风味配对

适合搭配的食物种类：鳗鱼、朝鲜蓟、茄子、豆类、乳酪菜类、胡萝卜、白花椰菜、乳酪料理、鸡肉、英国小胡瓜、鸭肉、蛋、鱼贝类、小羊肉、蘑菇、洋葱、胡椒、猪肉、土豆、家禽类、菠菜、南瓜属植物、甜玉米、番茄、小牛肉、鹿肉。

适合搭配的香草或香料种类：罗勒、月桂、辣椒、小茴香、大蒜、红椒粉、荷兰芹、迷迭香、鼠尾草、盐肤木、（柠檬）百里香。

甜蜜马郁兰草 *O. majorana*

这是一种美丽的植物，又称作花结马郁兰草。它有着灰绿色、长着薄薄茸毛的叶片，会开出成簇的白色花朵。甜蜜马郁兰草的味道尝起来比一般牛至更香甜，但不耐久煮。

牛至与马郁兰草的品种

　　除了一般牛至和甜蜜马郁兰草，还有许多其他的品种，都含有跟它们很相似的物质。牛至的味道，主要与其植物挥发性精油中的香芹酚跟百里香酚这类酚类化合物的浓度有关。典型的牛至味道，主要来自香芹酚。香芹酚在希腊牛至和某些墨西哥牛至的品种中，浓度会特别高。

克里特白藓 *O. dictamnus*

它又称作啤酒花马郁兰草。只有在克里特岛和希腊南部才看得到。跟其他大多数的品种比起来，这种植株个子较低矮，叶片厚实近似银色，会开深粉色的花朵。味道跟甜蜜马郁兰草非常相似。适用于铁架烤鱼的料理中。

盆栽马郁兰草 *O. onites*

也有人称它为西西里马郁兰草，不过其实它的原产地并不是西西里，而是在希腊跟小亚细亚地区。这是一种矮小的灌木丛，长有毛茸茸的淡绿色叶片，会开白色或粉红色的花朵。它是甜蜜马郁兰草的近亲，不过味道没那么甜，反而比较辛辣刺激。

希腊/土耳其牛至
O. heracleoticum (O. v. hirtum)

它又称作冬季马郁兰草。这种植物的原产地在欧洲东南部和西亚地带。土耳其人有时也称它为黑色马郁兰草，因为它的颜色很深，呈墨绿色偏黑的色泽。希腊/土耳其牛至会开小白花。跟大多数的牛至品种比较起来，它的胡椒味特别重。此品种同时也是希腊和土耳其等地人工栽培面积最广的一种，这是因为它具有极高的经济价值。经干燥后，这种牛至通常会销往欧洲与北美洲。

牛至的其他品种

其他还有很多类植物与本文中提到的牛至并无任何血缘上的关系，但在市面上也可以牛至的名称贩售和使用。

古巴牛至

Plectranthus amboinicus 这是一种娇贵的多年生植物，香气浓郁，原产地在马来西亚，现在热带地区，人工栽培的古巴牛至面积都非常广大。它的叶子外观长且厚实，味道辛辣，非常适合拿来生吃。而它在菲律宾和古巴都是很常用的食材，特别适合搭配黑豆。采用插枝就可轻易地栽培古巴牛至，它喜欢生长在半遮荫处。

其他同样用牛至这一名字在市场上贩售的，还包括*Poliomintha longiftora*和*Monarda tistulosa var. menthifolia*。此类植物生长在美国西南部及墨西哥地区，当地人很喜欢它的辛辣刺激味。在烹饪上，小茴香和胡荽/芫荽是此类植物的最佳拍档。

伊朗香料种子粉

这是一种伊朗香料，很多人都误把它当作是马郁兰草或白芷的种子。事实上，这是一种学名为*Heracleum persicum*植物的种子，这种植物生长在土耳其东部和伊朗地区。只要到伊朗人的店里，就可买到这种颗粒完整、黄绿色、中心有褐色斑纹的种子（p.176），当地人拿来当作一种香料粉来使用。伊朗香料种子粉有种草本的香脂香气，泛着淡淡的酵母味。入口的滋味，一开始甘醇柔和，但最后只剩下一股苦味。经烹煮后，主要的味道就只剩下甜味。通常会用在汤品（它是石榴糖浆的最佳拍档）、炖菜、腌渍物以及蚕豆和土豆上。

黄金牛至 *O. v. 'Aureum'*

此品种的牛至是一种美丽的地被植物，叶片长得很茂密。用法跟一般的牛至相同，只不过它的味道比较淡。

墨西哥牛至 *Lippia graveolens*

这种植物的外观相当可人，椭圆形的叶片，灰绿色的色泽，还会开郭白色的花朵。它跟马鞭草是亲戚，有很浓的挥发性精油成分。

叙利亚牛至 *O. syriacum*

中亚地区的人民种植这种牛至的主要目的，是为了它的烹饪价值，它的味道刺激辛辣，令人联想到百里香、马郁兰草以及牛至之流，不过它的味道比前几种都要来得强烈明显。有时会被当作百里香的一种西亚品种，称作za'atar在市面上贩售（p.98）。

特征

迷迭香的香味非常浓郁，有温暖的胡椒味，微苦的树脂味，以及隐隐的松木和樟脑味。尝起来的味道则有肉豆蔻、樟脑的滋味。入口后，余韵有着树木香脂的滋味。迷迭香的叶子一旦摘下来之后，味道就会渐渐消失不见。跟叶子比起来，花朵的味道则较为清淡。

使用部位

像针一样尖尖的叶子、细枝、茎与花朵。

购买与储存

到香草苗圃可以买到迷迭香的植株，也可以用插枝法来栽种。在食品店就可买到新鲜的迷迭香树叶，买回来后，放进冰箱或插进花瓶里，可以保存几天。虽然说干燥迷迭香仍保持大部分原有的风味，且干燥的叶子也方便揉碎使用，但由于迷迭香在市面上可说是常态性的香草，非常容易买到，所以干燥迷迭香的用途其实不广。

栽培

迷迭香不适合用播种法栽培，很容易失败。最好用插枝或压条法来栽种，这两种方法都比较简单。迷迭香可分成匍匐型和直立型两种。如果春天时可以好好地修剪嫩枝，迷迭香就可以长得非常茂盛。迷迭香的花朵很漂亮，通常都是开小蓝花，不过有时也会开粉红色或白色的花朵。种植迷迭香时，随时都可视需要剪下迷迭香的叶片或小枝叶来使用。

迷迭香（Rosemary）
Rosmarinus officinalis

迷迭香是一种木本常青多年生灌木植物，原产地在地中海地区，但从很久以前开始，在欧洲和美洲等地的温带地区都有人工栽培。于英国栽种的历史，甚至可回溯至古罗马时期。由于迷迭香非常耐寒，所以除了最北边严寒地区，其他地方皆可生长。在9世纪初期，罗马帝国的查里曼大帝在他的 *Capitulaire de Villes* 之中，将迷迭香列为帝国庄园中必备的植物种类之一。到了中世纪晚期，人们依然会将迷迭香拿来当作点缀或熏香用之香草。

叶片

迷迭香的叶子吃起来可能会有点老，所以要加进任何料理之前，最好先切碎后再使用。

烹调用途

迷迭香的味道非常强，不容易被其他味道盖过，所以就算要加入炖菜中，味道也不容易消散，使用时还是要拿捏好分量。地中海料理习惯将迷迭香配上用橄榄油炒过的蔬菜。意大利料理中，迷迭香配小牛肉是道非常受欢迎的菜色。卤制食物，特别是在卤小羊肉时，很合适加入完整的迷迭香枝叶。如果在烤肉或烘烤家禽肉时，在肉下面铺上迷迭香，会为食物增添一股淡淡的烟熏风味。如果是老一点、质地较韧的迷迭香枝叶，可以串入食物中，做成烤肉串，或是扎成一束后，拿来当烤肉用的酱料刷。迷迭香也是小饼干的最佳拍档，不管是甜的还是咸的口味，都非常可口。或是拿来做意大利扁面包及一般面包都是很好的选择。迷迭香的嫩枝，可以泡进橄榄油，也可浸泡在牛奶、鲜奶油，以及做甜点用的糖浆中来调味，当然也可将它泡在柠檬水之类的夏日冷饮中，也很美味。将迷迭香的花朵放进制冰盒里做成冰块，可以当此类清凉饮品中最美丽的装饰。在迷迭香花朵表面覆盖上一层结晶糖，看起来的视觉效果一流，不过做法相对很繁琐。

风味配对

配方基本素材：迷迭香是普罗旺斯风复方香草的基本素材。

适合搭配的食物种类：杏子、茄子、甘蓝菜类、奶油干酪、蛋、鱼、小羊肉、兵豆、蘑菇、洋葱、橙子、欧洲防风草、猪肉、土豆、家禽肉、兔肉、南瓜属植物、番茄、小牛肉。

适合搭配的香草或香料种类：月桂、细香葱、大蒜、熏衣草、圆叶当归、薄荷、牛至、荷兰芹、鼠尾草、香薄荷、百里香。

普罗旺斯风复方香草

适合用在肉类、野味、番茄料理中，这种混合的复方香草有新鲜的也有干燥的，并无一定的标准。本书所提供的这种配方，包括迷迭香、百里香、马郁兰草、香薄荷及月桂（p.267）。

特征

鼠尾草的味道，可分成温和的麝香混合树脂香，以及强烈的樟脑味中带有淡淡涩味与热辣口感等不同的味道。就整体而言，跟一般鼠尾草比起来，越是色彩斑斓的品种，味道就越淡。干燥鼠尾草的味道比新鲜的还要浓，尝起来可能太过辛辣刺激，甚至有一种霉味。所以除了拿来泡茶，否则最好不要使用干燥的鼠尾草。

 使用部位

新鲜或干燥的叶片。所有的鼠尾草品种，都会开美丽的冠状花朵，很适合当作盘面的装饰配菜。

 购买与储存

理论上，新鲜的鼠尾草叶片最好是现摘现用。若是从市面上买来的话，就用厨房纸巾包起来，放到冰箱的蔬菜保鲜室，最多也只能放几天。至于用密封罐装的干燥鼠尾草，只要不直射阳光，可以保存6个月左右。

 栽培

鼠尾草的最佳生长环境是温暖干燥的土壤。鼠尾草的香叶会随着土壤和气候的不同，而有强弱之分。从春天一直到秋季这段期间，是鼠尾草的采收期。最好在鼠尾草开花后，能帮它的植株修剪一番。紫色、杂色以及三色鼠尾草（pp.93~95），跟一般鼠尾草比起来，较不耐寒，像本书第95页介绍的凤梨鼠尾草，在寒冷的气候，就需要御寒的保暖物。

鼠尾草（Sage）

Salvia species

鼠尾草的原产地在地中海北岸，大多数品种都是多年生灌木植物，在温暖干燥的土壤上生长茂盛。鼠尾草的叶片质地像天鹅绒一样光滑，种类非常多，有的叶片是淡淡的灰绿色，有的绿底上间有银色或金色的斑点，甚至还有一种叫作紫色鼠尾草的品种，它的叶子色泽非常深。由于多变的叶片色彩，让鼠尾草成为很受欢迎的园艺植物，同时也是每个厨师想要调配出独门配方调味料时的必备良品。

一般鼠尾草　*S. officinalis*

一般鼠尾草可分成窄叶与宽叶的品种。幼嫩的绿色叶片跟老的灰色叶片比起来，味道没那么刺激。窄叶鼠尾草会开紫色、蓝色或白色花朵。至于宽叶的鼠尾草，反而很少开花。

烹调用途

　　鼠尾草可以在食用高脂肪或是油腻料理时帮助消化，所以传统上，油腻的料理都会加入鼠尾草做搭配。英国人会将鼠尾草配上猪肉、鹅肉和鸭肉，也会将鼠尾草加在这些肉类的充填馅料之中。美国人在烤感恩节火鸡时，常会把含有鼠尾草跟洋葱的馅料，填进火鸡肚里。鼠尾草也是猪肉香肠的最佳调味料，德国人甚至还会将鼠尾草拿来搭配鳗鱼料理食用。希腊人在炖肉和烹调家禽肉时，会加一点鼠尾草进去，还会拿鼠尾草来泡茶。意大利人会用鼠尾草来搭配肝脏料理和小牛肉，像罗马小牛肉火腿卷就是其中最具代表性的传统菜肴。另外，他们在做意大利扁面包和麦片粥时，也会用鼠尾草来调味。除此之外，意大利人还将鼠尾草在奶油中用文火加热做出一种美味的意大利面酱。鼠尾草的味道很强，不容易被其他食物盖过，所以使用时分量要谨慎斟酌。

风味配对

适合搭配的食物种类：苹果、干豆、乳酪、洋葱以及番茄。

适合搭配的香草或香料的种类：月桂、葛缕子、芹菜叶、大蒜、干姜、圆叶当归、马郁兰草、红椒粉、荷兰芹、香薄荷、百里香。

紫色鼠尾草 *S. o.*
Purpurascens Group

这种鼠尾草有着麝香的辛辣味道，跟一般鼠尾草相比，味道没那么刺激。紫色鼠尾草几乎不开花，不过当它开花时，那蓝色的花朵衬上叶子的颜色，看起来实在是美不胜收。

肉类料理专用香草束

这种小小的香草束，材料会配合料理而有所改变。如果是百里香、鼠尾草、锐叶芹菜以及荷兰芹的枝叶之组合，就是炖肉时非常美味的调味料（p.266）。

鼠尾草的其他品种

　　原本味道刺激的一般鼠尾草，学名为*Salvia officinalis*，因为人们对鼠尾草叶片和花朵多变色彩的喜爱，所以用人工培育出许多变种。每一种都有其独特的味道，也都可用在烹调上。另一类人工栽培品种，则具有淡雅的味道和鲜明的水果香。凤梨鼠尾草以及黑加仑鼠尾草闻起来，正如其名，其味道有该种水果的香味。快乐鼠尾草，则是一种姿态优美的高大两年生植物，长有皱皱的大叶片，带有一种非常优雅的麝香葡萄香。

三色鼠尾草 *S.o. 'Tricolor'*

或许这是所有鼠尾草中最引人注目的一个品种。三色鼠尾草的叶片，夹杂有绿色、奶油黄以及粉红色，开的花朵则是蓝色的。风味十分温和。

黑加仑鼠尾草 *S. microphylla*

用手指摩擦黑加仑鼠尾草一下，就会飘散出浓郁的黑加仑香气，它吃起来并不像闻起来那么香。黑加仑鼠尾草到了夏末时候，会开出色泽很深的粉紫色花朵。除非有很完善的遮蔽物，否则它只能算一种半耐寒植物。

希腊鼠尾草 *S. fruticosa*

此品种的鼠尾草长着灰绿色、毛茸茸的大叶子，香味非常强烈，闻起来有明显的树脂味。要拿来烹调，只能放非常少的分量，比较适合用来泡香草茶。

快乐鼠尾草 *S. sclarea*

这种香气四溢的两年生植物会让人联想到麝香葡萄的香味。吃起来有微微的苦味，有点像是香脂的味道，快乐鼠尾草的叶片可以用在有馅的炸面圈里，美丽的花朵除了可以装饰盘面，也可以食用。

金色斑叶鼠尾草
S.o. 'Icterina'

这是一种人工栽培的品种，叶子颜色为金绿相交，非常美丽。不过这个品种很少开花。它的风味比一般鼠尾草还要淡得多。

凤梨鼠尾草 *S. elegans*

凤梨鼠尾草适合放在室内过冬，成株的可以长成相当大的灌木丛，长长的叶片有清新的凤梨香，不过实际上吃起来就没有那么像。秋天的时候凤梨鼠尾草会开醒目的红花。烤海绵蛋糕的时候，可以在烤盘上铺上一些凤梨鼠尾草的叶子，烤出来的蛋糕会变得很香。

特征

轻轻拂过百里香，整株植物都会散发出一股温暖的大地的气息，有胡椒的香味。尝起来辣辣的有丁香跟薄荷的味道，还隐约带着樟脑味道，具有清洁口腔，使口气更清新的效果。

 使用部位

叶片和嫩枝；花朵可以做盘面的装饰。

 购买与储存

苗圃里有各式各样的百里香。买前，记得要先用手轻抚百里香的植株，确定有飘出淡淡香味的，才是值得选购的。一般的超市，也可以买到新鲜的一般百里香和柠檬百里香。用保鲜袋将新鲜的百里香叶片包好之后，放进冰箱里，可以保存一星期。干燥的百里香就算摆放一个冬天，味道也不会消散。

 栽培

所有的百里香品种都需要排水良好的砂质土壤，以及非常充足的日照。像石砌阳台以及假山庭园的石头反射出来的热气，都有助于百里香的生长。分株法是所有百里香繁殖法中，最简单的一种。百里香是一种随时可依需要采摘枝叶的香草，摘的次数越频繁越好，时常摘取叶子可以防止百里香的植株质地木质化，也不会蔓生得到处都是。制作干燥百里香，最好选在百里香即将开花前，此时是最佳的采收时间。

百里香（Thyme）
Thymus species

百里香是一种矮小耐寒的常青灌木植物，叶片很小，味道芬芳，原产地在地中海盆地一带。在地中海盆地炎热而干燥的山坡上，四处可见野生的百里香。在这种原产地气候下生长的百里香，风味比在较冷气候带中生长的百里香要好。野生的百里香通常长得比较像木本植物，植株零乱，四处蔓生。而人工栽培的品种，则有比较柔软的茎以及丛生的外形。现在人工栽培的品种种类有上千种，每一种的香味都略有不同，百里香是一种容易杂交混种的植物。

普通百里香 *T. vulgaris*

这是烹饪中最基本的百里香品种，又称花园百里香。普通百里香是从野生的地中海百里香所衍生出的变种。这种百里香会长成一簇强健直立的灌木丛，有灰绿色的叶片以及白色或淡紫色的花朵。花园百里香又可分成许多不同的品种，其中包括了英国的"宽叶"品种和法国的"窄叶"品种。

烹调用途

许多西方跟中东料理都视百里香为一种最基本的调味料。跟大多数的香草不同，百里香经得起久煮，只要分量控制得当，百里香不但不会盖过其他香草的味道，反而会相互辅助，合成更加美味的味道。炖肉或是烹煮砂锅料理时，用百里香配上洋葱、啤酒或红酒，味道都非常好。百里香已变成法国炖菜料理中，不可或缺的材料了，从法式牛肉蔬菜浓汤到扁豆什锦砂锅，每一种都会用到百里香。不只如此，像是西班牙料理，或是像墨西哥和拉丁美洲等地，百里香都占了举足轻重的地位，例如墨西哥和拉丁美洲等地，当地人会将百里香配上辣椒来使用。除此之外，像鸭肉酱泥或陶锅肉、蔬菜浓汤、以番茄与酒为基本材料所调制出的酱料，还有猪肉及野味用的卤汁，都可以用百里香来调味。英国人在调配填充馅料、派以及罐炖野兔肉时，也都会用百里香来调味。至于干燥的百里香，是法裔路易斯安那风味的克里奥尔式料理中非常重要的材料，可以用在秋葵杂烩以及杂烩什锦饭中。美洲的其他地区，新鲜的百里香是蛤蜊周达汤必备的传统材料。

风味配对

配方基本素材：大多数的香草束都会用到百里香。

适合搭配的食物种类：茄子、甘蓝菜类、胡萝卜、小羊肉、韭葱、野生蘑菇、洋葱、土豆、豆类、兔肉、甜玉米、番茄。

适合搭配的香草或香料种类：甜胡椒、罗勒、月桂、辣椒、丁香、大蒜、薰衣草、马郁兰草、肉豆蔻、牛至、红椒粉、荷兰芹、迷迭香、香薄荷。

柠檬百里香 *T. citriodorus*

这是一种密实直立的灌木丛，会开出粉紫色的花朵。如果用在鱼贝海鲜类、烤鸡或小牛肉料理中，能够帮菜肴增添一股清新的柠檬香，柠檬百里香也可以在小饼干、水果沙拉中。对厨师来说，柠檬百里香在烹饪中的重要性仅次于花园百里香。

百里香的其他品种

　　人工栽培的百里香品种，像一般百里香、柠檬百里香以及其他各式各样的品种，提供了多变的烹调风味。在中东地区，当地人将百里香、西亚百里香以及任何带有百里香、香薄荷与牛至香味的香草，例如叙利亚牛至（p.89）、球果形百里香（p.99）、和百里香香薄荷（p.102）等，都以阿拉伯语统称作"za'atar"。上述的百里香，如果跟芝麻（p.132）以及盐肤木（p.158）混合后，所调出的综合香料配方，也称作"za'atar"。

葛缕子百里香 *T. herba-barona*

这是一种蔓生的植物，原产地在科西嘉岛和萨丁尼亚岛。它有红色的茎，窄而光滑的叶子，开红色的花。它的味道尝起来有点像葛缕子，适合搭配根茎类蔬菜、使用干酪的料理以及奶油酱。

匐枝百里香 *T. serpyllum*

百里香生长的范围横跨地中海地区，就连中欧和北欧都看得到。匐枝百里香的味道比一般百里香的味道淡，只能使用新鲜的汁液来烹饪。可以将新鲜的匐枝百里香小小的叶子混在沙拉或炙烤蔬菜上。匐枝百里香很适合跟牛膝草搭配，味道很合。

西亚百里香 *Thymbra spicata*

西亚百里香有深绿色的叶片，是一种木本灌木。看起来与薄荷很像。它会开一簇一簇、鲜艳夺目的紫色花朵，这艳丽的外表让它成为假山庭院的最佳园艺植物。但在中东本土以外，它并不真正耐寒。

球果形百里香 *T. capitatus*

此品种的阿拉伯文文名称叫作 "za'atar farsi"，也有人称它为波斯百里香。球果形百里香是中东地区最常用到的百里香。

杂色百里香 *T.citriodora. 'Golden Queen'*

此品种的百里香味道比较淡。百里香的香味，会因它香精油的成分而有所不同，特别是会因为精油中百里香酚的含量而有所差异。

橙香百里香 *T. citriodora. 'Fragrantissimus'*

橙香百里香的叶子，可以当作橙皮的替代品来使用。

柠檬香百里香 *T. sp. 'Lemon Mist'*

这种柠檬香百里香叶片很窄，喜欢延着土丘向上生长。可以加进沙拉里，也可以用来泡茶。在烹调快结束的最后那几分钟，在汤里放下一些切碎的柠檬香百里香叶片，煮出来的汤会增添一股独特的风味。

特征

香薄荷有种刺激的胡椒味。夏季香薄荷无论是闻起来还是吃起来，都有一种淡淡的草本香和讨喜的辛辣味。而淡淡的树脂香，会让人联想起百里香、薄荷以及马郁兰草的味道。冬季香薄荷的味道则要明显得多，有一种强烈的香气和风味以及鼠尾草和松木的滋味。

使用部位

叶片和嫩枝；花朵可以来做盘面的装饰，也可以加在沙拉里。

购买与储存

市面上买不到已经处理好的香薄荷，但到苗圃就可以买到香薄荷苗，如果用保鲜袋包好，放在冰箱里，夏季香薄荷可以储存5~6天，冬季香薄荷可以储放10天左右。冷冻是香薄荷保持香味的最佳方式，将香薄荷切碎再冷冻或是将它的小枝叶直接冷冻起来就可以了。如果想要干燥的夏季香薄荷，将它的叶柄挂在通风的阴凉处，让它自然干燥。

栽培

夏季香薄荷是一年生植物，冬季香薄荷则是常青的多年生植物，两种都可以用播种法繁殖。这两种植物喜欢质轻、排水良好的土壤以及充分的日照。夏季香薄荷最适合的环境是肥沃的土壤，在开花的时候修剪植株，可以促进夏季香薄荷的生长。至于冬季香薄荷，则不需要那么肥沃的土壤。

香薄荷（Savory）
Satureja species

正如其名，香薄荷的香味非常浓郁，它是在东方香料传至欧洲之前，欧洲味道最强的调味料之一。夏季香薄荷，学名为*S.hortensis*，原产地在地中海东岸和高加索地区。冬季香薄荷，学名为*S.montana*，它的原产地则是在南欧、土耳其和北非地区。这两种后来都由罗马人移植到欧洲北部去，之后又经由早期移民带到美洲去。

夏季香薄荷 *S. hortensis*
这种香薄荷是一种修长纤细的植物，叶片呈灰色，开白色偏粉红色的花朵，夏季香薄荷的叶片很柔软，相反，冬季香薄荷的叶片就要坚韧得多。

新鲜的夏季香薄荷枝桠
如果在开花前采收香薄荷的叶片，就会得到香气最浓的叶子。

烹调用途

因为香薄荷的味道比较强也比较刺激，所以适合用在需要久煮的肉类或蔬菜料理中，也是充填馅料最佳的调味料。香薄荷也常被拿来跟豆类搭配，所以它的德文名字"Bohnenkraut"，意思就是指豆类香草。夏季香薄荷最适合配上青豆和蚕豆。无论是夏季香薄荷或是冬季香薄荷，都可以拿来搭配扁豆及其他豆类。除此之外，香薄荷也很适合搭配甘蓝菜类、根茎类蔬菜以及洋葱，它可以减轻这些东西烹煮过程中所散发出的强烈味道。

小羊肉、猪肉和野味料理会用到的香草束中，也常含有夏季香薄荷。它也适合用在油脂含量丰富的鱼类，像是鳗鱼或鲭鱼料理。如果将夏季香薄荷剁碎，就可以加进沙拉里，尤其像土豆、豆类及兵豆沙拉等，味道再适合不过了。冬季香薄荷在地中海沿岸地区使用较为广泛。将冬季香薄荷的叶片切碎后，可以将切碎的叶片和花朵加进汤品、炖鱼、意大利蛋卷、比萨、兔肉和小羊肉等料理中。除此之外，也可以用来涂在一种由普罗旺斯的山羊奶或绵羊奶做成名为Banon的乳酪。

风味配对

适合搭配的食物种类：豆子、甜菜根、甘蓝菜类、乳酪、蛋、鱼类、胡椒、土豆、豆类、兔肉和番茄。

适合搭配的香草或香料种类：罗勒、月桂、小茴香、大蒜、薰衣草、马郁兰草、薄荷、牛至、荷兰芹、迷迭香、百里香。

冬季香薄荷 *S. montana*

这是一种密实的木本灌木丛，叶子硬挺、表面光滑，颜色为深绿色调，会开淡紫色或白色的花朵。夏季香薄荷跟冬季香薄荷有时候可以互换使用，不过使用时，任何一种的分量都应该有所控制，特别是冬季香薄荷，它的使用量要比夏季香薄荷少。

新鲜的冬季香薄荷枝桠
全年都可以摘取冬季香薄荷的叶片来使用。

香薄荷的其他品种

"*Satureja*"的这个生物属别，包含了许多在薄荷—百里香—牛至范围中，有刺激辛辣香味的植物。这些植物有许多不同的俗名。在其原产地，这些植物通常会被当作调味料。某些植物的名称，会跟属名为小薄荷种类（Micromeria species）的植物混淆。

印第安薄荷 *S. douglasii*

这是一种可爱的蔓生植物，小小的心形叶片有锯齿状的叶缘，开小白花。闻起来像人工合成的薄荷甜味，有点像口香糖的味道；尝起来则有点苦苦的薄荷味。印第安薄荷的原产地在美洲西部和中部，原住民有使用这种香薄荷的习惯，在加利福尼亚州，它被称为"yerba buena"，意思是好香草。以前人们会拿印第安薄荷来调配一种有益身体健康的香草茶。不过，记得用量要节制。在墨西哥，许多薄荷味植物，不管是绿薄荷，还是*Satureja*的品种，都一律通称"yerba"或"hierba buena"。

哥斯达黎加/牙买加灌木薄荷 *S. viminea*

这种薄荷的叶片小、呈椭圆形，有光滑的表面，颜色很浅。而它的薄荷味道无论是闻起来还是尝起来，都很讨喜。原产地在美洲中部和加勒比海地区，后来在美国的西南地都有生长。在特立尼达和多巴哥，这种香薄荷被拿来当作肉类的调味料。其他地方，则多半把这种薄荷拿来泡茶。

百里香香薄荷 *S. thymbra*

这是一种矮小的多年木本生植物，原产地在萨丁尼亚岛、克里特岛、爱琴海诸岛以及土耳其的西岸上。它的香味融合了百里香、薄荷以及香薄荷，尝起来则有种令人愉快的刺激味。这种香薄荷的叶片和花朵尖端，可以拿来当肉类、野味、蔬菜和铁架烤肉的调味料，也可以当作抵抗橄榄树病虫害的植物。

小薄荷（Micromeria）
Micromeria species

小薄荷是一种低矮的多年生香草灌木，原产地在欧洲南部、高加索地区、中国西南部以及美洲西部。在原产地，当地人习惯将小薄荷用在烹饪上，或是拿来泡茶。在欧洲地区，小薄荷以巴尔干半岛地区生长得最为茂盛。在克罗埃西亚共和国，甚至将某一品种的小薄荷图片印在邮票上。小薄荷跟香薄荷（p.100）有亲属关系，所以现在这两种种类，某些名称仍会被混淆，甚至有同名重复的状况发生。

烹调用途

在所有小薄荷种类中，*M.thymifolia* 的味道最好。它有一种暖调香，隐约有着百里香和香薄荷的香味。不仅如此，它还含有丰富的不饱和脂肪酸。意大利厨师会将这种小薄荷的嫩叶，配上百里香混合香薄荷的香料，来帮汤品、卤汁、意大利蛋卷、肉类及蔬菜类的填馅及烤鸡或烤肉等料理来调味。如果将这种小薄荷切细碎，就可以加进意大利酱，或是在要放上铁架炙烤的肉类或家禽肉上，可以增添烤肉的风味。小薄荷在巴尔干半岛料理中的用法，跟百里香差不多，小薄荷可以带出成熟番茄与柔软新鲜乳酪的美味。在夏令莓果甜点中，加入一些切碎的小薄荷叶片，能让其美味更有深度。用 *M.fruticosa* 可以泡出好喝的薄荷茶。胡薄荷酮（pulegone）正是这种香草香精油主要的成分，现已知此成分是有毒的。不过，一般泡茶时所使用的正常分量，并不会造成健康上的问题。在英国，市面上最常见的小薄荷品种是皇帝薄荷。如果少量使用，可以用皇帝薄荷来代替花园薄荷。

皇帝薄荷 *M. species*
皇帝薄荷有股明显的薄荷香味，会让人联想到绿薄荷，它吃起来有种苦苦的薄荷味。

特征

有些小薄荷的味道很像薄荷，有些则比较像百里香和香薄荷的味道。*M.juliana*（又称 *Satureja juliana*），此品种的味道跟香薄荷比较像。另一种 *M.fruticosa* 风味则是跟欧洲薄荷味（p.69）比较接近。

使用部位

新鲜叶片。

购买与储存

在市面上买不到处理好的小薄荷，到一些专业的苗圃，可以找到小薄荷的植株。也可以到野外寻找野生的小薄荷。小薄荷的枝桠用保鲜袋包好，放进冰箱的蔬果保鲜室里，可以保存几天。

栽培

野外的小薄荷，喜欢生长在无遮蔽物、干燥、表土很薄的悬崖或是多石的原野上。如果想种植小薄荷，可以用播种法或是分株法，种在花盆或花园里，要选择排水良好的土壤。对假山庭园来说，小薄荷是一种非常美丽的观赏用植物。小薄荷密集丛生的外形，纤细的枝条，以及在叶片上开出的白色、红色或是紫色花朵，能为假山庭园增色不少。从春天到夏末时节，都能摘取小薄荷的叶片来使用。

特征

胡荽的叶子、根部以及还未成熟的种子，都有香味。有些人会很喜欢胡荽的香味，觉得它闻起来有种清新的柠檬香混合着姜味，还带有一点鼠尾草香的感觉。有些人则非常讨厌胡荽味，觉得它闻起来像肥皂，令人很不舒服。胡荽吃起来口感清淡却有复杂的层次，有点胡椒、薄荷以及柠檬味道。

使用部位

叶片、嫩枝、根部。

购买与储存

到蔬果店或是超市，都可以买到新鲜的胡荽。如果想要买到扎成一束束、连着根部的完整的植株，就到亚洲人开的商店，不然就要自己动手种了。如果用保鲜袋包好，放进冰箱的蔬果保鲜室，可以保存3~4天。而冷冻的方式，最能保持胡荽的美味。冷冻的方法：将胡荽切碎后，倒进小罐子或是小的制冰盒，然后倒一点水盖过碎胡荽的表面，之后再拿去冷冻。干燥的胡荽没有使用价值，就连亚洲料理也从不用这种干燥胡荽。

栽培

胡荽是一年生的植物，用播种法繁殖，地点最好选择温暖、日照充足的场所。生长季期间，都可以视需要摘取胡荽来使用。胡荽会开一簇簇的白色或粉红色小花，开完花之后就会结籽。而籽只要等到完全成熟，即可收成。干燥胡荽子的方法：先将胡荽连着种子的枝桠挂在温暖的地方，然后在种子荚的地方，套上纸袋就可以了。

胡荽（Coriander）
Coriandrum sativum

胡荽原产于地中海和西亚，不过现在世界各地都有种植。胡荽既是香草也是香料，还是许多料理中提供香味不可或缺的材料。对于亚洲料理、拉丁美洲料理以及葡萄牙料理来说，新鲜的胡荽是不能缺少的食材。泰国料理甚至还会用到胡荽又细又长的根部。在西方料理中，西方厨师认为胡荽的果实或种子是一种香料。这两种在中东和印度地区，也的确是厨房烹调时候常见的材料。在北美洲，当地人通常称胡荽为芫荽或者是中国香菜。

新鲜的枝桠
16世纪的草本植物学家吉罗德（Gerard）认为胡荽是一种非常臭的植物。但是中国人却认为胡荽是一种非常芬芳的植物。即使到了今天，人们对这种香草的接受度，仍然分成两大派。

根部
跟叶子相比，胡荽的根部味道比较刺激，有一股麝香的味道，同时闻起来还有淡淡的柑橘香。

烹调用途

　　除非是要做咖喱或类似的酱料，胡荽一定要在烹饪的最后一道程序时才加人，否则经过高热和久煮，会破坏胡荽的风味。几乎任何一处的亚洲料理都会用到胡荽，例如精心调味的汤品、配上姜和大葱一起快炒的炒菜、咖喱以及各类文火炖煮料理。泰国的厨师会将胡荽根配上罗勒、薄荷、辣椒后，做出泰国风味的咖喱酱。印度人则会将胡荽作为各式各样咸口味菜肴的装饰，他们也会将胡荽配上其他香草和香料后，做成马萨拉青色辣酱。印度人跟墨西哥人使用胡荽的方法有许多相似之处，都会将胡荽配上青辣椒后，加入酸甜调味汁、佐料以及莎莎酱之中。墨西哥人还会将胡荽混合辣椒、大蒜以及青柠果汁后，调成一种酱料，可以淋在蔬菜上，也可用来煮鱼。在玻利维亚和秘鲁，当地人将胡荽加上辣椒和修卡塔金盏花后，就是一道家喻户晓、每户人家餐桌上都会有的常备调味料。中东地区有两种味道刺激的辣酱——也门辣酱和也门香辣调味汁，就是将胡荽配上坚果、香料、柠檬汁、橄榄油调配而成的一种综合调味料。葡萄牙是欧洲唯一一个还保有16世纪将胡荽加上土豆、蚕豆及最佳的牡蛎传统做法的国家。

也门辣酱

这种综合酱料，材料包括辣椒、大蒜、胡荽、小茴香、小豆蔻，有时候也会加一些小胡椒。主要是当作辛辣的佐料来使用（p.282）。

风味配对

配方基本素材：胡荽是也门香辣调味汁、也门辣酱、摩洛哥辣酱、秘鲁酸橙汁腌鱼酱及墨西哥鳄梨沙拉酱等香料配方的基本素材。

适合搭配的食物种类：鳄梨、椰奶、小黄瓜、鱼贝海鲜类、柠檬和青柠、豆类、米饭、根茎蔬菜类、甜玉米。

适合搭配的香草或香料种类：罗勒、辣椒、细香葱、莳萝、芦姜、大蒜、姜、香茅、薄荷、荷兰芹。

特征

刺芫荽的味道很强烈，不过正如它的拉丁名字所示，它的味道中有一种恶臭的成分，尝起来有一种泥土的滋味。强烈刺激的味道，就是浓缩的胡荽味，吃到最后还会有一点苦的感觉。

使用部位

新鲜叶片。

购买与储存

某些苗圃可以找到刺芫荽的植株。在东方人开的商店里，会贩卖已经分好、绑成一束束的刺芫荽叶，有时候这些刺芫荽甚至会连着小根一起贩售。将刺芫荽放进冰箱后，可以保存3～4天。目前市面上很少见到干刺芫荽，有冷冻的而且味道很不错。冷冻的方法是：将刺芫荽中心粗的茎去除，用一点水或葵花籽油将叶子煮烂，最后倒进制冰盒冷冻起来。

栽培

半遮荫处以及排水良好的土壤，是适合刺芫荽生长的环境。阴影能让刺芫荽长出更大更绿、味道更浓的叶片。日照则能促进植物生长，让它快快结籽。如果将花梗摘掉，还可促使叶片生长。刺芫荽的叶片长而硬，有锯齿状的叶缘，有时候可能会有很多刺。生长季期间，随时都可以视需要摘取刺芫荽的叶子来用，采收叶子时，记得要从靠近地面茎的部分剪下。

风味配对

适合搭配的香草或香料种类：辣椒、胡荽、芦苇姜、大蒜、泰国柠檬、香茅、薄荷、荷兰芹。

刺芫荽（Culantro）

Eryngium foetidum

　　这种娇嫩的两年生植物，在加勒比海列岛上都看得到它的足迹。在不同的地方，刺芫荽有不同的称呼，例如特立尼达称它为"shado beni"，多米尼克称它为"chadron benee"，波多黎各则是称作"recao"。除了这些地方，刺芫荽也生长在东南亚。刺芫荽传到欧洲时，也有许多不同的别名，例如长香菜或刺胡荽、锯齿叶香草、中国香菜或泰国香菜。这里所用的刺芫荽（culantro）这个名称，是来自于西班牙语的名字。

烹调用途

　　在原产地，当地人很喜欢吃刺芫荽，可以拿刺芫荽来帮汤品、炖肉和咖喱、米饭和面条、肉类和鱼类料理等调味。刺芫荽是千里达口味的卤鱼和卤肉等料理中最重要的材料。除此之外，刺芫荽也用在波多黎各口味的青酱里。波多黎各口味青酱的材料包括大蒜、洋葱、青椒、辣椒、胡荽和刺芫荽。这是一种加勒比海岛风料理中，很常见的调味料。墨西哥人则会将刺芫荽加到莎莎酱里。在亚洲料理中，由于很多亚洲人普遍会觉得牛肉有股腥味，所以会用刺芫荽来调味。在泰国北方料理中，厨师多半会在制作泰式酸辣牛肉酱时，加入刺芫荽。这种酱料非常辣，吃起来嘴巴像着火一样，通常会拌上略煮过的牛肉或是直接用于生牛肉上，再配上有黏性的米饭后上菜。在越南，当地人习惯将刺芫荽的嫩叶，加进一碗配有各式各样香草的碗里，然后将香草碗随着肉类料理一起端上桌。

新鲜的叶片

若叶子上有刺的话，要将刺弄掉，不然就要确定这些刺经过烹煮后能够食用。刺芫荽可以用在一般需要用到胡荽的菜肴中，不过这样用的时候，刺芫荽的量要少一些。

越南香菜（Rau Ram）

Polygonum odoratum / Persicaria odoratum

　　这是一种很受人喜爱的热带亚洲香草，除了rau ram这个名字外，也有人叫它越南胡荽（coriander）、越南薄荷（Vietnamese mint，马来文的发音称它为（daun kesom），以及另一种称呼为叻沙叶（laksa leaf）。在20世纪50年代，这种香草由越南移民带往法国，之后在20世纪70年代时，也由越南移民带到美国。从此之后，在这些地方，越南香菜都很受大家欢迎。

烹调用途

　　越南香菜可以当作鱼类、海鲜类、家禽类以及猪肉料理的调味料。越南菜中有道很好吃的鸡肉甘蓝菜沙拉，这道菜就是用越南香菜、辣椒以及青柠果汁来调味。在泰国料理中，越南香菜可以直接蘸着泰国辣酱生吃，也可以将越南香菜叶切丝之后，加进泰式酸辣牛肉酱或是咖喱酱中。在新加坡和马来西亚等地，越南香菜最受欢迎的一种做法，是把它煮成一种叫作叻沙（laksa）的汤。这种汤味道很辣，里面有鱼、海鲜跟椰奶。原则上，越南香草的用法跟胡荽的用法是一样的，所以，可以将切细或是撕碎的越南香菜叶，用在快炒的热炒菜，汤品以及面条里。

新鲜的叶片

越南香菜比胡荽更耐久煮。如果在烹煮到一半的时候，加一点越南香菜，煮出来的料理就多了股隐约的香气。越南香菜叶也可以拿来加进沙拉盘里。

特征

越南香菜闻起来就像是浓缩版的胡荽，不过它还多了一股明显的柑橘香。清新中又带点火辣的感觉，余味为胡椒味。也有些人觉得越南香菜的味道像肥皂一样。

使用部位

新鲜的嫩叶。

购买与储存

在专门的苗圃里可以买到它的植株，亚洲人开的商店也可以买到扎成一束的越南香菜。如果买回的越南香菜是新鲜完整的，那么用保鲜袋包好，放进冰箱蔬果保鲜室保鲜，可以储存4～5天。

栽培

越南香菜是一种长得很密实的灌木植物，在原产地的生态环境中，在池塘或河流岸边都可以看到它的踪迹。虽然说越南香菜是一种多年生的植物，因其植株比较娇贵，所以通常以一年生植物的方式来照顾。如果气候严寒，越南香菜就要放在有遮蔽物的地点过冬。最适合越南香菜生长的地点就是半遮蔽处，如果再加上肥沃、潮湿的土壤，越南香菜很快就会长得整片都是。越南香菜靠近底部的茎，会有木质化的现象。种在热带的越南香菜会开红色或粉红色的花。定时修剪越南香菜的植株，可以促进它发出新叶来。将越南香菜的茎插在水杯里，放上2～3天，长出根之后，就可以拿去种了。

风味配对

适合搭配的食物种类：奶、蛋料理、鱼贝海鲜类、肉类、家禽类、面类、豆芽菜、红椒和青椒、荸荠。

适合搭配的香草或香辛料：辣椒、芦苇姜、大蒜、姜、香茅、沙拉香草。

特征

采下芝麻菜齿状叶片的那一瞬间，就会从底部飘散出一股温暖的胡椒味。芝麻菜吃起来有点辛辣，口感很好。芝麻菜会开白色或黄色的小花，花朵可以食用，有淡淡的橙香。芝麻菜的花朵很适合拿来做盘饰，菜看起来就让人食欲大增。

 使用部位

叶片和花朵。

 购买与储存

现在在水果店和超市里都可以买到现成的芝麻菜，有单独包装，也有与其他香草混合包装的。这种香草可以自己种植，播种后，不需要花费时间去照顾，而且刚摘下来的芝麻菜，味道最好。如果用保鲜袋包好，放入冰箱冷藏，可以保存几天。不要浪费时间去吃干燥的芝麻菜，也不要试着冷冻芝麻菜，用这两种方法处理的芝麻菜味道不好。

 栽培

芝麻菜与野生芝麻菜都适合用播种法来繁殖。如果交错播种的话，几乎全年都有这种食用的作物。半遮阴处是最适合芝麻菜生长的环境。芝麻菜是一种一年生的植物，野生芝麻菜则是多年生的植物。两种都很容易自行散播种子繁衍后代。在播种6~8周后，就可以准备采收芝麻菜叶了。

芝麻菜 (Rocket)

Eruca vesicaria subsp. *sativa*

芝麻菜的原产地在亚洲和南欧，后来在北美也有生长，当地人叫它"arugula"。原本，芝麻菜在欧洲是一种很受欢迎的香草，18世纪后，除意大利外，欧洲其他地区几乎看不到了。被人们遗忘了快两个世纪后，芝麻菜又重新变成欧洲和北美洲最受欢迎的沙拉用香草。

烹调用途

将芝麻菜的整片叶子加进综合生菜沙拉或土豆中都很好吃。或是什么都不加，直接淋上坚果沙拉酱就是一道风味浓烈的芝麻菜沙拉。芝麻菜也可以用来当垫底的香草，铺在各种沙拉、水煮蛋、烤红椒等菜肴下，可以衬托出食物的色彩与香气。生火腿加上芝麻菜，就是三明治的美味夹馅，芝麻菜配上蘑菇或是乳酪，就成了意大利方饺的馅。切丝的芝麻菜叶，很适合制成香草奶油。这种芝麻菜香草奶油，无论是拿来搭配海鲜或是调配成香草酱汁都很适合，尤其是用在意大利面食上，更是美味。除此之外，芝麻菜也可以做成青酱，加不加罗勒都没有关系。

芝麻菜 *E. v.* subsp. *sativa*

芝麻菜的叶片在植株上留得越久，胡椒味就越浓烈。但是当花朵盛开的时候，芝麻菜叶子的味道反而会消失殆尽。

野生芝麻菜 *Diplotaxis muralis*

跟人工栽培的芝麻菜或外观跟它很像的品种比起来，野生芝麻菜叶片比较窄，齿状的叶缘也更加锐利，就连胡椒味也比较明显。蔬果店一般都卖野生芝麻菜，香草苗圃也卖种植用植株。

风味配对

适合搭配的食物种类：羊奶乳酪、莴苣、土豆、沙拉香草、番茄。

适合搭配的香草或香料种类：罗勒、琉璃苣、胡荽、水芹、莳萝、圆叶当归、荷兰芹、小地榆。

土耳其芝麻菜 *Bunias orientalis*

某些亚洲地区可以看到野生的土耳其芝麻菜。它的风味比较浓也比较粗糙，味道像辣根，颜色呈淡淡的硫磺色。在土耳其商店或塞浦路斯商店都可以买到扎成一大把的土耳其芝麻菜。当地人管它叫"rokka"。土耳其芝麻菜不适合生吃，需要先煮过。比方说，可以将土耳其芝麻菜用在菜肉馅煎蛋饼中。

特征

水田芥的香气很淡。枝叶的味道很清新，有胡椒的口感以及微微的苦味。

使用部位

枝桠与叶片。

购买与储存

香草苗圃可以买到水芹和金莲花的种子。蔬果店和超市全年都有卖扎成一束一束或者和其他蔬菜混合包装的水田芥。偶尔在一些高级的蔬果店，会看到旱芹。用保鲜袋包好后，放进冰箱，水芹可以保存4~5天。金莲花的花朵摘下来后要马上使用。水田芥的种子可以在秋天收成，留待来年播种。

栽培

水田芥适合生长在靠近泉水或露天流动的水道旁边，所以大量人工商业栽培的时候就会仿效这种环境，采用水耕法。用播种法，在木盆里也可以轻松培育出水田芥来。水田芥亮绿色、充满光泽的叶片，很快就覆盖住整个木盆的表面。

风味配对

适合搭配的食物种类：鸡肉、小黄瓜、鱼类、洋葱、橙子、土豆、鲑鱼。

适合搭配的香草或香料种类：茴香、姜、荷兰芹，其他种类的沙拉香草、酸模。

水田芥（Watercress）
Nasturtium officinale

水田芥是一种耐寒的多年生植物，原产地在欧洲和亚洲，移植到北美洲后又引入西印度群岛和南美洲。远古时期的波斯、希腊、罗马人就已经开始将水田芥当作一种沙拉香草来使用了。欧洲北部地区人工栽种水田芥的历史反而比较晚。德国从16世纪才开始种植，英国甚至更晚，到1800年才开始种植。

烹调使用方法

水田芥适用的汤品种类不可胜数。汤底可以从高汤、鲜奶油到酸奶都可以。最有名的一道汤就是法式水芹浓汤，这是一道加了土豆和水田芥的浓汤，可以喝热的也可以当作冷汤上桌。意大利料理中，像意大利蔬菜浓汤和其他蔬菜浓汤等，也都会用到水田芥。中国料理中，则会在蛋花汤、馄饨汤以及广式海鲜清汤中加入水田芥。美洲西南部，当地人在喝水田芥汤时，通常会再加上大蒜辣椒酱。水田芥与姜常被当作鱼类科理的调味料。或是像酸模一样做成水田芥酱，这种酱的味道跟鲑鱼很合。中国料理中，最常见的水田芥吃法是将水田芥汆烫切碎后，拌上些许麻油。除此之外，还有一种很受欢迎的做法，是将水田芥快炒后加上盐、糖和少许米酒调味。

新鲜的枝桠

西方料理习惯生吃水田芥，无论是将水田芥当作配菜还是夹进三明治，拌成沙拉都可以。水田芥可以单吃，也可以配上其他材料一起吃，例如小黄瓜、茴香、切片橙子、木瓜以及红洋葱等。

水田芥的其他品种

　　还有许多植物，在外观或使用方法上，跟水田芥差不多，例如，金莲花是一种南美洲品种的俗名，主要的栽培价值在于它色彩鲜艳的花朵。这个名字的由来，是金莲花的叶片吃起来的味道跟水田芥有点像，不过事实上金莲花很少用在烹饪上。

旱芹　*Barbarea verna praecox*

就如它的别名冬芹一样，是一种非常耐寒的植物。它娇嫩的小叶子跟水田芥一样，味道有点辛辣，在冬季有限的新鲜绿色蔬菜中很受欢迎。这是一种两年生的植物，在花园里播种就可以栽培出旱芹。

花园芹　*Lepidium sativum*

这种水芹的叶子是墨绿色的，叶片可能会有一点卷曲，有很强的胡椒味。花园芹是一种相当耐寒的植物，事实上，它最喜欢寒冷又干燥的环境，几乎种在任何土壤上都能存活。跟芥末搭配种植的话，就是一种很受欢迎，生长速度快，采之不竭的籽生植物。

金莲花（印第安芹）　*Tropaeolum majus*

这种植物的花朵和叶子都没什么香气，不过这两个部分吃起来都有讨喜的胡椒味，而且有类似水田芥的味道。花朵的味道稍微甜一点，比较细腻。嫩叶的部分可以用在沙拉里。在蔬菜沙拉、土豆或者扁豆上撒一些金莲花的花朵，无论是外观或者是口感上都别有一番风味。除此之外，调制水果潘趣酒时，在装酒的大圆钵里放几朵金莲花，让花朵浮在酒面上，效果非常好。金莲花的花蕾和种子，可以拿来代替酸豆使用。

特征

山葵闻起来有种呛鼻、火辣的味道，会让鼻子觉的有点刺痛。虽然吃起来有一种强烈辛辣的滋味，不过却有清新舒畅的余味。将干燥的山葵加水浸泡10分钟左右，就可以恢复它强烈的香味和口感了。

使用部位

根部。

购买与储存

在日本以外的国家，不容易买到新鲜的山葵。不过有时候可以在日本食品店的冷藏柜或者冷冻柜里找到。一般市面上卖的山葵，通常都是加工过的条状包装以及罐装的山葵粉。用保鲜袋将所有新鲜山葵包好后，放进冰箱里，可以保存一个星期左右。一般的山葵粉末罐头，保存期限是几个月，不过粉末状的山葵尝起来特别不新鲜。条状的山葵酱，一旦开封后，就要放进冰箱保存。山葵酱比山葵粉的味道更容易消散。

种植方法

种植山葵只能用纯净、冰凉的流动水源。商业耕作的方式下，通常会种植在半遮阴且浸满水的梯田里。种植山葵的花费相当高。

山葵（Wasabi）
Eutrema wasabi

这种草本多年生植物，主要生长在日本寒冷的高山溪流。最近在美国加利福尼亚州、新西兰、英国也开始有人工栽培的山葵。这个名字是翻译自日文，意指"山蜀葵"。西方人有时候会将这种植物叫作日本辣根，这个名字主要是在强调山葵的呛辣味，以及它多节瘤的根部外观。山葵可供食用的根平均可长达10~12厘米。

新鲜的根部

在日本，新鲜的山葵根会在浸泡水里贩卖。剥掉山葵粗糙、棕绿色的皮后，可以看到里面淡绿色的肉。

烹调用途

山葵不耐热，烹煮后就会失去它原有的味道，所以山葵常会用在冷盘料理中。日本料理中，绝大多数的生鱼料理都可以配上山葵。例如生鱼片和寿司，通常都会在料理旁附上一点磨碎的山葵或是山葵酱，将附上的山葵与酱油混合后，就是一种味道独特的蘸酱。制作寿司时，常会在生鱼片跟醋饭之间抹一点山葵。将山葵、酱油、高汤混合后，就可以调配出很受欢迎的山葵酱油。山葵可以为淋酱或卤汁增添一股呛辣的香味。用山葵也可以做出美味的奶油，只要冰在冰箱里就可保存好几星期。将这种山葵奶油，搭配嫩牛肉或是其他上等牛肉，即可调制出有趣的新口味来。

磨碎的根部
在日本，山葵的根会用一种锉板磨成很细的泥。这种扁扁的板子，上面遍布着小刺，将食物在上面摩擦的话就可以将食物磨碎，在日本商店都可以买到。

风味配对

配方基本素材：山葵是生鱼片和寿司的必备佐料。

适合搭配食物种类：鳄梨、牛肉、生鱼、米饭、海鲜类。

适合搭配的香草或香料种类：姜、酱油。

山葵酱
因为山葵很贵，所以西方人常会用味道比较爽口的辣根和芥末混合后，用绿色的色素染色，当作山葵酱或山葵粉的替代品。真正山葵酱的价格，比这种人工替代品还要贵两倍以上，而且保存期限更短。

特征

磨碎辣根根部的那一瞬间，辣根会散发出非常刺激类似芥末的味道，气味强得会让人眼泪汪汪，鼻涕流个不停。辣根吃起来很辣、味道强烈刺激。将辣根的叶片压碎，也会挥发出很刺激的气味来，吃起来也挺辣的，不过整体而言，味道还是以根部辣味最强。

 使用部位

新鲜嫩叶；新鲜或干燥的根部。

 购买与储存

除逾越节前夕之外，很难在市面上找到新鲜的辣根根部。辣根是传统犹太人逾越节家宴必备的五种苦味香草之一。刚从菜园里拔出来的新鲜辣根根部，如果埋在干燥的沙里可以保存好几个月。从市面上买回来的辣根，就算已经被切下来用过，只要用保鲜袋包好，放进冰箱里，就可以储存2~3个星期。磨碎的辣根可以冷冻起来。市面上可以买到粉状或者片状的干燥辣根。

 栽培

辣根可用块根扦插法进行繁殖。只要是排水良好的沙质土壤，就可以生长得很好，不过要注意，辣根是有蔓延性很强的植物。只要种一小块辣根，最后就可以长成一大片。所以最好采取跟种植薄荷一样的方法，用容器来栽培。辣根采收通常选在下霜之后，辣根地面上的植株枯死之时。辣根的根部很耐寒，所以整个冬天都可以挖来使用。

辣根（Horseradish）
Armoracia rusticana

辣根是一种多年生的耐寒物，原产地在东欧和西亚，现在在俄罗斯和乌克兰的大草原上，都还看得到整片的野生辣根。最早将辣根拿来食用的应该是俄罗斯人和东欧人，到了中世纪期时，辣根的烹饪法才传到中欧地区，之后再传到北欧和西欧。后来，因为英国移民将辣根带到北美洲，到1850年左右，德国和东欧的移民开始在北美洲栽培辣根。到1860年时，瓶装辣根成了最早的现成调味品之一。

新鲜的根部

削下一片又长又厚、褐黄色的辣根根部，就能看到里面白色的肉。磨碎辣根时，高度刺激的挥发油就会挥发出来，不过这种刺激的气味消失得很快，不耐热，不宜久煮。

烹调用途

刚磨好的辣根，可以加一点柠檬汁来中和它的味道。辣根很适合用来搭配土豆等根茎类蔬菜沙拉，同时辣根也能帮助消化油腻的鱼肉。传统上，烤牛肉都会配上辣根，德国料理则习惯拿辣根来搭配牛舌。除此之外，用辣根来替水煮牛肉调味，滋味也很好。至于牡蛎配上辣根，通常旁边还会佐以番茄酱和墨西哥辣椒酱。这种做法我一直不敢苟同，这种酱的味道太重，会完全盖过牡蛎原有的鲜美风味。辣根酱的制法非常简单，将辣根、鲜奶油、醋混合均匀。或是只加上酸奶油，可以不加糖。奥地利有一种常见的佐料，叫"Apfelkren"，就是将辣根混合磨碎的苹果泥，再加上一点柠檬汁调配出来的。辣根加上杏桃果酱，还有一点芥末，就是最适合淋在火腿上的美味糖汁。在奶油里，加入辣根和芥末，就是玉米棒和胡萝卜最佳的蘸酱，制作蔬菜沙拉时，可以放一些幼嫩的辣根叶进去，整盘沙拉会散发出一股怡人的辛辣香气。处理过的辣根如果放置太久，会变成棕褐色并丧失它原有的风味。有许多辣根的佐料糖都放太多了，反而会掩盖辣根原有的清新呛辣风味。

磨碎的根部

在磨碎的辣根上面，淋上柠檬汁，可以让白色的辣根泥保持原色并且风味保持得更久。所以一般市面上卖的辣根调味料，多半会加醋进去。

适合搭配的食物种类：苹果、鳄梨、牛肉、甜菜根、油腻或是烟熏的鱼肉、烤过的熏火腿或者火腿、土豆、香肠和海鲜类。

适合搭配的香草或香料种类：酸豆、芹菜、细香葱、奶油、莳萝、芥末、番茄浓汤、醋、酸奶。

特征

不是每个人都喜欢藜的味道。讨厌它的人认为藜的味道就像松节油或油灰，喜欢它的人则觉得藜的味道综合了香薄荷、薄荷和柑橘的味道。本人觉得，藜的味道像樟脑味，有种大地的泥土气息，还带点薄荷味。而藜吃起来的口感，是带有辛辣刺激却又清新醒脑的味道，苦中带有浓浓的柑橘香。除此之外，还有一种奇妙的臭味，有些人喜欢这种臭味，还上瘾了呢。

 使用部位

干燥或新鲜的叶子。

 购买与储存

欧洲市场上，几乎没有店家卖新鲜的藜，所以只能靠自己动手栽培。干燥的藜味道没有那么好，不过用于烹饪的话，效果还是不错的。使用前，确定你手边的藜是叶子而不是茎的部分。因为藜的茎也是经过干燥后，才摆出来卖的，这种茎比较适合拿来泡茶，不适合烹调。

 栽培

在干燥的土壤上，撒上种子就可以轻松种出藜来。不过问题不在于播种，而在于如何取得藜的种子。可以用邮购的方式，从美国订购种子。藜的味道主要取决于它接受日照的时间。所以在日照较少的寒冷地区，藜的香味比较淡。虽然说它是一年生植物，不过它很容易通过自我播种来繁衍后代，所以不用担心。一旦等到藜长大，它还是要放在室内过冬。

 风味配对

配方基本素材：藜是黑豆料理、乳酪馅、墨西哥油炸玉米饼、墨西哥辣酱以及莎莎酱的必备材料。

适合搭配的食物种类：白乳酪、西班牙辣香肠、鱼类和贝类、青柠、蘑菇、洋葱、胡椒、猪肉、豆类、米饭类、南瓜属植物、甜玉米、墨西哥绿番茄、绿色蔬菜。

适合搭配的香草或香料种类：辣椒、丁香、胡荽叶、小茴香、大蒜、牛至。

藜（Epazote）
Chenopodium ambrosioides

藜的原产地在墨西哥的中部和南部，是尤卡坦半岛和危地马拉的玛雅料理中，最基本的食材。现在于墨西哥南部、南美洲北部的几个国家以及加勒比海列岛上，都有广泛的人工栽培。后来藜的用法传到北美洲去，可以在那里的路边或镇上的杂草堆里看到藜。但是在南方的地区，藜却被当作一种经济作物栽培。虽然藜在欧洲也是一种很普遍的植物，不过它在欧洲的知名度仍待加强。

烹调用途

新鲜的藜常会用于墨西哥豆类料理，一方面是因为它能增添食物的风味，另一方面是它有能减轻腹胀的功效。如果将藜切得很细的话，就可以加在汤和炖肉里。虽然说生的藜也可以用在莎莎酱内，不过经烹煮后，藜的味道会更好。所以，最好的烹饪方法是在烹煮过程的最后15分钟时加入藜，也可避免藜因为烹煮过久而产生苦味。藜同时也是墨西哥辣酱的必备材料。这种墨西哥辣酱，是一种用墨西哥绿番茄和青辣椒，所调制出的绿色浓稠烹调用酱料，富含坚果和种子类。要特别注意一点，使用藜时只能用少量，因为它味道很容易盖过其他食材的味道。而且过高剂量的藜有毒性，导致食用的人头昏眼花。

新鲜的叶片

藜强烈的味道，对大多数的人来说，都太过刺激了。藜的英文名字"epazote"，源于阿兹提克语的"Nahuatl"。"Epatl"指的是臭鼬（skunk），"tzotl"则是甜的意思，整个字的意思，则是指令人不敢苟同的味道，这种语言到今天为止，仍然在墨西哥的城市流传。

干燥的叶片

只有在找不到新鲜叶片时候，才采用干燥叶片代替。

艾蒿（Mugwort）
Artemisia vulgaris

艾蒿是一种多年生的草本植物，原产地遍布世界各地，在欧洲大多数地区、亚洲、北美洲和南美洲都有生长。中世纪的时候，艾蒿可以取代啤酒花，当做酿造啤酒的苦味剂。18世纪的时候，艾蒿是欧洲最普遍的烹饪用香草，但是因为流行的消退，目前只剩下德国当地人仍然爱使用。而艾蒿的德文名字叫做"Gänsekraut"，意思是鹅香草。

烹调使用方法

由于艾蒿可以帮助消化，所以很适合搭配油脂丰富的鱼类、肉类或家禽，例如比较油腻的鸭肉或鹅肉等。艾蒿也很适合拿来当作填充馅料和卤汁的调味料，拿来熬高汤底也是不错的选择。由于艾蒿会越煮越香，所以越早放入艾蒿越好。香草中，找不到和艾蒿搭配的植物，不过像大蒜和胡椒的味道，可以与艾蒿搭配。艾蒿在日本，称作"yomogi"，被当作蔬菜来使用。除此之外，艾蒿在日本料理中，还有一种常见的做法，是用它帮麻薯或荞麦调味。在亚洲地区，亚洲人会用煮或是快炒的方式来料理艾蒿的嫩叶菜。也可以将嫩叶切细之后，撒在蔬菜沙拉或拌进酱汁中。在苹果醋里，泡入一些艾蒿，浸几星期之后，这种染有艾蒿香的苹果醋就是沙拉和卤味的良伴。

特征
艾蒿的香味近似金丝杜松和胡椒的味道，淡淡的芬芳甘甜的薄荷香气中，还隐约有着辛辣感。艾蒿吃起来滋味跟它闻起来的味道差不多，不过还多了微苦的余味。

使用部位
新鲜的嫩芽。花蕾和叶片，无论是新鲜或是干燥都可以。

购买与储存
到香草苗圃就可以买到艾蒿的植株。将花梗挂在阴暗温暖的地方风干，放大概3个星期，就做成干燥的花了。或用烤箱烘4~6个小时，就可以将花蕾和叶片的部分放进密封罐里，保存期限大概是一年左右。有些日本商店也会卖干燥的艾蒿。

栽培
艾蒿是一种适应性非常强的植物，不过它最喜欢的还是日照充足，有肥沃潮湿土壤的地方。用播种或者分株的方式栽种艾蒿。种艾蒿的时候，为了避免艾蒿蔓延得到处都是，要定时检查整理。夏末到初秋，这段时间在艾蒿圆锥花序上会开出多如繁星的红棕色小花，但带有令人讨厌的苦味。所以要抢在花盛开之前收割。

风味搭配
适合搭配的食物种类：豆类、鸭肉、鳗鱼、野味、鹅肉、洋葱、猪肉、米饭类。
适搭配的香草或香料种类：大蒜和胡椒。

新鲜的叶片
艾蒿靠近顶端的叶子，是光滑的绿色。底端的叶子，则带有白色茸毛。

干燥的叶片
德国地区，都能买到新鲜或者干燥的艾蒿。不过其他地方，就只能靠自己种植后再干燥。当然，也可以通过网络购买干燥的叶片。

香草的制备

摘叶去茎、剁细与捣碎

　　有些香草，像细香葱、茴芹、胡荽等，它们的茎都很柔软，所以可以直接使用。不过，大多数香草的茎都很硬，所以使用前要先将茎去除。一些小的叶片或枝桠，可以完整地加进沙拉或是当作盘面的装饰。但是，大多数的叶子都要先针对该道料理所需，经过剁碎、切丝，甚至捣碎的手续之后，才能使用。烹饪前，要记得保持叶子的完整性，等到要用时，才来处理香草，不然香草的香味会消失殆尽。

摘叶去茎

摘去茎时，有时候会发现顶端的枝叶太柔嫩，无法直接将叶子完整地摘下。像这种尖端的枝桠，因为太软，使用时可以连叶子一起切碎。有些香草，特别是叶子比较大的种类，通常都很容易将叶子从顶端剥下来。

◀坚韧的茎的处理方法
底下摆好切菜板，用一双手紧紧地握住茎的底端，用另一双手的大拇指和食指抓住茎的两边用滑动的大拇指方式顺着茎，朝着顶端一路将叶片搓下来。

◀柔软的茎的处理方法
茴香和莳萝底部枝桠扩散生长的叶子可以直接用手抓下，并剥除每枝粗枝桠的叶子。

剁细

根据你要做的菜式来决定香草的切法。香草切得越细，就越容易和其他材料混合均匀。这种切得很细的香草，因为整体的接触表面积增加了，所以香草的精油就能很快地渗透进食物里，也就是会比较容易入味。但相对的，在烹调时也很容易丧失它的风味。如果只是粗略切一下的话，无论是外观、口感还是质地上，都越能接近香草原先的风貌。这种粗切的香草比起前面提到的细切香草，更能耐得住久煮。但粗切的香草，不适合用在口感滑顺的料理中。

◀使用双柄半弧形菜刀
有些厨师喜欢在切大量香草时，使用一种叫作"mezzaluna"的双柄半弧型菜刀。这种菜刀的用法，是双手各握住刀柄，以摇晃的方式前后地切碎香草。也可以用食物料理机来处理。只要将香草装进食物料理机小钵中，然后按下搅拌键切碎（不要太久）。使用前，先确定香草已经完全干燥了，不然含有水分的香草打出来，会变成恶心的黏稠浆糊状。用食物料理机的缺点在于，不能像手工一样可控制切碎片的大小。

1 切香草时，要选用一把锋利的大切菜刀，若是不够锋利的话，就不叫切碎，反而会碰伤压烂这些香草。将香草铺在切菜板上，将没有握菜刀、空着的那只手的手指平放，按住刀锋，然后以上下摇动的方式，轻快地切碎香草。

2 切碎香草的过程中，要不时地用刀面将散开的香草堆成一堆。重复上述动作，直到你觉得香草切得够细，符合你料理所需为止。

切细丝

任何一种切成细丝状、又是拿来当作盘面装饰的蔬菜，都称作装饰蔬菜。将香草的叶片切成细丝状，看起来不但美观，就算加进酱料中，都还能留它原先的口感。

1 如果选用像酸模这一类的香草叶片的话，在切细之前，要先去掉较粗的叶脉。

2 挑出一些大小差不多的叶片，将它们一片片地叠起来，叠好后将叶片紧紧卷在一起。

3 用一把锐利的刀，将卷好的叶片切成非常细的细丝。

捣碎

用杵和研钵可以将香草捣成泥。如果在研钵里加一点盐，就可以更轻易地将大蒜捣成大蒜泥。不过，用食物料理机，可以在更短的时间内，将香草打成更细滑的香草泥。

1 香蒜酱（p.289）是最著名也是最经典用捣碎的方法做成的香草酱。先在大的研钵里将一些罗勒和大蒜捣烂。

2 之后，再加入一些松子，一些碎的帕玛森干酪，并倒入适量的橄榄油。将这些材料混合均匀，研磨成糊状即可。

香草的风干与搓碎

　　不是每种香草都适合用来干燥。像百里香、迷迭香、牛至及马鞭草这一类香草，有着木质茎以及坚韧的叶片，最适合拿来干燥，而这种方式最能保留住它们的美味。至于像罗勒、荷兰芹、茴芹、马郁兰草等，这类叶片和茎都很柔软的香草，就不适合拿来干燥，干燥会使它们的味道完全消失。不过，薄荷是个例外。虽然薄荷的叶片很柔嫩，不过干燥后味道仍然很好。干燥香草的传统方式是将香草扎成束，悬挂起来风干。不过现在也可以用微波炉来干燥香草了。为了追求干燥香草的最佳风味，首先就要选对香草的采收时机。采收香草的最佳时机是清晨花蕾盛开前精油最浓郁的时候。

冷冻香草

不适合用来干燥的柔软香草，可以用冷冻的方法保存。经过冷冻后，这些香草的香味可以维持三四个月。烹煮汤品、炖菜、需要慢火久煮的料理还有酱料等，都可以派上用场。

◀ 将切碎的香草冷冻起来
先将香草洗干净，沥干水分。然后将香草切碎，拌上一些水或油之后，倒进小罐子或是制冰盒里冷冻起来。之后再将这些冰块放入保鲜袋保存。

◀ 将捣烂的香草冻起来
将各种香草，淋上一点油之后，轮流放进食物料理机里，打成糊状，再将每种捣烂的香草酱装进保鲜袋或是塑料盒中冷冻。

干燥香草

将香草挂在通风良好的地方，只需要数天到一星期的时间即能完全风干。不过，如果是将香草挂在蒸气弥漫的厨房，就没办法干燥得很好。干燥香草时，避免阳光直射，温度也不要太高，否则香草的香精油很容易挥发。

▲ 用微波炉来干燥香草
铺上两层厨房纸巾，在上面撒上约两把分量的干净香草叶和干净香草嫩枝。之后再放进微波炉，用100%的功率加热2.5分钟。月桂叶可能需要再加热得久一点。用微波的方式，可以保留香草原有的颜色，让干燥的香草仍然有漂亮的色泽，保存方法如下。

1 香草准备干燥的时候，首先将香草叶中老的或是褪色的叶片去除掉。将香草扎成一小束，然后挂在阳光不会直射并且通风良好的场所，例如阁楼或是棚屋。

2 当叶子变得松脆，一碰就碎的时候，算是完全干燥了。先将干燥的大叶片或者小花蕾用手掌压碎，或者搓下枝桠上的叶子，之后再将它们储存在密封罐里。

制作香草醋、油及奶油

　　调味过的香草油、醋，可以在制作各式各样的调味酱、沙拉酱以及卤汁时派上用场。除此之外，调味过的油醋也很适合在汤品或炖菜煮好后端上桌前，滴一些进去，增添料理的风味。用罗勒、莳萝、大蒜、薰衣草、马鞭草、迷迭香、龙蒿及百里香等香草，都能调配出风味绝佳的香草醋来。如果想用香料来调味的话，不妨试试辣椒、干胡椒、莳萝、茴香、芥末或是胡荽籽。调制香草油时，则可以选择罗勒、月桂、莳萝、大蒜、薄荷、牛至、迷迭香、香薄荷、百里香之类的香草。香料的部分则有辣椒、小茴香、大茴香、莳萝、茴香可供选择。如果手边有以香草或香料调味过的奶油，在用铁架炙烤或是油炸鱼类、家禽类、肉类时，就是一个简便的现成美味淋酱。这种奶油还可以作为清蒸或水煮青菜的调味酱，或是抹入三明治里，味道都很可口。

制作香草醋或香草油

调味过的醋可以保存好几年，而且还会越陈越香。无论是油还是醋，都应该保存在凉爽阴暗的地方，或是冷藏在冰箱里。

1 要调制香草醋或香料醋时，首先要先准备60克的香草枝叶或是完整的香料。然后将它们压碎，以便让香气释放出来。

2 将上述材料放进宽口罐，再倒入500毫升的醋，例如白葡萄酒醋、苹果醋或是白醋，让醋盖过这些材料。将盖子封好后，浸泡大概2~3个星期。如果将罐子放到太阳下，会更快入味。

3 过滤后，将酿好的醋倒进瓶子里。每一瓶都可以放一枝新鲜的香草进去作为装饰。然后用软木塞或者塑料盖将瓶口封好，在瓶身贴上标签。

◀ **调制香草油**
步骤跟上面一样，只不过把醋换成油，例如纯橄榄油、葵花籽油或者葡萄籽油。油类最好避免接触到阳光。等到入味之后，再过滤，并另外装瓶。

制作香草奶油或香料奶油

大多数的新鲜香草都可以调制成美味的香草奶油。如果想用香料制作的话，可以选用小茴香、黑胡椒、小豆蔻、甜胡椒、红椒粉以及圭那亚红椒粉等。每150克的奶油，需要1.5～2大匙的香草或香料。如果你想要同时使用香草和香料，则香草与香料的量要少一些。这样做出来的香草奶油，冰在冰箱冷藏室的话，可以保存一星期，也可以用冷冻的方式保存。

1 在碗里面，放入150克已经软化了的奶油、1～2大匙的柠檬汁以及4～5大匙已切碎的香草，然后用搅拌的方式将些料全搅拌匀。也可以将上述材料用食物料理机打均匀。

2 在平坦的桌面上，铺上一张保鲜膜，将调味好的奶油，用汤匙挖出来倒在保鲜膜中心。将奶油挤压成长条状，之后再包上一层保鲜膜避免原本的保鲜膜破掉。

3 用保鲜膜将香草或香料奶油卷成香肠状，卷的时候要小心，不要将保鲜膜也卷到奶油里。最后再将呈香肠状的奶油最两端的保鲜膜扭紧，压实。

▲ **香草奶油**
用铝箔纸包好，放入塑料密封袋中冷冻。

香料

香料的介绍

阿魏

很久以前，我就酷爱着香料，其原产地、成品以及用于烹饪的可能性，都深深地吸引着我。从过去到现在，居住在不同地区的民众，他们的饮食习惯主要受到当地所生长和种植的作物的影响。原先决定烹调的方式，取决于当地环境的状况，例如当地可使用的燃料种类。但是，世界各地料理风格之所以如此不同，主要在于其香料的使用与如何搭配。

来自于热带亚洲的香料

多数重要的香料植物，例如肉桂、丁香、芦苇姜、姜、肉豆蔻、胡椒等，原产地都在亚洲热带地区。香料的使用与商业贸易已持续了千年之久，历史上也记录了许多有关香料的交易事件，例如，因香料交易所创造的财富与建立的帝国、为了抢夺香料而发生残忍的征战与掠夺，以及伴随香料交易而来的海盗的肆虐与人心的贪婪。不过我们始终是以欧洲人的视角来看待这段香料的发展史。我们知道从中国到拜占庭的路线，也熟知阿拉伯商船将香料引进底格里斯河和幼发拉底河两河流域，与后来的地中海港口所扮演的重要性。不只如此，我们也读过葡萄牙、荷兰以及英国如何垄断香料交易市场的历史。然而，我们却对早期占有同等重要地位的亚洲香料贸易所知甚少。当时东方的香料贸易，以大量的商业队分成几个时期：首先有韩国的新罗王朝（7世纪初期到8世纪中期），后来有中国南宋时期（公元960—1276年）以及斯里兰卡。如果追

咖喱叶

溯到公元前600年早期的印度贸易商，在斯里兰卡、马来西亚以及部分的印度尼西亚群岛上，建立起新的印度教或佛教教区，并提供来自他们家乡的香料，然而，对其香料的贸易我们所知甚少。

在哥伦布发现新大陆时，当地的文明早已历史悠久、高度发展。在美洲的热带和亚热带地区所生产的香料，例如甜胡椒、辣椒、香草等，早就已经在美洲的文明中占有一席之地。在这一点上，欧洲人的作用确实可以说是举足轻重，因为辣椒在欧洲殖民地的迅速传播改变了半个世纪的饮食习惯。

香料的传播

欧洲本身就生产很多香料。地中海沿岸地区是许多具有香气的香料种子，例如胡荽、茴香、葫芦巴、芥末等香料的原产地。而欧洲气候较冷的地区，也生长有葛缕子、莳萝、杜松之类的香料。尽管欧洲与西亚以及欧陆之间的香料交易仍然占绝大多数，但是将自己常用的香料带往新世界的拓荒者，也起到了重要作用。

商业贸易并非香料传播的唯一途径。也有人在当时贸易垄断的局面下突破垄断势力，促进了香料的传播。例如，法国的植物学家和探险者，在偷运植物到新大陆开垦殖民地的走私活动中，占了举足轻重的地位。

胡荽籽

香茅　　　　　　　　姜

香子兰
晒干的香子兰豆荚。含有小的黏黏的籽，可以增添冰淇淋、蛋糕、甜糖浆的风味。香子兰也很适合用到海鲜和鸡肉料理中。

比起商业贸易，移民对于香料的传播有更长远的影响力。举例来说，中国人视姜为生活必需品，所以从中国南部出发的移民船上的水槽中，就栽种着姜。正因如此，姜才能传播到太平洋的另一岸。无论是借由武力或基于经济因素所建立起的殖民地，这些移民都将他们本国原有的食材，结合当地盛产的作物，发展出新的料理方法。例如马来岬（cape Malay）这种混杂了马来西亚与欧洲风味的南非特色料理、法裔路易斯安那风味料理、荷兰的"rijsttafel"——一种衍生自印尼的筵席料理，及法属西印度群岛中使用的法式西印度咖喱粉等，都是明显的例子。

追求原汁原味的地道风味

时至今日，大众对地道的各地料理了解得更多，也更加追求地道原味的重现。我们已经知道意大利当地的料理，会随着地域的不同，而产生地方性的差异。不只如此，原来我们在中国餐馆所吃的标准菜式其实只是广东料理而已，而中国还有很多像北京、四川、湖南等不同的地方料理。就像泰国菜有南北口味之分，近年来印度料理在北方和南方口味上的不同也逐渐引起一般大众的注意。现在于大多数的城市里，都可以看到越南菜、日本料理、墨西哥料理、土耳其菜、摩洛哥料理甚至埃塞俄比亚料理这类异国料理餐馆。这些料理最主要的差别，就在于香草和香料的使用方法。以前，有句俗话说"化学实验就像在煮饭"。不过，现在更精确的说法是，烹饪变得越来越像化学实验了。食品公司不断地研究新口味，且试图合成出其他口味。他们使用电子鼻和电子舌与其他精密的机械工具，建立了一套"香味指纹"的纪录，来"记录东西飘浮于空中的气味"，意思就是说，它可以收集香料、香草、水果，或是烹饪好菜肴的香味分子，以便于在实验室重新创造出一模一样的香味，最终运用在方便即食的料理包中。虽然这些先进科技的成果的确令人印象深刻，不过许多食物原有的文化色彩、实体感觉以及营养素，却随之流失。

姜黄
许多印度菜或是加勒比海风味料理都会用磨碎了的姜黄帮菜肴增添温暖的大地滋味，同时让菜肴染上美丽的金黄色。

　　成功地调配出属于自己的独门秘方口味所带来的成就感，不是随便用市场上买的现成调味包所能比拟的。很多国家，某些使用过于频繁的综合调味配方，很难一直维持固定不变的配方。地区性的传统习惯、每个家庭的口味以及个人的喜好，都会影响配方组成，所以，每一种所谓的"标准配方"，最后都会配合料理而有所变动。例如印度马萨拉辛香粉、巴厘岛北部综合香料以及马来西亚综合香料等，这些综合香料配方的成分，都会不断地改变。

斯里兰卡咖喱粉
这咖喱粉是由咖喱叶、香菜、茴香、葫芦巴、大米、辣椒、黑胡椒、丁香、豆蔻、肉桂（p.278）。

卡拉特香料
(p. 283)

研磨香料
保存香辛料的最佳方式就是让其保持完整，需要的时候再研磨。许多香料研磨后几个小时即失去香味。

油煎香料
有些料理需要用油把香料的味道散发出来。

磨碎生姜
新鲜生姜的根部，姜汁的味道很浓郁，仔细磨碎后，用棉布包好，把姜汁挤出来。

香料的选择与使用方法

　　这些综合调味料之所以会有这么复杂的风味，关键在于所使用的香料（或香草），是否能相辅相成。选择材料时，有些是因为它的滋味；有些是为了它的香气；有些是为了它的酸味特性；有些则是考虑到它可提供的色彩。除此之外，香料放入料理的时机，也具有决定性的作用。不管这些香料是否有先经过烘烤后才拿来使用，只要是在烹饪开始就放入料理中，香料就能增添整道菜肴的风味。如果是在烹煮快要结束时才撒进去，煮好的料理则会染上香料本身的香味。

　　在这本书的最后，附上自世界各地搜集而来的各种综合调味料食谱。这些食谱只是基本的配方，象征着各地料理的特色，随时都可以根据自己的喜好反复实验，来调整变化。无论如何，先试着照书做一次，尝尝原味，然后再根据个人的喜好及所期望的菜式来更改。

特征
芝麻的种子并没有强烈的香味，但是带有些微的坚果味及其淳朴的大地气息。芝麻尝起来的滋味会比闻起来明显，特别是当芝麻经过烘烤或者磨成芝麻酱之后，味道会格外强烈。而黑芝麻的香味会比白芝麻还要浓烈，因此通常不研磨使用。

使用部位
种子，不论是完整颗粒或是制成芝麻酱、芝麻油均可食用。

购买与储存
在超市、印度和中东商店以及健康食品商店都可以买到白芝麻。在这些地方也都能买到一种称作"tahini"的浅褐色芝麻泥以及印度芝麻油。在亚洲商店则可以买到东方口味的芝麻油、芝麻酱及黑芝麻等。还有一种金色的芝麻，它的香味浓醇，很受日本料理重用，不过市面上这种芝麻也比较难买到。芝麻种子可以储存在密封罐里，视需要时烘焙使用。

收集时机与方法
由于芝麻的豆荚在完全成熟时会迸开，所以要在豆荚完全成熟前采收。通常人们会使用机器来干燥芝麻的豆荚并去壳。

芝麻（Sesame）
Sesamum orientale

芝麻是人类纪录中，最早为了它的种子价值而种植的植物之一。从古埃及和古巴比伦时代开始，就在面包里加入磨碎的芝麻，到了今天，这个习惯在中东地区仍然处处可见。从土耳其东部挖掘出来的遗迹之中，已有出土的证据证明早在公元前900年，人们就已经开始使用芝麻种子所榨取出来的芝麻油。从生的芝麻种子压榨出来的芝麻油，富含多种不饱和脂肪酸，是料理的最佳食用油。更由于其成分稳定，即使在炎热的夏季，也不容易酸败。

完整的种子
芝麻是一年生的热带作物，根据品种的不同，种子的色泽，从淡金色、白色、红色、褐色甚至到黑色不定。芝麻的种子颗粒很小，呈扁平的椭圆形状，且含有油脂，所以看起来有油亮上蜡的质感，并且质地也相当软。其中，奶油黄是芝麻种子中最常见的一种。

烹调用途

芝麻可以撒在面包上，或是磨碎混入生面团再放进烤箱烘焙。芝麻是一种中东称作"za'atar"的综合香料及日本的七味辣椒粉的必备材料。除此之外，芝麻也是中东糖果蜜饯——当地人称作"halva"的主要材料。在印度，芝麻还应用在甜点上。像是当地一种称作"til laddoos"的甜点，也就是用小豆蔻调味的芝麻棕榈糖球，非常美味。印度人还会用一种称作"gingili"或"til oil"的淡金色芝麻油来烹饪。芝麻酱和芝麻油都是用生的芝麻籽制成。

至于深色的东方芝麻酱和琥珀色的东方芝麻油则是用烘烤过的芝麻籽做成的。多了烘烤这道手续，能增强芝麻的坚果风味，同时加深芝麻的色泽。这类东方口味的芝麻产品常用在中国、韩国及日本料理上。东方芝麻油是一种调味用油，而不是烹饪用油，主因是东方芝麻油在低温时就会燃烧。东方芝麻酱的质地浓稠，多半用来当作面类、米饭以及蔬菜的调味淋酱。中国人很喜欢将芝麻覆盖在虾球和烤虾上面，觉得芝麻脆脆的口感很讨喜。在日本，他们则会将白芝麻或金色芝麻配上酱油和糖之后，来当作鸡肉冷盘、面类以及蔬菜沙拉的蘸酱。在中国和日本料理中，黑芝麻被当作米饭和蔬菜上的装饰，也可以在烹调前，先裹在鱼贝海鲜类的外面。虽然大家都说黑芝麻如果烤过，味道会变苦，但根据我自己的经验，若只是稍微烤一下，并不会有这种情形发生，更何况在日本料理中，多半使用烘烤过的黑芝麻，将芝麻跟粗盐混合均匀后，就是一种日本的调味料，称作芝麻盐。这种芝麻盐可以撒在蔬菜、沙拉以及米饭上。在中国，制作拔丝苹果、香蕉时，会在它们的外表撒上芝麻。

风味配对

配方基本素材：阿拉伯综合香料、芝麻盐、七味辣椒粉。

适合搭配的食物种类：茄子、英国小胡瓜、鱼、绿色蔬菜、蜂蜜、柠檬、面条类、豆类、米、沙拉蔬菜、糖。

适合一起混用的香草或香料种类：肉桂、小豆蔻、辣椒、桂皮、丁香、胡荽、姜、肉豆蔻、牛至、胡椒、盐肤木、百里香。

芝麻酱
在中东地区，这种浅褐色的芝麻酱会跟大蒜、柠檬汁混合，制成一种适合当蔬菜或是鱼料理的淋酱。这种中东芝麻酱的风味也很适合做鸡豆抹酱（chickpea dip）和鹰嘴豆芝麻沙拉酱（hummus）。

东方芝麻油
东方芝麻油通常在上菜前才滴进料理中。而芝麻油与辣椒、大蒜及姜的搭配，常见于四川料理中。

特征

黑种草并没有强烈的香味，搓揉后会散发出一股香草味，有点像味道比较清淡的牛至。而黑种草尝起来会有坚果和胡椒味，并且散发出一股大地的淳朴风味，还带点苦和甘的强烈滋味与脆脆的口感。

使用部位

种子。

购买与储存

购买时，选完整种子，这样会比较方便保存。市面上卖磨好的黑种草种子可能会混入其他东西。将黑种草放进密封罐里保存，风味可以保持两年左右。一般香料商店、印度和中东商店，都会有库存。

收集时机与方法

黑种草的种子黝黑无光泽，颗粒很小，呈泪滴状。要在黑种草的果实成熟开裂前收成，然后干燥并稍加碾压，就可以轻易地取出种子来。

风味配对

配方基本素材：孟加拉五味香料。

适合搭配的食物种类：面包、豆类、米饭、绿色蔬菜与根茎类蔬菜。

适合一起混用的香草或香料种类：多香果、小豆蔻、肉桂、胡荽、小茴香、茴香、姜、胡椒、香薄荷、百里香、姜黄。

黑种草（Nigella）

Nigella sativa

黑种草是植物学名，它的英文别名称作"love-in-a-mist"，是一种美丽的园艺植物，会开淡蓝色的花朵，叶片呈羽毛状。还有一种品种不具观赏价值，原产地在西亚和南欧，而当地野生或人工栽培的数量都很庞大，栽培的主要目的在于它的种子，虽然跟黑种草是近亲，却不及它美观。印度则是世界上最大的黑种草生产国，同时也是最大的消费市场。黑种草小而黑的种子，常会被当成黑洋葱种子来贩卖。

烹调用途

黑种草可以单独使用或者配上芝麻或者小茴香，撒在法国长条面包、卷饼以及咸酥皮点心上。孟加拉的厨师会将黑种草配上芥末种子、小茴香和茴香与葫芦巴，制成当地一种综合调料味"panch phoron"，即孟加拉五味香料。这种孟加拉五味香料，会给豆类和蔬菜料理带来意想不到的独特风味。

在印度和其他地区，当地人会将黑种草用在印度肉饭、印度酸奶酪渍肉（kormas）和腌渍物中。在伊朗，当地人很喜欢在腌渍水果或蔬菜时，使用黑种草。黑种草的味道很适用于烤土豆和其他根茎类蔬菜。将黑种草磨碎后，配上胡荽和小茴香，就可以让中东料理的土豆或综合蔬菜蛋卷的味道更浓郁。

完整的种子

印度的厨师多半会先将黑种草的种子烘烤或用油煎一下，让黑种草的香气散发出来。然后再拿出爆香后的黑种草种子，撒在素食料理和沙拉上面。

特征

黑樱桃籽的香气甜美，花香中又带有杏仁和樱桃的香味。刚开始品尝黑樱桃籽时，它的坚果香和柔软的香甜杏仁味令人口水直流，不过入口的后味却是苦的。

使用部位

果核。

购买与储存

购买时，最好选颗粒完整的种子，有需要时才磨碎使用。因为一旦磨碎，黑樱桃籽的味道很快就会消失殆尽。黑樱桃籽要用密封罐来保存。而黑樱桃籽的最佳来源是香料店或是中东、希腊商店。

收获时机与方法

从桃核中取出柔软的黑樱桃籽，再经干燥可得其成品。黑樱桃籽颗粒不大，呈椭圆形，颜色为米色或淡棕色。

风味配对

适合搭配的食物种类：杏仁、杏桃、椰枣、开心果、玫瑰花水、胡桃。

适合一起混用的香草或香料种类：大茴香、肉桂、丁香、乳香、黑种草、肉豆蔻、芝麻。

黑樱桃籽（Mahlab）
Prunus mahaleb

这是一种除中东地区外，罕为人知的美味香料。在中东地区和南欧各地都有许多野生的酸樱桃树，会结出皮薄个小的黑樱桃，这些黑樱桃中的果核，就可以拿来当作面包和油酥点心类的调味料。黑樱桃籽的主要使用地区有希腊、塞浦路斯、土耳其以及邻近的阿拉伯国家，从叙利亚到沙特阿拉伯都有它的踪迹。

烹调用途

磨碎的黑樱桃籽主要用于烘焙，特别是节庆场合时的面包和油酥点心。希腊在复活节时食用的一种褶状面包，称作"tsoureki"，就带有黑樱桃籽香料的辣味。除此之外，像是亚美尼亚当地的一种叫作"chorek"的卷饼，以及住在黎巴嫩的基督徒为了复活节，而特制的一种叫作"Arab ma'amool"的塞满坚果或椰枣的油酥点心，都有加入黑樱桃籽。黑樱桃籽还可以用在糖果蜜饯中。在水果面包或是油酥点心中，试着加一点黑樱桃籽可以增添果香味。用咖啡研磨机是磨碎黑樱桃籽的最好方法。如果还是觉得很难磨碎，可以加一点盐或糖进去。根据食谱的记载，加了盐或糖，可以帮助磨碎黑樱桃籽。

完整的果核

外表米色的黑樱桃籽，剖开来看，里面是奶油白色，质地柔软易嚼。

磨碎的果仁

磨碎后的黑樱桃籽呈淡淡的奶油色，如果看起来颜色很深或者变黄，证明黑樱桃籽太老了。

金合欢（Wattle）
Acacia species

数百年前，原产地在澳洲的金合欢，当时只有少数品种生产可供食用的种子。其中，有两种学名称作*A.victoriae*和*A.aneura*，是最常定期采收种子的品种。后者在当地又称作"mulga tree"。将金合欢青绿色的种子采收下，经干燥、烘烤和研磨的步骤后，就会变成一种深褐色、味道浓厚、令人联想到咖啡粉的粉末。现在金合欢已经越来越受到美食家的欢迎。

烹调用途

将合金欢的籽浸到热的液体中，就可以释放出它的香味。但是，如果使用开水，金合欢会变走味。浸泡过金合欢种子的液体，经过滤后，可单独使用，或是保留粉末在其中，增加液体的质感。金合欢的种子可以当作甜点的调味品，特别是以鲜奶油或酸奶为基础所配出的甜点，例如慕斯、冰淇淋、乳酪蛋糕以及填入蛋糕的鲜奶油馅。有人曾经将金合欢种子用在甜甜圈中，结果十分成功。如果加在传统面包或是奶油布丁上，味道也很美味。浸泡过金合欢种子的金合欢液，有时候也可以当作咖啡的替代品。

磨碎的种子

澳洲当地的原住民，从很早以前就开始食用这种营养丰富的金合欢种子。由于现在兴起了一股简朴食物风潮，所以市面上的金合欢种子已经供不应求了。

特征

金合欢种子有着浓郁的烘烤香气，有一点咖啡的味道。吃起来的口感，像是咖啡综合着烤过的榛果味，还带点淡淡的巧克力味儿。

使用部位

经过烘烤、磨碎的种子。

购买与储存

在澳大利亚，香料商店和比较高级的熟食店，都可以买到金合欢的种子。至于在北半球地区，一些香料商店甚至超市，也开始进货。用密封盖保存的话可以保存长达两年之久。

收获时机与方法

金合欢种子的价格非常昂贵，主要是因为金合欢种子是从野生的金合欢采收而来，同时必须经过非常繁琐的人工处理。先要将青色的豆荚蒸到弹开，再用炭火灰来烘烤，接着放凉，再将沾到灰的地方清理净，才可以磨碎。这繁琐的前置作业大多由原住民女性在当地进行。

特征

肉桂有种温暖动人、甜美的木质清香，虽然香气细致却也十分浓郁。口感馨香暖和，有点丁香和柑橘的味道。由于肉桂精油含有丁香油酚的成分，所以比中国肉桂多了股丁香的味道。

 使用部位

卷成管状的干燥树皮，还有磨碎的肉桂粉。

 购买与储存

市面上很容易买到粉状的肉桂，颜色越淡的肉桂粉质量越好。因为肉桂粉的味道消散得很快，最好少量购买。在香料商店、熟食店以及某些超市，可以买到整根的肉桂棒。如果用真空密封罐保存的话，肉桂棒的香气可保2～3年之久。

 收货时机与方法

斯里兰卡的肉桂园，位于斯里兰卡首都科伦坡的南方海岸平原上。先播种栽培幼苗，让大拇指厚度的幼苗丛生得很茂密。到了雨季，从底部的位置切下幼芽，然后剥皮。凭着采收人员惊人的技巧，将树皮剥得像纸一样薄，再用手卷成1米长的管状，最后置于阴影处阴干。

肉桂（Cinnamon）
Cinnamomum verum/C. zelanicum

　　真正肉桂的原产地在斯里兰卡。跟中国肉桂一样，肉桂也是由取自月桂这种常青树种的树皮所制成。早期，葡萄牙人独占了岛上肉桂的高利润贸易达200年之久。之后换成荷兰人，再接下来是英国人。到了18世纪末，在爪哇、印度以及印度洋西部的塞舌尔群岛上，都开始进行人工栽培肉桂，因此结束了肉桂的垄断性贸易。

卷成管状的肉桂棒

这是将淡褐色或是棕色的树皮剥下后，卷起来阴干而成的细长、光滑的管状肉桂棒。

肉桂等级

卷成管的肉桂棒，根据它的厚度而分欧陆、墨西哥、汉堡几个等级，薄的欧陆肉挂棒风味最佳。短管状，是在搬运过程中碎裂的肉桂棒，碎羽状指的则是长度不足以做成肉桂棒的小片皮内里。至于碎屑则是肉桂棒的碎屑，是最差的等级。碎羽状与碎屑大多压碎，制成肉桂粉。

烹调用途

肉桂的细致风味，适用于所有的甜点、调味的面包及蛋糕类。跟巧克力、苹果、香蕉和啤梨特别对味。所以，制作苹果派或烤苹果时或是奶油煎香蕉佐以朗姆酒、红酒炖啤梨时，都可以使用肉桂调味。除此之外，在中东和印度料理中，肉桂也是许多肉类和蔬菜料理的绝佳调味圣品，在摩洛哥，肉桂的用途非常广泛。当地的厨师会拿肉桂来为陶锅炖羊肉或陶锅炖鸡肉调味，或是用于炖肉丸子。最常见的用法是将肉桂拿来帮一种叫作"bstilla"的脆派调味。这种脆派是由一层一层的油酥重叠而成，内馅有鸽肉和杏仁。阿拉伯有种非常知名的杏子炖羊肉，当地人称作"mishmisheya"里面就有用到肉桂和其他的香料。伊朗有种叫作"khoresh"的加了米的炖菜，肉桂在这道炖菜的调味中就扮演了很重要的角色。除此之外，在印度，当地许多印度综合香料、酸甜调味料等各式各样的佐料以及调味过的印度肉饭，都会用到肉桂。

墨西哥是世界最主要的肉桂进口国，当地人在咖啡和巧克力饮品中，都会用到肉桂。肉桂茶更是中南美洲非常流行的饮料。肉桂曾一度用来帮英国麦芽啤酒调味，就算到了今日，将肉桂配上丁香、糖和橙皮之后，就是这种热饮香甜酒的最佳调味料。

风味配对

适合搭配的食物种类：杏仁、苹果、杏子、茄子、香蕉、巧克力、咖啡、小羊肉、啤梨、家禽肉及米饭。

适合一起混用的香草或香料种类：小豆蔻、丁香、胡荽籽、小茴香、姜、乳香、肉豆蔻和豆蔻皮、罗望子、姜黄。

磨碎的树皮
将肉桂磨成粉的瞬间就会散发出阵阵香味。通常，卷成管状的肉桂棒要磨碎或是加入液体烹煮后，才会散发出香气。

特征

中国肉桂含有大量的挥发精油，所以香味比肉桂还要浓郁许多。中国肉桂的味道微甜，有明显的辛辣气息及涩味。越南产的中国肉桂，含有的挥发油成分最多，所以味道也最强。

 使用部位

干燥的树皮、卷成管状的中国肉桂棒，以及磨碎的肉桂粉。经过干燥处理的未成熟果实，称作中国肉桂芽苞。还有中国肉桂叶。

 购买与储存

中国肉桂不容易磨成粉，所以购买中国肉桂片或中国肉桂棒时，最好同时购买少量的中国肉桂粉。卷成管状的中国肉桂棒的风味可以保存得比较久，如果放在真空密封罐中，可存放长达2年之久。到香料专卖店可以买到中国肉桂的树皮、芽苞以及叶片，购买后也是要用密封罐保存。

收获时机与方法

中国肉桂的收割时期在雨季，因为此时树皮比较容易剥下来。而中国肉桂经过干燥后，其树皮会卷起来，成为棒状，此时根据精油成分、长度以及色泽等标准，来评定中国肉桂棒的等级。中国肉桂棒的颜色为红棕色，厚度比肉桂棒还要厚，因为中国肉桂的树皮比肉桂厚，质地也较粗糙。通常市售的中国肉桂碎片，还会附着它柔软的木质层。

中国肉桂（Cassia）

Cinnamomum cassia

中国肉桂，指的是一种原产于印度阿萨姆邦以及缅甸北部地区的月桂树的树皮。公元前2700年，在中国的植物志中就已经有中国肉桂的记载。时至今日，大多数的中国肉桂都产于中国南部和越南。其中，品质最佳的中国肉桂产于越南北部。在许多国家，中国肉桂和肉桂可以拿来替换使用。在美国，甚至当成一般肉桂或是统称为肉桂（cassia-cinnamon）于市面上贩售。美国人喜欢中国肉桂的程度更甚于肉桂，因为中国肉桂有较佳的香气和味道。

烹调用途

中国肉桂是中国料理中必备的香料，当地的厨师常会使用完整的中国肉桂，来帮小火炖煮的菜肴及肉类或家禽类料理的酱料调味。至于磨碎的中国肉桂，则是五香粉的基本香料之一。印度的咖喱和印度肉饭也都有使用中国肉桂。德国人和俄罗斯人则常用中国肉桂来帮巧克力调味。中国肉桂的味道跟苹果、梅子、无花果干以及梅干都很合。

在制甜点时，可以选用中国肉桂当作

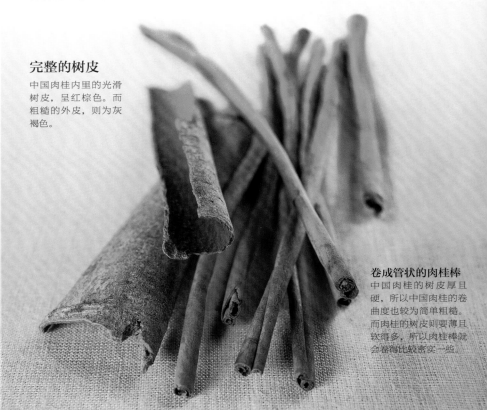

完整的树皮

中国肉桂内里的光滑树皮，呈红棕色。而粗糙的外皮，则为灰褐色。

卷成管状的肉桂棒

中国肉桂的树皮厚且硬，所以中国肉桂的卷曲度也较为简单粗糙。而肉桂的树皮则要薄且软得多，所以肉桂棒就会卷得比较密实一些。

调味的香料。由于中国肉桂的刺激辛香味较强，所以比肉桂更适合用在滋味浓郁的料理中，例如鸭肉或猪肉等。此外，中国肉桂也适用于南瓜和南瓜属植物、甘薯以及兵豆等豆类。在远东地区，当地人在腌渍甜食时，会使用中国肉桂芽苞。颗粒完整的中国肉桂芽苞可以代替中国肉桂来使用。中国肉桂芽苞特别适合用在糖渍水果中。

中国肉桂叶常被人称作印度月桂叶，因为这"两者都是樟科植物"的叶子，而且用途相似，多用于耗时费工的菜肴中，

且上菜前都要捞起来丢掉。但事实上中国肉桂叶的香味跟月桂叶差别很大。如果手边找不到中国肉桂叶时，用丁香或是一小片中国肉桂来代替，会比用月桂叶更适合。这种叶片也常用在印度比尔尼亚菜饭和酸奶酪渍肉等印度料理中。有些印度综合香料也会用到中国肉桂。

印度尼西亚或是产自苏门答腊的中国肉桂（Korintje cassia），学名称为 *C. burmannii*，颜色较深，同时有种芬芳的辛辣味。不过跟越南产或中国产的中国肉桂比起来，味道则少了点深度。

风味配对

配方基本素材：五香粉。

适合搭配的食物种类：苹果、梅子、梅干、肉类和家禽类、豆类、根茎类蔬菜。

适合一起混用的香草或香料种类：小豆蔻、丁香、胡荽籽、小茴香、茴香、姜、肉豆蔻和豆蔻皮、四川花椒、八角、姜黄。

芽苞

中国肉桂芽苞看起来有点像小型的丁香。从皱皱的灰褐色花萼就看得到里面坚硬的红棕色种子。中国肉桂的芽苞有股暖和温润的香味，尝起来则有甜甜辣辣的麝香味，比树皮的味道还淡。

干燥的中国肉桂叶

这是一种近亲品种，学名为*C. tamala*的叶子。叶片为椭圆形，有三道长长的叶脉。主要用在印度北部的料理中。干燥的中国肉桂叶乍闻起来，有种香料茶的味道。闻久一点后，则有种丁香和肉桂的温暖麝香味，以及微微的柑橘香。

特征

成熟的胡荽种子闻起来有股木质的甜美辛辣香气，呈淡淡的胡椒和花香调。尝起来则是香甜圆润、温暖中带有明显的橙皮味。

使用部位

干燥的果实（种子）。

购买与储存

胡荽是种很容易买到的香料。购买时要选购颗粒完整的种子，因为胡荽籽在磨成粉末状后，香气会很快消散。在某些印度商店，你可以找到一种称作 "dhana-jeera" 的粒状或粉末状香料综合配方，里面的材料为胡荽籽和小茴香籽。这种香料综合配方在整个印度次大陆地区都很受欢迎。

收获时机与方法

当胡荽籽的颜色由青色转成米黄色，甚至是淡褐色时，即可采收。传统的做法是，将植物收割下来，放置2~3天使其凋萎，然后以打谷的方式将胡荽籽打下来，放在半遮荫处阴干。如果胡荽还是不够干燥，可以在过筛和包装前，拿到光线充足的全日照处晒干。有些地方则是改用人工方式烘干。

胡荽（Coriander）
Coriandrum sativum

在烹饪上，有些植物既可以当作香草，又可以当作香料使用。其中，胡荽就是最常见的例子。在欧洲东部、印度、美国、中美洲以及原产地西亚和地中海沿岸等地，都将胡荽作为香料植物耕种。在上述这些地区，胡荽的用途极广，有时候会搭配绿色香草一起使用。

完整的摩洛哥胡荽种子

市面上较容易买到这种圆形球状的摩洛哥胡荽种子。而椭圆形的印度品种，则比较少见。

研磨成粉末的摩洛哥胡荽种子

胡荽种子很脆，很容易磨成粉。在研磨前，可将胡荽籽粒加以烘烤，再磨成粉，这样可以增强胡荽的香气。

烹调用途

在烹饪时，可以明显看出，胡荽的用量比其他的香料多得多。这是因为胡荽的味道较温和。经过烘烤后，胡荽就成了许多咖喱粉和印度综合香料的基本材料。北非的厨师在突尼斯辛辣酱、胡荽综合香料、摩洛哥什锦香料等各式香料综合配方里都使用胡荽。佐治亚的综合调味粉和伊朗的综合香料、中东的沙乌地阿拉伯综合香料，也都会用到胡荽。在这些地区，烹煮蔬菜料理、炖菜及香肠时，胡荽都是深受欢迎的调味品。塞浦路斯当地有一道著名料理，材料为压碎的青橄榄，就用胡荽调味。在欧洲和美洲，胡荽多半会用于腌渍用的综合香料中，这种加了胡荽的

配方，能为酸甜的腌渍物和调味汁增添一股温和怡人的滋味。西印度群岛的厨师在制作印度综合香料时，也会用到胡荽。在墨西哥，胡荽通常会配合小茴香一起使用。法国有道蔬菜料理"à la grecque"里面的调味料就包括胡荽。此外在用清汤或是一般的高汤熬制皇家煮鱼时，也可加入胡荽这种实用且便利的香料。同时，胡荽也是英国综合甜点香料的材料之一，这种香料配方主要用在蛋糕和酥饼中，味道跟秋季水果特别合适，如苹果、梅子、西洋梨、温柏等。基本做法是将这些水果塞进派皮里，当作水果派的馅料放进烤箱烘焙，或加糖一起熬煮成蜜饯。

风味配对

配方基本素材：突尼斯辛辣酱、胡荽综合香料、埃及榛果香料以及大多数的印度综合香料都适用。

适合搭配的食物种类：苹果、鸡肉、柑橘类水果、鱼类、火腿、蘑菇、洋葱、梅子、猪肉、土豆、豆类。

适合一起混用的香草或香料种类：甜胡椒、辣椒、肉桂、丁香、小茴香、茴香、大蒜、姜、豆蔻皮、肉豆蔻。

完整颗粒的印度胡荽种子

虽然胡荽的种子及叶子的香味和滋味十分不同，但却是印度和墨西哥料理中的绝佳组合。

研磨成粉末状的印度胡荽种子

印度胡荽的风味比摩洛哥胡荽更香。

特征

杜松有宜人的木质香气，混合了苦甜的味道，简单地说，它跟金酒的香味几乎一模一样。尝起来，有清新舒爽、香甜的滋味，入口后，虽然并不强烈，却有些炙热，宛如在喉咙燃烧起来，又隐约带着松树和树脂的味道。

使用部位

浆果部分，新鲜或干燥的皆可。

购买与储存

市售的杜松，一定是颗粒完整的果实，通常都是先经过干燥处理。因为杜松很柔软、容易碰伤，所以选购时一定要留意是否为完整且干燥好的果实。将杜松浆果储存在密封罐中，即可保存好几个月。

收获时机与方法

杜松终年不凋的特性，让杜松灌木丛成为园艺用植物。杜松浆果的大小跟小豌豆差不多，颜色为紫黑色，表皮光滑，需要2～3年的时间才会成熟。所以在同一丛杜松中，常会同时看到青色未熟与已经成熟的紫黑色果实。现在已有人工种植的杜松，不过也有在野外采收的果实。采收果实仍旧是件麻烦又危险的事，因为杜松的叶子非常锐利。秋天果实成熟后才能进行采收。刚采收下来的杜松果，就像葡萄一样，表面结了一层蓝绿色的霜衣，不过干燥后就会消失。

杜松（Juniper）

Juniperus communis

　　杜松是种多刺的常青灌木矮树丛，生长在北半球的大多数地区，特别是白垩土质的丘陵地。杜松是广大柏树家族的成员之一，在柏树族群中，也只有杜松的果实可供食用。到了中世纪时，人们借由焚烧杜松净化当时因鼠疫横行而充满细菌的空气，这项习俗一直流传下来。至于将杜松当作酒的调味，如金酒也就是所谓的杜松子酒和其他烈酒的调味历史，至少可以追溯至17世纪。

完整的浆果

生长在南纬地区的杜松，所结出的浆果风味更浓。市面上看到的杜松果实，大多数都产自东欧。

烹调用途

在欧洲中部和北部地区，杜松常作为香料制作肉类和野味。因为杜松是野味和油脂丰富食物的天然好搭档。斯堪的纳维亚人会将杜松加进卤汁中，用来腌牛肉和麋鹿肉，也会在制作红酒卤汁时，用到杜松；这种加了杜松的红酒卤汁，也可以作为烤猪排的卤汁。在法国北部，当地的鹿肉料理和法式肉酱中也有杜松的踪迹。在比利时，杜松出现在金酒烧小牛腰子这道佳肴中。至于法国东北部的阿尔萨斯省和德国，则将杜松当作德国泡菜的调味料。

杜松的浆果只需要一组研钵和研杵就能轻易捣碎。杜松浆果的用途很广，不管是甜的料理还是咸的料理，一概适用。在添加杜松后，这些料理都能增添一股清淡又带点刺激的辣味。杜松只要加上盐和大蒜，就能涂抹在小羊肉、猪肉、野禽和鹿肉上进行调味。压碎的杜松浆果可以加进浓盐水和卤汁中。如果把浆果切成细末，只需要一点点用量，就可以让整个馅料和馅饼味道活跃起来，在使用时再压碎或磨碎杜松浆果，因为只要一接触空气，杜松的精油就会很快挥发掉。

杜松广泛用于果汁、酒以及其他饮品，包括芬兰黑麦啤酒的调味。由青橄榄调味的杜松子酒，第一次是在荷兰出现。杜松子酒的名字来源于荷兰语"genever"。荷兰杜松子酒会倒在冷冻过的矮玻璃杯中呈上，从而保持其风味。荷兰杜松子酒不会像杜松子酒一样进行稀释之后做成长饮料（即放置30分钟也不会改变风味的酒品）。一些小酒厂制作的新品种的杜松子酒，会加入几种香料使之带有复合香气，但是杜松子的味道却不会被这些香料所掩盖。

风味配对

适合搭配的食物种类：苹果、牛肉、甘蓝菜类、鸭肉、野味、鹅肉、猪肉。

适合一起混用的香草或香料种类：月桂、葛缕子、芹菜、大蒜、马郁兰草、胡椒、迷迭香、香薄荷、百里香。

涂抹在肉类上的腌料

将杜松放进研钵里，加上大蒜、岩盐一起捣碎，就是道美味的肉类调味料。适合涂抹在小羊排、猪肉或是鹿肉上。

特征

只有香味浓烈的玫瑰才有使用价值。在巴尔干半岛、土耳其以及中东大多数地区，都偏好香气浓郁的大马士革玫瑰（damask rose），学名为R. damascena。在摩洛哥，则种植了另一种带麝香味的玫瑰。玫瑰花蕾经过干燥后，仍能完整保留原有的香气。

使用部位

花蕾、花瓣。

购买与储存

到贩卖中东、伊朗、印度和土耳其货品的商店，就可以买到玫瑰水和玫瑰精油。在这些商店里，还可以看到一种香气浓郁、味道甜美的玫瑰花瓣果酱。这类果酱的产地包括保加利亚、土耳其或巴基斯坦。有些店里也会有干燥的玫瑰花蕾，将花蕾放进密封罐内储存，可以保存一年之久。在需要用到玫瑰花蕾时，再从罐中取出用电动研磨机磨成粉即可。

收获时机与方法

初夏是采收玫瑰花蕾和花瓣的季节，采下来的花蕾和花瓣，必须经过干燥或是蒸馏的程序。用蒸馏的方式来萃取出玫瑰精油。将玫瑰精油稀释后，即可调出玫瑰花水。

玫瑰（Rose）
Rosa species

　　西方的厨师，很少认为玫瑰是一种调味料。但是在整个阿拉伯地区、土耳其、伊朗，甚至印度北部地区，干燥的玫瑰花蕾或花瓣以及玫瑰花水等，都有极广泛的用途。土耳其和保加利亚这两个国家，是世界上最大的玫瑰精油及玫瑰花水生产国。除此之外，在伊朗和摩洛哥，玫瑰也被当作商业作物广泛种植。到这些国家参观种植玫瑰的山谷时，在山谷的入口就可以闻到一股沁人的玫瑰香气。大多数的玫瑰花会经过加工，萃取出玫瑰花水来。不过除了花水，你也可以买到芬芳迷人的粉红色干燥玫瑰花蕾。

干燥的花蕾

在太阳未升起前就要采收玫瑰花苞与花朵，否则等到太阳出来后，玫瑰花一经太阳照射，就会失去原有的香气。

烹调用途

在印度，会将碾成粉末状的干燥玫瑰花瓣用在卤汁和风味细致的印度酸乳酪渍肉里。在孟加拉和印度西北部的旁遮普，玫瑰花水在甜点中占很重要的地位。如gulab jamun（印度甜球，其中gulab即印度文中的玫瑰）和rasgulla（糖渍乳酪丸子甜汤）、sweet lassi（冰凉的酸奶饮料）、还有kheer（料多味美的米布丁）等。此外，土耳其的糖霜橡皮糖、中东的油酥及某些咸味料理中，也都看得到玫瑰的踪影，无论是新鲜的还是干燥的玫瑰花瓣，都能浸到糖浆中做成甜点和饮料。在土耳其的庆典上，就有一道用玫瑰精心调味的玫瑰雪泥。将玫瑰花瓣塞进装满糖的罐子里，糖就会熏染上一股宜人的玫瑰香气，这些经过熏香的糖，可以用来帮鲜奶油和蛋糕调味。

伊朗的厨师十分会运用玫瑰花蕾，如：将磨碎的干燥玫瑰花瓣粉末配上肉桂，有时候还会再加上一点小茴香或小豆蔻，就

是一种味道浓烈，令人食指大动的米饭用调味料。还有一种更复杂的配方，里面多加了青柠粉进去，这种配方可用来帮炖菜调味。压碎了的玫瑰花瓣，可以装饰在酸奶、小黄瓜沙拉或是冷汤上面。在摩洛哥，尽管玫瑰花蕾一直是当地著名的摩洛哥什锦香料的重要材料，但是玫瑰花水的使用比玫瑰花蕾还要多。

突尼斯，似乎是世界各国中最欣赏玫瑰花蕾味道的地方。当地的厨师在各式各样的料理，种类繁多的香料配方中，都加入玫瑰花蕾。当地一种做法简单的突尼斯综合香料配方，就是用磨成细粉的肉桂和玫瑰花蕾，配上黑胡椒混合均匀后，用来帮烤肉、水果、熬煮的炖菜，例如贴梗木瓜或杏桃，或是北非小米配上鱼肉或小羊肉的料理等调味，在突尼斯当地的犹太人，也有类似香料配方，他们是拿来当作肉丸的调味料，就成了北非小米料理的美味配菜。

风味配对

伊朗综合香料、摩洛哥什锦香料、突尼斯综合香料。

适合搭配的食物种类：苹果、杏子、栗子、小羊肉、家禽肉、温柏、米饭、甜点和油酥。

适合一起混用的香草或香料种类：小豆蔻、辣椒、肉桂、丁香、胡荽籽、小茴香、胡椒、番红花、姜黄、酸奶。

米饭用中东综合香料

这道源自伊朗的米饭用调味料，材料包括有玫瑰花瓣、肉桂、小茴香籽（食谱，p.279）。

特征

新鲜的香子兰豆荚，无论是闻还是尝起来，都没有任何特殊的香味。发酵后，会散发出那种浓郁的香气。香子兰豆的香气，带有一点甘草或烟草味，同时伴有细致甘甜的果香或奶油香。除此之外，香子兰也可能会有葡萄干或梅干的香味，甚至还带点隐约的烟味和辛辣味。

使用部位

经过处理发酵的豆荚。

购买与储存

与其到超市，还不如到香料商店逛逛，在香料商店较容易买到品质良好的香子兰豆荚。将香子兰豆荚放进密封罐内，避免光线直射，就可以保存2年以上。至于购买香子兰精，在选购前，一定要先看看瓶身上是否标有"天然香草萃取物"的字眼。一般来说，瓶子上还会附有成分表，酒精含量通常为35%。

收获时机与方法

等到香子兰豆荚颜色开始转黄时，就可以进行采收。要避免香子兰豆荚继续成熟，必须先将这些香子兰豆荚用沸水焯一下，再利用白天进行日晒干燥，等到入夜香子兰豆荚沾上露水时，再用毯子包起来。经过这些程序之后，香子兰豆荚会干燥皱缩起来，同时酵素发酵所引起的化学反应，会使香子兰豆荚产生具有香味的复合物，其中最明显的，也就是所谓的香草醛。每次约需要5千克的新鲜香子兰豆荚，才能制造出1千克左右的发酵香子兰。

香子兰（Vanilla）

Vanilla planifolia

　　香子兰是一种多年生的爬藤兰科类植物的果实，原产地在中美洲。香子兰用作烹饪用途的时间已不可考证。不过，早在阿兹台克帝国统治下的部落已经发展出从长得很像豆类一样的香草果实中，发酵萃取出结晶的香草醛。后来西班牙征服了中美洲，当时的西班牙统治者在阿兹台克国王Moctezuma的宫殿内，吃到经过香子兰调味的巧克力，惊艳于其滋味，就将巧克力和香子兰这两样东西一起运回西班牙。同时，西班牙人也将香子兰命名为"vanilla"，这是衍生自*vaina*（原意为"豆荚"）的昵称。现在，香子兰的主要输出国分别为墨西哥、印度洋上的法属留尼汪岛、马达加斯加岛以及印度西尼亚等地。

完整的干燥豆荚

好的香子兰豆荚看起来应该是深褐色或是黑色，形状狭长，有点皱皱的，湿润似蜡质的触感，柔软且香气四溢。

种子

用刀尖将香子兰籽从豆荚里刮下来。香子兰籽非常细小，摸起来黏黏的，颜色为黑色。

烹调用途

马达加斯加岛和印度洋上的法属留尼汪岛所产的波本香子兰，风味层次丰富，有种鲜奶油般的滋味。墨西哥的香子兰，是传统上公认味道最细腻也最复杂的一种。大溪地的香子兰闻起来有迷人的花果香。印尼的香子兰则有很浓的烟熏味。最好的香子兰豆荚应该有一层薄薄的白色霜状物，那层霜状物称作"givre"，也就是香草醛结晶所凝结而成的。

整根完整的，或是已裂开的香子兰豆荚，多半用来帮鲜奶油、卡士达酱和冰淇淋调味。在食用这些甜点时，如果发现里面有细细小小的黑点，代表厨师是用了真正的香子兰调味，因此才有这些又小又硬的香子兰籽。整根完整的香子兰豆荚浸在糖浆或鲜奶油中，可以帮这些材料薰香。之后，捞出来冲洗一下，弄干，香子兰豆荚就又可以重复使用了。香子兰也可以帮蛋糕和水果馅饼调味。在制作糖煮水果的糖浆时，也可以用香子兰来调味。切碎的香草豆荚铺在水果上，放入烤箱中烘焙，也是一道很棒的甜点。另外，香子兰最早的用途——帮巧克力调味——在今天仍是很常见的做法，不止如此，香子兰也能用在茶和咖啡，让这些饮品的风味更浓厚。香子兰较少被拿来当作咸味料理用的香料，不过还可以与海鲜类搭配，特别是龙虾、扇贝、淡菜，搭配鸡肉也不错。除此之外，香子兰可以让根茎类蔬菜的甜味更强。在墨西哥，当地人还会用香子兰来搭配黑豆食用。

风味配对

适合搭配的食物种类：苹果、哈密瓜、桃子、西洋梨、大黄、草莓、鱼贝海鲜类、鲜奶油、牛奶、蛋。

适合一起混用的香草或香料种类：小豆蔻、辣椒、肉桂、丁香、番红花。

香子兰香精

将香子兰豆荚在酒精内浸软，就能做出香子兰香精。香子兰香精有着甘甜的香气，风味细腻。不要买人工合成的香子兰香精。人工香子兰香精的原料是废弃的叶片果肉，所以闻起来刺鼻，味道苦涩，吃起来口感差。

香子兰糖

与其去买价格昂贵的小包装香子兰糖，不如自己动手制作。方法很简单：在罐子内装入精制细白糖和香子兰豆荚，就能得到熏染得风味十足的香子兰糖。

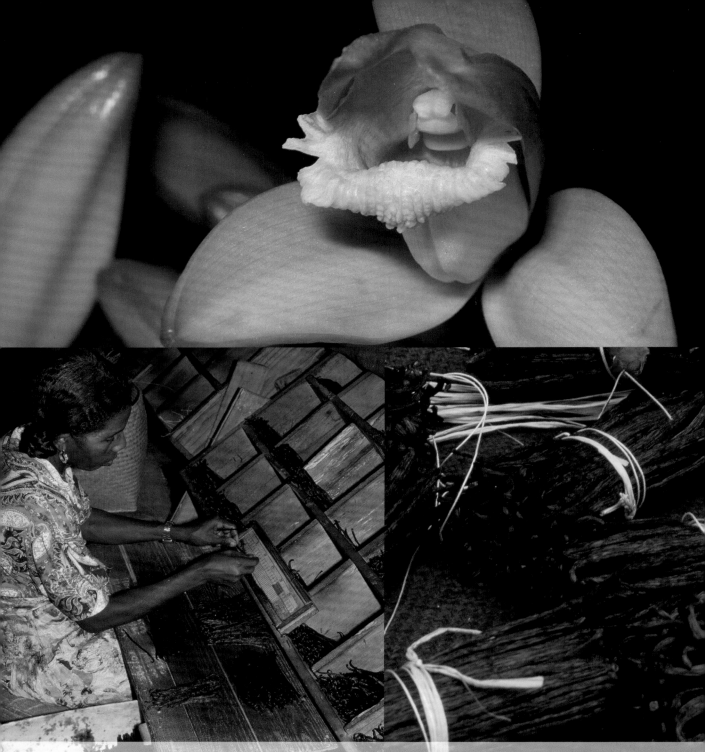

香子兰为仅次于番红花、世界上排名第二昂贵的香料，理由跟番红花相同，主要是因为这两种香料，都是靠密集劳力的人工方式来采收。

现在还是使用人工的方式来帮香子兰的植株授粉。除此之外，要采收香子兰豆荚并不是一件简单的工作。在费时费力的采收结束后，还有一连串冗长复杂的加工程序。

特征

灌木番茄的香味会让人联想到烘烤过的焦糖和巧克力。尝起来滋味，则是焦糖、墨西哥绿番茄以及番茄的综合味道。吃下去之后，会有股淡淡清新的苦味余韵。

使用部位

干燥的果实。

购买与储存

市面贩售的灌木番茄，都是整颗完整的果实。使用时，要先浸泡20~30分钟，或将果实磨成橘褐色的粉末。这种粉末就是我们一般较常看到的"灌木番茄粉"。

收获时机与方法

到目前为止，灌木番茄只有野生品种，没有人工栽种。人们采收灌木番茄时，首先会让灌木番茄的黄色果实继续留在树枝上，让它自然干燥。等到果实皱缩到葡萄大小，颜色转成巧克力色、质地变得柔软略为湿黏、有点像葡萄干时，即可采收。也因为灌木番茄的干燥果实有点像葡萄干，所以别名又叫作"沙漠中的葡萄干"。经过干燥后，还能减少果实中具有潜在毒性的生物碱。

风味配对

适合搭配的食物种类：苹果、乳酪料理、鱼类料理、瘦肉、洋葱、胡椒、土豆。

适合一起混用的香草或香料种类：胡荽籽、柠檬桃金娘、金合欢。

灌木番茄（Akudjura）
Solanum species

灌木番茄，学名为*S. centrale*，是野生番茄族群中的可食品种之一。这种可食番茄的原产地在澳洲中西部的沙漠地带，因为生长在灌木丛中，所以一般称它为灌木番茄。在野生番茄中，许多品种都是有毒的，至于可食的品种，原住民都会采收当作备用食物储藏起来。不过，现在这种可食的灌木番茄在烹饪上的香料价值，已逐渐引起越来越多人的注意。除了灌木番茄，野生番茄族群中，还有另外一种果实比较大的可食品种，学名为*S.aviculare*，一般称这种果实为"袋鼠苹果"。

烹调用途

灌木番茄可当作日照番茄或红椒粉的代替品。有些喜欢灌木番茄味道，甚至对其上瘾的人，喜欢将灌木番茄撒在沙拉、汤品、蛋料理、蒸蔬菜上，享受它独特的滋味。在澳洲，当地人会将整颗灌木番茄加入砂锅料理当中，以及用在一种传统面包damper内；这种面包别称为"灌木食物"，是澳洲特有的、未经发酵的、在灰上烘焙的硬面包。将灌木番茄磨成粉之后，可以用在甜酥饼、酸甜调味汁、沙拉酱、开胃佐料和莎莎酱之中。将灌木番茄、金合欢和山椒混合均匀后，调制出来的综合香料配方，其用法跟法裔路易斯安那烤肉酱一样，特别适合搭配鱼类料理食用。其他适用灌木番茄的香料配方，多半用于烤肉或卤肉，特别是那种极为精瘦的袋鼠肉。

完整的果实

无论是甜的还是咸的菜肴，灌木番茄都适合，特别是以番茄为基础所调出的酱料和炖肉，例如匈牙利菜炖牛肉等，加入灌木番茄之后，就会多出一种特别的风味来。

压碎的果实
灌木番茄的颜色，深浅不一，从橘红色到偏褐色都有，主要取决于灌木番茄生长期内的降雨量。

红胡椒（Pink pepper）

Schinus terebinthifolius

红胡椒是巴西胡椒树的果实。巴西胡椒树的原产地除巴西之外，还有阿根廷和巴拉圭。后来这种树被引入许多地方，主要当作装饰或遮荫植物。因为巴西胡椒树是种具有侵略性的植物，所以时至今日，绝大多数的温带地区都看得到巴西胡椒树的踪影。虽然说红胡椒的挥发精油中，单烯成分可能会造成肠道不适，不过只要按照一般食谱的量去做，就不会有问题。只有印度洋上的法属留尼汪岛，才有大量人工栽种的红胡椒。

烹调用途

红胡椒可以帮许多不同的料理调味。使用时，只需取少量，不要像准备胡椒牛排一样，用那么大的量。一般腌渍的红胡椒，因为事先经过腌渍的关系，所以红胡椒的浆果很容易被压碎。干燥的红胡椒浆果则有一层像纸一样薄而易脆的外壳，里面包着坚硬的种子。一般来说，红胡椒适合用在鱼类或家禽类料理上，不过除此之外，红胡椒和杜松一样，与野禽类或其他油脂丰富的食物都很搭。而红胡椒也可以做出非常美味的酱料。这种滋味细致的酱料可以搭配许多不同的食物食用，例如龙虾、小牛肉薄片和猪肉等。

完整的浆果

只要准备研钵和研杵，就可以轻松捣碎红胡椒的浆果。若是没有研钵，找把大菜刀，用刀刃处切碎即可。

特征

压碎的红胡椒浆果，有种很迷人的水果清香以及明显的松木味道。尝起来则有水果和树脂的香甜滋味，有点像杜松，不过味道没那么重。虽然红胡椒跟真正的黑胡椒一样，有种非常重要的胡椒精油成分，但是红胡椒没有半点胡椒的火辣口感。

使用部位

干燥的果实。

购买与储存

在香料商店和超级市场都可以买到干燥的红胡椒。用冷冻干燥法制成的红胡椒，颜色和风味都是最佳等级。另外，在市面上可以看到的罐装或瓶装，泡在卤水（浓盐水）或醋里的综合腌渍胡椒粒，除了黑色、白色和青色胡椒，也可以找到红胡椒。红胡椒跟上述这些胡椒粒并没有什么关联，这些胡椒粒之所以会配上红胡椒，主要是为了配色，让装瓶看起来更好看。储存时，将完整的红胡椒果实储存在密封罐里，需要时再取出来压碎或磨成粉。

收获时机与方法

到了秋天，巴西胡椒树的小白花就会结出多汁的青色果实，成熟后，果实就会变成鲜红色，即可采收。

风味配对

适合搭配的食物种类：鱼类、野味、油脂含量高的肉类、家禽类。

适合一起混用的香草或香料种类：茴芹、茴香、芦苇姜、亚洲青柠叶、香茅、薄荷、荷兰芹、黑胡椒粒和青胡椒粒。

特征

红椒粉的香味向来较为细致，不甚明显。有些红椒粉闻起来有焦糖、水果甚至烟熏的香味，但是有些闻起来却带有淡淡的刺鼻热辣感。同样的，红椒粉尝起来的味道，从甘甜的烟熏味，到圆润浓烈，甚至到隐约带有辛辣苦味都有。

 使用部位

干燥的果实。事实上，红椒粉并非由特定一种叫"甜红椒"的辣椒所做成的，而是由属于"red capsicums"这个植物各种不同的辣椒共同制成。

 购买与储存

匈牙利的红椒粉比西班牙产的红椒粉还要辣。葡萄牙和摩洛哥产的红椒粉，味道则近似于西班牙产的。至于巴尔干半岛上所产的红椒粉，风味上则跟匈牙利产的味道较接近。美国产的红椒粉，则是偏向温和清淡的口味。不管是哪一国产的红椒粉，都应该倒进密封罐内储存，避免光线直射，否则红椒粉的风味就会丧失。除此之外，在匈牙利亦产有甜红椒泥和甜红椒酱。

 收获时机与方法

辣椒经过干燥，就可以去蒂，并将辣椒籽和辣椒果肉中的白色肉脉分离出来。然后，将辣椒的果肉跟辣椒种子分开来研磨，再根据想制造红椒粉的种类制作。例如制作西班牙红椒粉，在烘干辣椒时，生火所用的木材就必须是橡木才行。西班牙红椒粉特有的烟熏香气，就来自于燃烧橡木所产生的味道。

红椒粉（Paprika）
Capsicum annuum species

学名为Capsicum的这种植物，原产地在美洲，1492年，哥伦布发现新大陆时，首度将这种植物引到西班牙境内。也因为如此，西班牙人率先将这种辣椒经过干燥及研磨后，制作出称为"pimentón"或"paprika"的红椒粉。之后，这种辣椒的种子传到了土耳其，从此在那边生根，在浩瀚的奥斯曼土耳其帝国境内，都有人工栽种。1604年，匈牙利首度出现了观赏用土耳其红椒的记载。一个世纪后，红椒粉变成一种平民用的香料。直到19世纪，红椒粉才开始被认为是适合"上流社会的胃"的香料。

经研磨而成的红椒粉

红椒粉的味道并不固定，从甘甜、苦甜、直到火辣。红椒粉的味道主要取决于制造的原料，看是使用味道温和，还是有点呛辣的辣椒。除此之外，研磨红椒粉时，使用辣椒籽和辣椒果肉里白色脉络的分量，也会影响到红椒粉的辣度。

匈牙利红椒粉
匈牙利的厨师多半会在厨房内准备许多不同味道的红椒粉，再按照菜肴的需求，搭配合适的红椒粉。

烹调用途

红椒粉是匈牙利料理中最重要的香料，也是天然的红色色素。转小火，用猪油（这是当地最主要烹调用油）略炒一下红椒粉和洋葱后，就可由此发展出许多匈牙利名菜，例如匈牙利炖牛肉、红椒鸡或红椒小牛肉、香辣鸭肉或鹅肉等。除此之外，红椒粉还能帮土豆、米饭和面食料理，以及为各式各样的蔬菜料理染上漂亮的颜色。大体来讲，塞尔维亚的红椒粉烹调方法，与匈牙利差不多。总之，不管到匈牙利、还是巴尔干群岛上的诸国、甚至是土耳其，当地餐桌上的佐料，大多都会摆一罐红椒粉或是辣椒碎片，而不是我们常见的黑胡椒。

在西班牙，红椒粉是一种叫作"sofrito"酱料的原料之一。这种酱料的做法是将洋葱及其他材料，经橄榄油拌炒而成。这道酱料可以说是西班牙料理的核心，许多需要慢炖细熬的料理，都

从这道酱料发展而来。除sofrito之外，红椒粉也可以用在米饭和土豆料理中。红椒粉佐以鱼类或蛋卷的滋味，也大受好评。此外，红椒粉也是罗梅可火焰酱的基本材料。在摩洛哥，红椒粉的用途十分广泛。从综合香料配方、摩洛哥陶锅炖菜到摩洛哥辣酱（这道调味料可以当作鱼类料理用的卤汁或酱料）都会用到红椒粉。在土耳其，当地人会用红椒粉帮汤品、蔬菜和肉类料理调味，尤其是烹调牲畜内脏的料理时，红椒粉是重要的调味料。在印度，红椒粉主要用作天然食用色素，将各式各样的料理染成红色。无论到什么地方去，红椒粉都是香肠和各种肉类制品必备的调味料。

加热红椒粉时，千万不要煮过头，否则会有苦味。

西班牙红椒粉

西班牙红椒粉的包装上，会注明"pimento de la Vera"，这个产地的标示代表了一种手工制的高品质红椒粉，烟熏香味乃其著名特色。

风味配对

配方基本素材：罗梅可火焰酱。

适合搭配的食物种类：牛肉和小牛肉、白乳酪、鸡肉、鸭肉、大多数的豆类和蔬菜类、猪肉、米饭。

适合一起混用的香草或香料种类：甜辣椒、葛缕子、小豆蔻、大蒜、姜、牛至、荷兰芹、胡椒、迷迭香、番红花、百里香、姜黄、酸奶油和酸奶。

红椒粉的分级

市售的红椒粉，多为密封罐装或袋装，上面会贴有分组认证标签以及证明。

匈牙利的两个地区——Szeged 和 Kalocsa，都生产红椒粉。匈牙利产的红椒粉会在包装上注明产地。

Különleges 此等级的红椒粉，颜色为鲜红色，粉末颗粒非常细致、触感如丝。因为只用一点点的辣椒籽，所以尝起来味道偏甜，几乎没什么辣味。

Édesnemes 此等级的红椒粉，颜色比前一种还要深，口感甘甜圆润，有一点辣，不过完全没有苦味，粉末也磨得相当细。

Delicatess 此等级的红椒粉，颜色为亮度高的淡红色，口感有水果香，微辣。

Féledes 此等级的红椒粉使用较多辣椒果肉内的白色脉络，所以味道更为辛辣一点。

Rozsa 此等级的红椒粉更辣一些，由整颗辣椒果实制成。

Eros 此等级的红椒粉也是用整颗辣椒果实制成，不过选用的辣椒品质比Rozsa等级的差。所以整体味道不但更为辛辣刺激，且余味苦涩。呈红棕色，粉末颗粒也较粗。

大多数的西班牙红椒粉都产自La Vera这个地区，这里的产品都会特别标明产地。西班牙东南部的Murcia也生产少量的红椒粉，当地的红椒粉使用ñora辣椒制成。

Dulce 此等级的红椒粉是一种砖红色的粉末，有烟熏的香味，味道很浓。

Agridulce 此等级的红椒粉颜色为深红色，有刺激辛辣的口感，还带有酸甜的味道。

Picante 此等级的红椒粉颜色为铁锈色，吃起来很呛，带有讨喜的辣味。市售的西班牙红椒粉可以分成不同的品质等级，例如特选、精选或者普通。

特征

罗望子本身没有香味，尝起来则有种酸酸甜甜的水果味。罗望子含有酒石酸（tartaric acid）成分，这是罗望子尝起来会有点酸的主要因素。罗望子会随着生长环境的不同，而产生不同的酸度。比起越南或是印度，泰国所产的罗望子味道比较甘醇，也没有那么酸。

使用部位

成熟豆荚的果肉；叶片。

购买与储存

到印度商店或是香料商店，都可以买到罗望子。市售的罗望子有很多不同形式：有干燥的含籽或去籽的砖状；也有质地很干的浓厚酱料；或是没那么干、接近液体状的黑褐色浓缩液。一般的超市里，都可以买到罗望子。不管哪一种加工方式，罗望子的味道几乎没有差别。市面上偶尔也可以看到新鲜的罗望子叶、干燥的果肉切片，或是干燥的罗望子粉。

收获时机与方法

罗望树会开一丛丛的淡黄色花朵，之后会结长长的铁锈色豆荚。打开豆荚，就会发现里面包着深褐色的果肉。果肉摸起来黏黏的、含很多纤维。从豆壳上脆弱的地方，敲出裂缝将果肉取出，再将果肉压成扁平块状。通常这些压扁的果肉里会带有黑色光泽的种子，这些果肉经过加工，就可以制出罗望子泥和罗望子浓缩液。

罗望子（Tamarind）

Tamarindus indica

罗望子是从罗望树长得像豆类的豆荚中取出来的种子。罗望树的原产地在东非，可能是马达加斯加岛一带。罗望子也是唯一一种产自非洲的重要香料。史前时代，在印度也可以看到这种高大、有着美丽树冠的常青树。罗望子的名字乃衍生自阿拉伯文中的*thamar-i-hindi*，也就是"印度果实"的意思。罗望树的寿命很长，产果的时间甚至可达200年之久。长久以来，这种香料主要当作佐料，例如英国乌斯特辣酱油的材料，不过罗望子的主要出口国为印度，所以其他各国多半依赖进口。

完整的豆荚

在泰国和越南，还未成熟的罗望子豆荚会用在当地的酸味汤品和炖菜中。而在泰国和菲律宾这些境内种有罗望树的国家，当地人有时会在咖喱和酸甜调味汁中，加入一点罗望子或罗望子羽毛状的嫩叶。

烹调用途

在印度和东南亚地区，罗望子被当作酸味调味料使用（就像西方人会在料理中加入柠檬和青柠是一样的道理）。当地人在制作咖喱、南印度酸辣粉、酸甜调味汁、卤、罐头和蜜饯类、腌渍物、雪泥等，会用到罗望子。印度南方许多酸辣料理，例如印度香辣咖喱肉和印度古吉拉邦的名菜古吉拉炖蔬菜，其独特的酸味就来自于罗望子。如果将罗望子配上粗糖和辣椒，再将这些材料浸泡到像糖浆一样的调味汁里，就是鱼类料理的美味蘸酱。除此之外，泰式酸辣虾汤和中国酸辣汤也都会用到罗望子。印尼文中，"asem"这个字既是酸味的意思，同时也代表了罗望子这类的香料。印尼人会用罗望子制成甜味或咸味的酱料，或是在卤汁中加入罗望子调味。特别是在爪哇岛上，这种现象最为显著。当地人在烹煮酸甜菜肴时喜欢使用罗望子胜于柠檬。在印度，磨成粉的

罗望子会用于糕点中。在伊朗，当地人在蔬菜里填入馅料后，会放入富含罗望子的汤汁中，再放进烤箱烘烤。在中东地区，有种尝起来像柠檬水的常见饮料，就是用罗望子糖浆调配出来的。中美和西印度群岛也都有类似的罐装罗望子饮料。这种饮料可以直接喝，或是加入热带水果酒，或是配上冰淇淋后打成奶昔。牙买加人在炖菜时，会加入罗望子，再配上米饭一起享用。在哥斯达黎加，则会将罗望子制成一种酸味酱料。在泰国、越南、菲律宾、牙买加和古巴等地，当地人都会将罗望子的果肉制成蜜饯，直接在上面淋糖或是用糖去煮。除此之外，还可以将罗望子配上盐试试。这种调味盐可以在鱼类或肉类下锅烹煮前，先抹在肉上面让它入味。也可以将罗望子、酱油、姜混合后，当作猪肉或是小羊肉的卤汁。

风味配对

配方基本素材：英国乌斯特辣酱油。

适合搭配的食物种类：甘蓝菜类、鸡肉、鱼类和贝类、小羊肉、兵豆、蘑菇、花生、猪肉、家禽类、大多数的蔬菜。

适合一起混用的香草或香料种类：阿魏草根、辣椒、胡荽叶、小茴香、芦苇姜、大蒜、姜、芥末、虾酱（泰文名称为blachan和trassi）、酱油、红糖或棕榈糖、姜黄。

罗望子砖

要使用这种砖状的罗望子，首先要切下一小块（大约是1大匙的分量），浸泡在少许热水中，大概需要10~15分钟，然后搅拌一下，让压实的果肉松开，挤出汁液，再用滤网将果肉中的纤维或是种子（不一定会有）去掉。

罗望子浓缩液

罗望子浓缩液有种"烹煮的香味"，令人联想到糖浆的味道。尝起来有股明显的酸味。使用罗望子浓缩液的方法，就是舀1~2茶匙的浓缩液，倒入少许水中，搅拌和开。

罗望子酱

将调理好的罗望子泥状酱料加入料理中，可以调和各类辣椒或辣酱的辣度，缓和口感，让菜肴尝起来不过于辛辣。

特征

盐肤木的香味很淡，吃起来则有股怡人的酸味，带有水果香和涩味。

使用部位

干燥的浆果。

购买与储存

除了盐肤木生长的地区，市面上看到的盐肤木通常都已经磨成粉末状，差别仅在于颗粒粗细。将盐肤木粉放进密封罐中，可以储存好几个月。如果是整颗完整浆果，则可以保存一年以上。

收获时机与方法

秋天，盐肤木的叶子会转变成美丽的红色，并开白色的花朵。开完花后，就会结出一簇簇密集的成串果实。盐肤木所结的果实，是一种小小圆圆的黄褐色浆果。要在盐肤木的果实几乎完全成熟前采收，然后放在阳光下晒干，再加以压碎，制成红砖色或红褐色的粉末。

风味配对

配方基本素材：黎巴嫩沙拉、北非芝盐香料。

适合搭配的食物种类：茄子、鸡肉、鱼贝海鲜类、小羊肉、兵豆、生洋葱、松子、胡桃、酸奶。

适合一起混用的香草或香料种类：甜胡椒、辣椒、胡荽、小茴香、大蒜、薄荷、红椒粉、荷兰芹、石榴、芝麻、百里香。

盐肤木（Sumac）
Rhus coriaria

盐肤木是一种观赏用灌木丛的果实，最高可长至3米高，茎干的颜色为淡灰色或偏红色。这种植物生长在地中海地区、树木稀少的高地和高原上，尤其以西西里岛最为常见。岛上除野生的盐肤木，还有大量的人工栽培盐肤木。除了地中海一带，盐肤木也生长在中东地区，最著名的就是土耳其（特别是位于亚洲的领土安那托利亚），及其原产地伊朗。

烹调用途

盐肤木在阿拉伯料理，特别是黎巴嫩料理中，有很重要的地位，可以帮食物增添一股淡淡的酸味（就像西方人会用柠檬汁、亚洲人用罗望子是一样的道理）。虽然盐肤木本身没什么味道，不过它的妙用就像盐一样，能带出料理中其他材料的味道。若是整颗的盐肤木浆果，使用前要先压裂，再浸泡到水里20～30分钟。再用力挤压，榨出的盐肤木浆果汁可以用于卤汁和沙拉酱，用于肉类和蔬菜料理，甚至还可以调配成一种清凉饮料。盐肤木粉则应于烹饪前，抹在食物上。例如，黎巴嫩和叙利亚这些地区的厨师，就会把盐肤木粉抹在鱼身上，伊拉克和土耳其厨师则会抹在蔬菜上，而伊朗和格鲁吉亚地区的厨师，则是用在烤肉串上。在伊朗和土耳其的烤肉餐厅，通常可以在桌上看到一小碗盐肤木和红辣椒碎片。除此之外，盐肤木也常会淋撒在扁面包上，黎巴嫩的著名沙拉"fattoush"，里面就有用到盐肤木，让这道沙拉多了一股酸酸的味道。另外，盐肤木也是一种中东式香草和香料配方"za'atar"的材料之一。

磨碎的浆果粉
浆果的颜色主要取决于产地，从砖红色到红棕色或褐紫红色都有。

北非芝盐香料
这道中东香料配方的材料包括盐肤木浆果粉、芝麻籽和压碎的干燥的百里香（食谱 p.283）。

伏牛花浆果（Barberry）

Berberis vulgaris

　　许多种隶属于小檗科灌木属的植物，及相近的十大功劳属植物，在欧洲、亚洲、北非和北美洲的大多数温带地区都有生长。这一类植物都属密集丛生的多年生灌木，植株上长了许多刺，叶子呈锯齿状，而且它们的果实都可食用。若是小檗科灌木属的植物，所产的浆果颜色偏红色调；若是十大功劳属的植物，所产的浆果颜色则偏蓝色调。在中亚和高加索地区生长的伏牛花浆果，都是当作香料使用。在英国，成熟的伏牛花浆果会用于制作派、果脯及糖浆。绿色（未成熟）的浆果有时则进行腌制。

烹调用途

　　伏牛花浆果多半保存在糖浆或是醋里，当作一种酸味调味料使用。因为伏牛花浆果富含果胶，所以也很适合做成果冻或果酱。在中亚和伊朗，当地人会将干燥的伏牛花浆果加在印度肉饭里，除了增添一股酸酸的滋味，颜色也会变得更为美观。除此之外，伏牛花浆果也可以用在填馅料、炖菜以及肉类料理当中。

　　只要用奶油或油稍微煎一下，干燥的伏牛花浆果的味道就会散发出来。可以将伏牛花浆果淋在米饭料理上。在格鲁吉亚，捣碎的伏牛花浆果和盐的混合物，可以用在小羊肉串上，只需在烤肉前抹在小羊肉上就可以了，这样一来，烤出来的小羊肉就会有酸酸的刺激口感。印度人则是将干燥的伏牛花加入酸醋栗，有相同的效果，在烤小羊肉或一般羊肉时，在肉块烤好时，淋上新鲜的伏牛花浆果，伏牛花浆果就会受热爆开，流出酸酸的果汁，渗进肉里增添美味。

完整的干燥浆果

伏牛花椭圆形的小小果实有着柔软的质地以及怡人的酸味。选购伏牛花浆果时，要挑选红色的果实。若是看到颜色太深，黑掉了的伏牛花浆果，通常代表果实已经太老，味道也变得很淡了。

 特征

成熟的伏牛花浆果，有种怡人的微酸味。干燥的浆果飘散着淡淡的香味，这种香味会让人想起黑加仑，不过它比黑加仑还要酸。伏牛花浆果口感甜美，又带点含蓄的酸味。这种酸味来自伏牛花浆果所含的苹果酸。

 使用部位

伏牛花浆果，新鲜的或干燥的均可。

 购买与储存

在伏牛花产地之外的地区，除非到伊朗商店找，否则很难买到干燥的伏牛花浆果。到园艺苗圃可以买到伏牛花的植株。伏牛花是一种美丽的观赏灌木。虽然干燥的伏牛花浆果不好买，不过如果本身有种伏牛花，或是在野外发现一丛伏牛花，就很容易采收伏牛花浆果（采收前要记得先戴上手套），并自行加以干燥。干燥的伏牛花浆果可以保存好几个月。冷冻是最好的保存方法，因为冷冻可以保持伏牛花浆果原先的色泽和原有的味道。

 收获时机与方法

从七月起，一直到夏末，伏牛花的灌木丛都会果实累累。伏牛花浆果很小，呈椭圆形，果实一簇簇的。在伊朗、高加索以及远东地区，当地人仍然会到野外去采收野生的伏牛花浆果，经过日晒干燥后，再储存起来以备烹饪所需。

 风味配对

适合搭配的食物种类：开心果、小羊肉、杏仁、家禽类、米饭、酸奶。

适合一起混用的香草或香料种类：月桂、小豆蔻、肉桂、胡荽、小茴香、莳萝、荷兰芹、番红花。

特征

石榴籽多肉，尝起来酸酸甜甜。而中东产的石榴比印度产的更甜，印度产的余味会有些许苦味。石榴果汁的颜色，从淡粉红色到深红色都有，虽然尝起来甜甜的，却有一种强烈的清新感觉。

使用部位

干燥或新鲜的种子。

购买与储存

放在凉爽的地方，石榴可以保存几个星期。这段存放时间甚至可以增加石榴的风味和果汁含量。榨汁后的石榴籽或果汁都可以冷冻保存。石榴糖蜜是一种颜色很深、质地浓厚、黏稠的糖浆，到伊朗或中东商店，甚至在某些超级市场，都可以找到。而市售的干燥石榴浆果，称作"anardana"，有整颗呈暗红色与粉末状的产品，都可以在印度商店买到。不管是石榴糖浆或是干燥浆果，这两种产品都便于保存。

收获时机与方法

到了十月，石榴的果实就会成熟，必须在石榴果实成熟到石榴籽迸裂出来之前，将果实采收下来。在印度北部，野生石榴所结出的籽味道酸苦，会经两周日晒，制成干燥的石榴浆果。

石榴（Pomegranate）
Punica granatum

石榴是一种小型的落叶树，叶片狭长，质地似皮革，开鲜艳的橘红色花朵，有着米色到红色果皮的果实。原产地在伊朗到喜马拉雅一带，很早以前，在地中海盆地就开始人工栽培。现在，在印度、东南亚、印度尼西亚、中国等干燥的副热带地区和热带非洲都有生长。石榴树的寿命很长，不过植株的黄金年代只有前15～20年左右，过了这段时间，石榴树的生命力就没有那么旺盛了。

烹调用途

在中东和中亚地区，会拿完整新鲜的石榴籽，撒在沙拉上或是制成泥状酱料，如鹰嘴豆芝麻沙拉酱或芝麻泥，也可以当作甜点的装饰，石榴的味道与鸡肉非常搭调。也可将它加进炖菜当中，或是拿来帮水果沙拉或小黄瓜沙拉提味。

石榴籽也可拿来压榨果汁。其中较甜品种的石榴果汁是中东常见的饮料。在格鲁吉亚，较酸的石榴果汁是许多搭配肉类或鱼类食用的酱料中常见的材料之一。

石榴糖蜜是一种浓稠的深色糖浆，这种糖蜜是从石榴果汁中萃取出来的。可以用刷子蘸取，涂到鸡肉等肉类上，效果跟卤汁一样，亦可将石榴糖蜜加进需要慢火久煮的菜肴中。不同地区石榴糖蜜的味道有很大的差异，酸味也不同。阿拉伯和印度的石榴糖蜜通常偏酸，甚至有

完整的果实

选购石榴时，表皮颜色越深越好。所谓的石榴籽，指的是充满果汁的透明囊状颗粒，每颗囊状颗粒里面包有石榴果肉和一颗种子，通常里面这颗种子十分坚硬。

很强的酸味，而伊朗产的石榴糖蜜就要甜得多。伊朗的石榴糖蜜是制作一种被称为"muhammarah"的中东蘸酱不可或缺的材料。除了石榴糖蜜，这种中东蘸酱的材料还包括很辣的红辣椒和胡桃。此外，伊朗石榴糖蜜也可以用于"fesenjan"，这是一种风味浓郁、层次丰富还会加入胡桃的伊朗鸭肉或鸡肉料理。伊朗还有一道冬令汤品，也利用石榴糖蜜煮成。

干燥的石榴浆果，称作"anardana"，看起来很像红黑色的葡萄干，摸起来黏黏的，但嚼起来脆脆的，会咯吱咯吱响。干燥的石榴浆果籽粒有种强烈的水果风味，很受北印度人欢迎。当地人将干燥的石榴浆果籽粒加进咖喱和酸甜调味汁，用作面包和咸口油酥的填馅，或是配上文火熬煮的炖蔬菜。在印度旁遮普这个地方，习惯用干燥的石榴浆果籽粒来帮豆类调味，因为跟枸果粉比起来，它可提供较为含蓄的酸甜味道。而干燥的石榴浆果籽粒，也可像罗望子一样，先浸在水中泡开使用。或是直接压碎，撒在食物上面。

风味配对

适合搭配的食物种类：鳄梨、甜菜根、小黄瓜、鱼类、小羊肉、松子、家禽肉、豆类、菠菜、胡桃。

适合一起混合的香草或香料种类：甜胡椒、小豆蔻、辣椒、肉桂、丁香、胡荽籽、小茴香、葫芦巴、姜、伊朗香料种子粉、玫瑰花蕾、姜黄。

干燥的浆果籽粒
石榴的干燥浆果，有种迷人的酸酸香气，尝起来则甜中带酸。

石榴糖蜜
新鲜榨取出的石榴糖蜜原汁，味道从甘甜到甜中带酸都有。因为尝起来带有迷人的淡淡酸味，因此让充满果香的石榴糖蜜的甜味不会太腻。这种糖蜜原汁，比一般调酒的石榴糖浆味道还浓。

特征

蔻坎果闻起来有种淡淡的水果和植物清香，尝起来酸酸甜甜，带有一股单宁酸的酸味与涩味，除此之外，还有点咸味。干燥的蔻坎果果实吃下去，甘甜的后味会持续很久。由于蔻坎果含有酒石酸和苹果酸，所以尝起来才会有这种酸味，并且出乎意料的是蔻坎果还有着很柔软的果实。

使用部位

整颗完整的果实或是果皮。

购买与储存

到印度商店或香料专卖店，可以买到蔻坎果的干燥果皮。此外，有时也可以找到蔻坎果泥，只要装进密封罐内，最长可保存1年之久。挑选蔻坎果时，果皮颜色越深越好。通常市售的蔻坎果，都会贴上"黑山竹"（black mangosteen）的标签，以此名称在市面上流通。

收获时机与方法

蔻坎果是一种小小圆圆黏黏的果实，跟梅子的大小差不多，不过表皮比较皱。四五月份是采收蔻坎果的时间，成熟的蔻坎果会变成深紫色。采收下来的果实可以整颗进行干燥，或是切开来干燥。切开的蔻坎果可以在其中一边留下完整的果肉，或是在另一边留下比较大的种子。取下果皮将其浸在果肉榨出的汁液中，经过日晒干燥的果皮会折成条状，看起来的质感跟皮革很像。而蔻坎果在印度原文中的叫法为"amsul"，是"酸果皮"的意思。

风味配对

适合搭配的食物种类：茄子、豆类、鱼类和贝类、兵豆、秋葵、车前草、土豆、南瓜属植物。

适合一起混用的香草或香料种类：小豆蔻、辣椒、椰奶、胡荽、小茴香、葫芦巴、大蒜、姜、芥末籽、姜黄。

蔻坎果（Kokam）
Garcinia indica

蔻坎果是一种细长优雅的常青树所结的果实，这种树跟山竹有植物学上的关联。蔻坎果的原产地在印度，生长范围很狭隘，只有在印度孟买到科钦之间这段细长的马拉巴尔海岸（Malabar，又称作马湾尼 Malwani）中的热带雨林地区才看得到。在蔻坎果的原产地，包括马哈拉施特拉邦、卡那塔克邦、喀拉拉邦等印度西南部这几个省份，都将蔻坎果视为一种可增进酸味的调味料，他们的用法跟印度其他省份使用罗望子的方法差不多。最近，蔻坎果在美国、中东和澳洲等地大受欢迎，不过英国市场仍有待开发。

烹调用途

蔻坎果在烹饪上，是拿来为食物增添酸味用的酸味调味料。不过它的酸味比罗望子要来得温和。使用前，通常会先将干燥的果实或果皮泡在水里，待果肉软化后，再将水分挤干。这里蔻坎果的液体，可以用来煮豆类或蔬菜。干燥蔻坎果时，为了节省时间，会在果皮上抹盐以加速它干燥。所以使用蔻坎果时，须特别留意盐的分量，不然会太咸。

"kokam saar"是将蔻坎果实的切片加水煮沸，过滤后，用姜粉、切碎的洋葱末、辣椒、小茴香或胡荽等不同的香料调味，当作一道饭前开胃菜，或是当作香辣椰奶咖喱鱼缓和辣味用的配菜。印度南部的喀拉拉邦，将蔻坎果称作"鱼类料理用罗望子"。

蔻坎果配上椰奶，随自己喜好斟酌棕榈糖的用量，就是一种气味芳香迷人，色调宛如胭脂般红润的饮料"sol kadhi"。这种帮助消化的饮料可以配上米饭一起食用，或当作开胃饮料，也可平时饮用。

杧果粉（Amchoor）
Mangifera indica

　　杧果粉就是将杧果加工后制成的粉末。杧果树是一种大型常青树，树叶披垂，有灰色的宽大树干以及深绿色的树叶，原产地在印度和东南亚，因为它的果实很有价值，所以现在许多地方都有人工栽培。杧果树每两年收成一次，可持续收成超过100年。而且杧果树的每个部位都有利用价值，从树皮、树脂、叶片、花朵，甚至于种子等，都有各自的用途。通常新鲜的杧果果实都会直接拿来食用。青杧果（即未熟的杧果）和成熟的杧果都可以做成酸甜调味汁或拿去腌渍。本书所提到的杧果粉是用青杧果制成的，现今世界上只有印度在生产杧果粉。

烹调用途

　　在印度北部的素食料理中，会用杧果粉替炖蔬菜、蔬菜汤、印度土豆炸酱面以及油炸的印度饺中的馅料调味，增添强烈的热带水果香气。杧果粉也很适合替热菜面包与油酥点心中的馅料调味。杧果粉也是酸味综合香料的必备材料。这种印度综合香料，源自印度北部的旁遮普，味道清新带有涩味，多用来帮蔬菜或豆类料理、水果沙拉调味。在印度南部，杧果粉的用法跟罗望子相同，都是作酸味调味料。切

片的杧果干通常用于腌渍物，也可以加进咖喱。不过要在咖喱上菜之前把杧果干捞出。杧果粉是绝佳的卤汁材料。杧果粉也是唐杜里里炭烤烤肉时帮肉调味的重要调料。除此之外，杧果粉也是印度豆类料理和酸甜调味汁中很常见的酸味剂，迁徙至西印度群岛上的印度移民，不仅将酸甜调味汁带入了西印度群岛，还融合了当地的特产调配出独特的滋味。

杧果粉
这种结成块状的粉末，很容易压碎，不需要再添加水分就能为料理增添酸味。

特征
杧果粉有种干燥果实的酸甜怡人的香气，尝起来微酸、涩涩的口感中又带着甘甜的水果滋味。由于含有柠檬酸的关系，所以杧果粉会有酸味。

使用部位
干燥的果实，切片或磨成粉均可。

购买与储存
印度商店或是某些亚洲综合商店，都有贩售杧果粉。一般来说，杧果粉比切片的果实容易找到。杧果粉的北印度语原文为"am-choor"，译成英文就是"mango powder"，所以有时杧果粉会改贴英文的标签。正常的干燥青杧果切片为淡褐色，看起来像是纤维很粗的木头。这种切片可保存3~4个月。而经过细研磨的杧果粉，质地不像切片那样多纤维，颜色则是像沙子一样的米色。将杧果粉装进密封罐内保存，保存时间可长达1年。

收获时机与方法
被风吹落而掉在地上的青杧果，及从半野生的杧果树上摘取的青杧果，这些未完全成熟的果实，经过削皮，切成薄片再日晒干燥，有时在这些杧果薄片上，会再淋上一点姜黄，避免虫害。干燥的青杧果切片可以直接在市面上销售，但大多数会再经过研磨，制成杧果粉。

风味配对
配方基本素材：酸味综合香料。

适合搭配的食物种类：茄子、花椰菜、秋葵、豆类、土豆。

适合一起混用的香草或香料种类：辣椒、丁香、胡荽、小茴香、姜、薄荷。

香茅（Lemon grass）
Cymbopogon citratus

香茅是一种外形醒目、美丽的热带草本植物，植株纤维多，叶片有着锐利的叶缘，很快会长成一大丛。温带地区的香茅，只要在冬天移入室内避寒，也可以长得很茂盛。香茅底端隆起的球根状部位就是东南亚料理中难以言喻的香气和柠檬味道的来源。以前，除了东南亚地区，其他地方很难找到新鲜的香茅。不过现在因为泰国料理、马来西亚料理、越南菜和印尼菜等东南亚料理越来越受欢迎的关系，所以市面上很常见到香茅。在澳洲、巴西、墨西哥、西非和美国的佛罗里达州及加利福尼亚州等地，都有人工栽培的香茅。

特征

香茅有股令人感到清新舒畅的迷人酸味，类似柑橘的香味，隐约又有胡椒的味道。以冷冻干燥方式处理的香茅，能保留它原有的香气，但是风干处理的香茅，因为精油的挥发会失去香茅原有的风味，反而刨下来的柠檬皮更有味道。

使用部位

香茅茎部底端白中带点淡绿色的叶鞘部位。

购买与储存

到蔬果店或超级市场都能买到香茅。选购的时候，注意挑选结实的茎干，如果看起来干干的或枯萎的，就不要买。用保鲜袋包起来，放入冰箱冷藏的话，香茅可以保存2~3星期。如果冷冻的话，可保存长达6个月。冷冻干燥的香茅仍有着不错的香气，将这种冷冻干燥的香茅放进密封罐内，保存期就更长。市面上也有贩卖干燥的香茅和将香茅煮烂过滤后的香茅泥，不过这两种都已经丧失了香茅原有的风味。

收获时机与方法

在新加坡、泰国以及越南等地的花园或菜园里，多半会划出一小块地来种植香茅，以便厨师能随时得到新鲜的香茅使用。至于大批商业性的采收，则是每3~4个月进行一次，并在贩售前，先去掉叶子。

完整的新鲜茎秆

香茅含有柠檬醛，这种成分也可在柠檬皮中找到，所以香茅会持续飘散出像柠檬的淡淡香气。

烹调用途

如果在炖菜或是熬煮咖喱时，要用整根的香茅来调味，就要先去掉香茅茎干的最外两层，然后将茎敲碎，放入料理内调味，上菜前捞出即可。如果想把香茅当作汤品或沙拉的材料一起食用的话，就要去除香茅的顶端，再将剩下的部分从底部切成一环一环的薄片。在切薄片时，如果发现香茅的茎变得太硬，就不要再切了。切太大块的香茅，嚼起来有很多渣，口感不好。香茅也可以和其他香料或香草混合后捣成泥，帮咖喱、炖菜和热炒菜调味。

马来半岛南部和新加坡有种著名的娘惹（nonya）料理，香茅就是其中关键性的材料。此外，香茅也可以用在泰国菜、越南菜和印度尼西亚料理之中，例如泰式酸辣酱、泰式咖喱、泰式汤品以及越南沙拉和越南春卷，还有印度尼西亚的鸡肉和猪肉用综合香料配方。斯里兰卡的厨师会将香茅配上椰奶一起使用。尽管香茅在印度也有生长，不过当地人很少拿来烹调，顶多拿它来泡茶。如果自家种植香茅的话，摘取叶子的顶端，就可以泡出清新迷人的花草茶。

香茅在西方料理中也占有一席之地。它适合于所有鱼贝海鲜类，特别是螃蟹和扇贝。在煮鱼或鸡肉前，可以先在高汤内加入香茅。若是拿来帮油醋酱调味，只要将切碎的香茅泡进油醋里，静置24小时即可。香茅很适合跟水果一起使用。可以单独使用香茅，或是配上姜或茴香籽，为用来熬煮桃子或西洋梨的糖浆调味。

风味配对

适合搭配的食物种类：牛肉、鸡肉、鱼贝海鲜类、面食类、动物内脏、猪肉、大多数的蔬菜都适用。

适合一起混用的香草或香料种类：罗勒、辣椒、肉桂、丁香、椰奶、胡荽叶、芦苇姜、大蒜、姜、姜黄。

将香茅茎切成薄片状
将新鲜的香茅切成薄片，通常会呈紫色的环状切面。

将香茅茎敲碎
将香茅茎敲碎后，香茅会流出挥发精油，使其味道更浓。

特征

泰国柠檬的叶片有种极为强烈的香味。这种香味是清新的花香柑橘味，并不完全偏向柠檬，也不完全类似青柠。虽然说味道既持久又强烈，却给人一种纤细优雅的感觉。至于泰国柠檬的果皮，则有点淡淡的苦味，仍以强烈的柑橘香为主。干燥的果皮或叶片跟新鲜的比起来，香味都逊色得多。

使用部位

叶片和果皮，新鲜的较好。

购买与储存

到亚洲商店或某些超级市场可以买到新鲜的泰国柠檬叶片。用保鲜袋包好后，放进冰箱里冷藏，可保鲜几星期。如果用冷冻的方式，保存期限可长达1年，且口感和香味可以完整保留下来。选购果实时，要选那种看起来质地扎实，且拿在手上感觉沉甸甸。买回来的果实，跟其他柑橘类水果一样，放在冰箱冷藏，或是放在阴凉的地方。市面上也能买到干燥的果皮或叶片。干燥的泰国柠檬叶片应该是绿色的，不要买发黄或是色泽暗淡的叶片。干燥的果皮或叶片，应该放进密封罐保存。而干燥的叶子可以保存6~8个月。有些商店也会卖浸泡在浓盐水（卤水）内保存的泰国柠檬果皮。

收获时机与方法

摘下来的泰国柠檬的叶片和果实，会趁新鲜时在市面上贩售，或是经过干燥再拿去贩卖。

泰国柠檬（Makrut lime）

Citrus hystrix

　　东南亚地区，有种常青的灌木，它所结出的果实，就是泰国柠檬。东南亚地区有很长的一段历史在料理中使用泰国柠檬的果皮和叶片，帮食物增添清新的柑橘芬芳。现在于美国的佛罗里达州、加利福尼亚州以及澳洲等地，也都有人工栽培的泰国柠檬。英文中的"kaffir"这个字，可能来自于当初殖民时期的用语，也有可能是别的字的误传。所以，有些厨师在称呼泰国柠檬时，还是比较喜欢用它原来泰文中的名字"makrut lime"。

完整的新鲜叶片

泰国柠檬的叶片质地跟皮革相似。有与众不同的叶片形状，两片叶子生长在同一根茎脉上，就像串起来一样。上端较有光泽，呈深褐色，下面颜色比较淡，偏雾面。

切成丝状的新鲜叶片

如果想食用泰国柠檬叶且不想在上菜前捞掉叶片，就要先将成对的叶片掰开，剔掉中央那根比较硬的叶脉。再将几片叶子叠起来，一起切成细丝使用。

烹调用途

许多泰国料理的汤品、沙拉、热炒菜以及咖喱中强烈的柑橘香气，就来自于泰国柠檬的叶子。泰国人会将泰国柠檬的果皮刨下来后，加进咖喱酱、泰式酸辣酱以及土豆泥煎鱼饼。在印度尼西亚和马来西亚，当地人在烹煮某些鱼类或家禽类料理时，用到泰国柠檬叶时，尽可能找新鲜的使用，尤其是沙拉，绝对不要用干燥的叶片。而烹调用的整片泰国柠檬叶，要在上菜前就先捞起。如果想食用泰国柠檬叶，比如装饰在清汤上的泰国柠檬叶，就要先用一把锋利的小刀，将叶片切成像针一样极细的细丝。即使经过加热烹煮，泰国柠檬的叶子也能保留风味。

如果你购买的是保存在卤水中的泰国柠檬果皮，使用前先清洗干净，然后将表皮内白色的丝瓣刮干净。因为干燥的泰国柠檬果皮并没有去除白色的丝瓣，所以味道会苦，要小心使用。如果是切成丝的干燥泰国柠檬果皮，最好在使用前，先浸泡一下，再加入慢炖久煮的菜肴里。如果想在西式料理中增添一股柑橘清香，可以将泰国柠檬的叶片加入砂锅炖鸡肉、配上熬煮或烘烤的鱼类料理，或是加进佐以鸡肉或鱼肉食用的酱料均可。

风味配对

配方基本素材：泰式咖喱酱、印度尼西亚辣椒酱。

适合搭配的食物种类：鱼贝海鲜类、蘑菇、面条类、猪肉、家禽类、米饭类、绿色蔬菜。

适合一起混用的香草或香料种类：亚洲罗勒、辣椒、椰奶、胡荽、芦苇姜、姜、香茅、越南香菜、芝麻、八角。

完整的果实

泰国柠檬的果实形状跟西洋梨很像，表面凹凸不平，皱皱的，颜色就是一般青柠的绿色，大约7~8厘米长。泰国柠檬的果实并不多汁，而且它的果汁很酸，很少使用。

将新鲜的果皮磨碎

因为泰国柠檬的果皮很薄，所以与其用一般柑橘用的锉板，不如选购一把孔洞较小的锉板。细小的齿孔可以把皮磨成柔软的糊状物。磨碎果皮时要特别注意，不要磨得太里面，以免磨到果皮里面会苦的地方。

特征

大型芦苇姜有着淡淡的姜香和樟脑味，尝起来有种柠檬的酸酸滋味，像姜和小豆蔻混合在一起的味道。小型芦苇姜的味道比较呛鼻，有点尤加利树的味道，尝起来有辛辣刺激的口感，像胡椒和姜混合起来的味道。

使用部位

地下块茎的部分。

购买与储存

在亚洲商店和某些超级市场可以买到新鲜的芦苇姜。如果冷冻，可保存长达2星期之久。一般来说，市面上较常见的是干燥的芦苇姜切片和芦苇姜粉。芦苇姜粉可以保存2个月，芦苇姜片则可长达1年以上。泡在卤水之中的芦苇姜，可以代替新鲜的芦苇姜，不过使用前，要先把上面的浓盐水冲洗干净。在亚洲商店看到的大型芦苇姜，可能会以当地的称呼标示。例如：泰文为"kha"，马来西亚文为"lengkuas"，印度尼西亚文则是"laos"。小型芦苇姜的地下块茎比大型芦苇姜还要小，它外皮为红棕色，里面则是淡红色。

收获时机与方法

将芦苇姜生长在地下的块茎拔出后，加以清理，然后采用跟姜黄或姜类似的加工程序。

芦苇姜（Galangal）
Alpinia species

芦苇姜（又称南姜）可以分成两大类：大型芦苇姜，学名为 *A. galanga*，原产地在爪哇岛。另一种是小型芦苇姜，学名为 *A. officinarum*，原产地在中国南部的海岸地区。大型芦苇姜正如其名，比小型芦苇姜高大，其地下块茎也长得比较大。这两种品种，在全东南亚地区、印度尼西亚、印度等地，都有大量人工栽培。而大型芦苇姜比小型芦苇姜受欢迎。大型芦苇姜现在于烹饪上，特别是东南亚料理中，仍有重要的用途。芦苇姜的英文名称源自阿拉伯文"*khalanjan*"。

大型芦苇姜 *A. galanga*

大型芦苇姜的块茎很大，呈节状，外皮为淡橘褐色，绕着一圈圈较为深色的圆环。嫩芽则偏粉红色调。

新鲜的块茎切片

芦苇姜块茎有很多纤维，颜色为暗黄色。除了极细嫩的，芦苇姜的块茎比姜的块茎还要韧且老，更偏向木质质地。

烹调用途

在东南亚各地，各种咖喱、炖菜、印度尼西亚辣椒酱、沙嗲、汤品以及酱料，都会使用到大型芦荟姜。在泰国，大型芦荟姜是某些咖喱粉的必备材料；更是马来西亚的娘惹料理中，香辣叻沙香料配方的重要材料。当亚洲其他地区使用姜帮鱼贝海鲜类料理去腥味时，泰国人会改用芦荟姜。芦荟姜很适合配上鸡肉，或是用在各式酸辣汤之中。例如泰国一道很受欢迎的汤品"tom kha kai"，里面的材料有鸡肉和椰奶，芦荟姜就是其中关键性的调味料。

跟姜一样，新鲜的芦荟姜很容易去皮、刨碎或切碎。新鲜的芦荟姜比干燥的味道还好，不过干燥的芦荟姜还是可以用在汤品和炖菜之中。使用干燥芦荟姜要先把芦荟姜在热水中浸泡30分钟。在上菜前，就要把它捞起来。因为芦荟姜嚼起来有种讨厌的木头味道。从中东一直到北非摩洛哥等地，当地的香料配方常可见到芦荟姜粉（例如摩洛哥著名的摩洛哥什锦香料）。在东南亚，刨碎的芦荟姜配上青柠汁之后，就是当地很常见的一种奎宁水。至于小型芦荟姜，它的用途多半局限在奎宁水和一些具有疗效的羹汤中。

风味配对

配方基本素材：泰式咖喱酱。

适合搭配的食物种类：鸡肉、鱼贝海鲜类。

适合一起混用的香草或香料种类：辣椒、椰奶、茴香、鱼露、大蒜、姜、香茅、柠檬汁、亚洲青柠、红葱头、罗望子。

干燥的块茎切片
干燥的芦荟姜片，是煮汤或炖菜时很好的调味料。使用前要先浸泡在水里。

磨成粉状的块茎
用小型芦荟姜的块茎磨出来的粉末，颜色为棕褐色，味道很像姜粉，气味强烈。用大型芦荟姜的块茎磨出来的粉末，颜色为沙子般的米色，有酸酸的香气，偏向较温合的姜味。

芦苇姜的其他品种

有几种植物，它的成分跟小型芦苇姜（学名为*Alpinia officinarum*）差不多，有时候这类植物也会被称作小型芦苇姜，容易令人搞混，很难在真正的小型芦苇姜跟其他类似的植物之间做一个明确的划分。不过，至少以下两种有自己的特点，而且用法也不太一样。

香姜 *kaempferia galanga*

这是一种小型的野生植物，又称作复活百合（resurrection lily），印尼文的说法为"kencur"，马来文称它为"cekur"，泰文的念法则为"pro hom"。趁其叶子新鲜时，直接用于泰国鱼香咖喱或是马来沙拉等料理。香姜的地下块茎颜色为红棕色，一般来说，大小会超过5厘米长。姜肉为黄白色。在印度尼西亚，常将捣碎的香姜配上盐跟油，与烤鸡一起食用。

在斯里兰卡，会将香姜烤过之后，磨成粉，再加入印度比尔尼亚菜饭和咖喱之中。在印度尼西亚，市面上所贩卖的经过干燥的香姜，有切片或是磨成粉两种。香姜的地下块茎，比较像姜而不是芦苇姜，有种刺鼻的樟脑味，所以使用时只需要极少量即可。不过，令人混淆的是，"kencur"这个字，有时候也会当作郁金（p.198）的称呼。

指姜

Boesenbergia pandurata/kaempferia pandurata

指姜又名"中国钥匙"（Chinese keys），在整个东南亚地区都有生长。这是一种小型的植物，最高可达50厘米，植株除了地下块茎，还有细长的地下根。在泰国，指姜的烹饪用途很多元。不过在其他地区，多被视为药用香草。指姜的地下根，像是一群细长的手指，外表为黄褐色，里面则是黄色。它的块茎质地松脆，香气甜美，尝起来有

种清新的柠檬味，入口后，喉咙会一直觉得很暖和。味道介于姜和芦苇姜之间。指姜在泰文中称作"krachai"，是一些泰国咖喱酱必备材料。也可以直接配上蔬菜，或是单独与罗勒或综合香草一起食用，煮成汤也可以。在西方的市场上，在使用前要先经过30分钟的浸泡。印尼文的指姜名字，则为"temu kunci"。

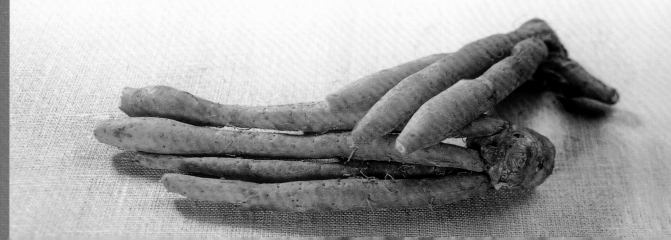

柠檬香桃木（Lemon myrtle）

Backhousia citriodora

　　柠檬香桃木是一种高大的树木，原产地在澳洲沿海的雨林地区，以昆士兰州为大宗。后来，被引进到南欧、美国南部以及南非。在中国和东南亚地区栽种柠檬香桃木是为了它的精油价值。到目前为止，只有澳洲将柠檬香桃木用在烹饪上，并且这个风气还是最近才开始。不过，现在柠檬香桃木的味道已经越来越受到世人的赏识。

烹调用途

　　柠檬香桃木可应用的范围很广，凡是用到香茅或是需要柠檬果皮的料理，都可以用它。不过，使用时只要少量即可，因为久煮的柠檬香桃木，原先柠檬味会消散，产生一股刺鼻的尤加利味。所以，与其用在需要长时间烘烤如蛋糕类的料理，还不如用在脆饼、小饼干或薄煎饼的面糊里。此外，柠檬香桃木也很合适用在热炒菜中。柠檬香桃木是土豆泥煎鱼饼的最佳调味品。柠檬香桃木加醋、糖、罗勒和橄榄油之后，可以调出一种蘸酱，可以蘸着土豆泥煎鱼饼吃，或淋在沙拉上当作沙拉酱。用柠檬香桃木也可以酿出很棒的醋以及柠檬水或香草茶。制作鸡肉或海鲜料理要用到的美乃滋、酱料、卤汁中加一点柠檬香桃木进去，味道会整个活跃起来。配上其他香料的话，就是铁架烧烤鸡或烤鱼的绝佳腌料。

完整的干燥叶片

因为叶片的挥发性精油中，柠檬醛的浓度很高，所以柠檬香桃木叶片会有极浓的柠檬味（其柠檬醛的浓度约为柠檬的30倍）。

磨成粉末状的干燥叶片

在澳洲以外地区的市面上看到的柠檬香桃木，多半是已经研磨好了的粉末。

 特征

柠檬香桃木会飘散出清新的香气，有股很重的柠檬味，就像是香茅和马鞭草一样，当它的叶子被压碎时，还会散发出更浓的香气。柠檬香桃木的叶片尝起来滋味更强，简直可说是柠檬味。入口后，余味持久，有着尤加利或樟脑的余韵。

使用部位

新鲜或干燥的叶片。

购买与储存

市售的柠檬香桃木叶片，有完整的干燥叶片，也有已经磨成粗粒的淡绿色粉末。到香料商店和某些超级市场都可以买到。除此之外，也可以在网络上找到。不管是完整叶片或是叶片的粉末，都要装进密封罐内，放在阴凉的地方储存。如果要买粉末状，一次购买少量即可。

收获时机与方法

全年都可采收。采收时，要挑选已经成熟的墨绿色叶片。经过干燥，还能浓缩柠檬香桃木叶片的味道。所以，品质优良的干燥叶片，尝起来味道会胜过新鲜的。

风味配对

适合搭配的食物种类：鸡肉、鱼贝海鲜类、大多数的水果、猪肉、米饭类。

适合一起混用的香草或香料种类：灌木番茄、洋茴香、罗勒、辣椒、茴香、芦荟姜、姜、山椒、荷兰芹、胡椒、百里香、酸奶。

特征

日本香柚皮有迷人的优雅香气。压碎、研磨后的干燥青柠，则会散发出酸酸的香味，以及水果干的甜蜜味。整颗完整的青柠，反而不会那么香。橙皮有着明显的柑橘清香，尝起来酸中带苦，味道因品种不同而有所差异。

 使用部位

新鲜或干燥的果皮；果汁。

 购买与储存

日本以外的地方，很难找到新鲜的香柚（yuzu）皮。不过在日本商店里，可以看到干燥的香柚皮。在亚洲商店里，通常都有橙皮的库存。中东或伊朗商店则会陈列干燥苦橙皮、各式各样的干燥青柠与摩洛哥盐渍柠檬。在北美洲，到当地的拉丁美洲店铺，可以买到现成的西印度香料酱（mojos）和苦橙卤汁，不过因为做法简单，所以也可以自己动手做。经过干燥或是糖煮的柑橘果皮和果实，只要存放在密封罐内，可以保存得很好。

 收获时机与方法

只有短短的十一月到次年一月期间，才看得到当季的柚子，一月到二月则是苦橙上市的时间，不过现在智利还多了一种早秋收成的苦橙品种。其他的柑橘类水果和干燥果皮则是全年都可以买到。

柑橘属植物（Citrus）
Citrus species

世界各地的厨师，如果想替菜肴增添酸味时，一定都会想到柑橘的果实。日本人使用的是一种小型的香橼，也就是柚子的果皮，日文称作"yuzu"。中国人则选用陈皮。波斯湾各国和伊朗则偏好干燥青柠。在突尼斯，制作腌渍液时，会用到苦橙的果皮和果实。西方的厨师，会使用柑橘果汁和新鲜果皮添加料理的酸味，甚至还会将果皮用糖煮，然后将这种橙皮蜜饯加进甜点和蛋糕之中。在加勒比海列岛和墨西哥等地，更是无法想象缺少青柠的烹调世界。

摩洛哥盐渍柠檬

以盐和本身的柠檬汁来腌渍的摩洛哥盐渍柠檬，切碎的果皮可以当作摩洛哥陶锅炖菜的调味料。这种盐腌柠檬跟青橄榄的味道特别合，可以做成一道有名的鸡肉料理，而罐子里面的咸味柠檬汁，则可以淋在沙拉上食用。

烹调用途

新鲜的柚子皮碎片或是干燥弄碎的果皮，都可以用来帮日本料理中的汤品、熬煮的锅料理焖菜调味，还可以做成芬芳迷人的香柚味噌。日本有种传统的甜点，叫作"yubeshi"，就是将柚子肉挖空后，塞入糯米、酱油和甜的糖浆，蒸过后再干燥，然后切片食用。

中国料理中的陈皮，就是干燥的橘子皮，主要用于四川与湖南料理中。首先将陈皮在温水中浸泡15分钟，剁成细末，再加入热炒菜中，或是将整片陈皮放进炖猪肉或鸭肉等油脂丰富的菜肴里熬煮。陈皮跟四川花椒、八角、中国黑酱油和米酒等，味道都十分契合。

波斯湾各国，会用一种小颗的干燥青柠，通常称作也门青柠或是青柠粉。这种青柠主要用在炖鱼、家禽肉或小羊肉料理以及印度肉饭中。波斯湾当地的料理，会用到大量香料，而这种也门青柠跟小豆蔻、丁香、甜胡椒、胡椒、姜、肉桂、胡荽等味道都很合。直到波斯湾北部的伊朗，也门青柠一样也是用来帮炖菜（特别是炖小羊肉）调味，不过伊朗人不太喜欢将青柠配上香料。

他们喜欢配上胡荽、莳萝、荷兰芹、葫芦巴这些香草，以及韭葱、大葱、菠菜等蔬菜。伊朗的某些地方，苦橙是很常见的。通常苦橙汁或苦橙皮可以加进炖菜里。苦橙的味道，特别适合用来帮鸭肉、鸡肉或是兔肉料理调味。

加勒比海列岛和南美洲的调味酱，材料有青柠、柠檬、葡萄柚或是苦橙汁，然后加入大蒜、香料、水果和新鲜香草。这种调味酱可以作为卤汁、蘸酱以及沙拉酱。或是当作蔬菜、鱼类或烤肉的爽口酱料。

干燥的橙皮丝

市售的干燥橙皮，多为暗棕色，质地脆，容易碎。若是想要自己制作干燥皮，可以在吃完橘子或橙子后，撕掉果皮上的白色脉络，再将果皮放到架子上，静置风干4～5天。这样做出的果皮，仍然保持弹性，而味道则越久越香。

完整的干燥青柠

干燥的青柠，可以切片或整颗加入炖菜里调味。在烹煮的过程中，青柠会越煮越软，可以将其汁液全部挤出，当作菜肴的一部分端上桌食用。

特征

八角的香味很像茴香和大茴香。而八角跟洋茴香都含有茴香脑的精油成分。八角有甘草的味道，而且尝起来滋味温热。吃下去，除了辛辣甘甜的滋味，口腔还会微微发麻，余味则清新怡人。

使用部位

整粒或是破碎的八角片。研磨成粉末的八角粉。

购买与储存

最好购买整粒完整的八角，或是破碎的八角片也可以。放入密封罐，避免光线直射，八角可以保存1年之久。如果购买八角粉，一次购买少量即可。保存方法同上，八角粉可保存2~3个月。

收获时机与方法

八角是中国常青木兰树（magnolia tree）的果实。现在印度、日本、菲律宾都有这种树木。木兰树可长至8米高，会开小小的黄绿色花朵。长到第6年时，就会开始持续结果，长达一世纪。在果实成熟前，就要采收下来，送去日晒干燥。经过干燥后，八角的角状外皮会变得更加坚硬，颜色变得更深，香味更加浓郁。

八角（Star anise）
Illicium verum

无疑，八角绝对是外形最美丽的香料。八角的原产地在中国南部和越南，在这两个地方，八角在药用和烹饪方面皆有着悠久的历史。直到17世纪，欧洲人才知道八角的存在。根据当时的一些食谱记载，八角用于鱼贝海鲜类的调味，也会用八角调味的糖浆熬煮无花果和西洋梨。除此之外，还可以用八角帮热带水果提味。

完整的豆荚与种子
整颗完整的八角是烹饪时菜肴的最佳点缀。八角的豆荚为不规则的八角星形。最大可达3厘米。完整的豆荚很硬，颜色为红棕色或铁锈色。

八角片
每一片八角的角片，形状都很像独木舟，微微张开，露出里面的光滑易碎的褐色种子，八角的角片比种子还要香。

烹调用途

中国料理中，八角可用来熬煮汤品或高汤，加进蒸鸡肉或猪肉的卤汁，或是做红烧鸡肉、鸭肉以及猪肉的调味品。所谓红烧，就是将肉类放入以酱油和香料调制而成的黑色卤汁中熬煮，煮到肉变成红棕色。在煮茶叶蛋时，也可以用八角上色以及增添风味。八角是中国五香粉的材料之一。在越南，当地的厨师会在煨炖的料理、高汤以及越式牛肉汤面中加入八角。

在印度南部的喀拉拉邦的当地料理，可以品尝出八角的滋味。至于在印度北部，八角被当作大茴香的廉价代替品。除了调制饮品，例如茴香酒和茴香甜酒以及口香糖和糕饼，西方人不太会用到八角。八角不仅可以用来帮海鲜或某些水果料理调味，还可以加强韭葱、南瓜以及根茎类蔬菜本身的甜味。

风味配对

适合搭配的食物种类：用高汤煮的鸡肉、用皇家清汤（court-bouillon）熬煮的鱼贝海鲜类、无花果、热带水果、韭葱、牛尾、猪肉、南瓜、根茎类蔬菜。

适合一起混用的香草或香料种类：中国肉桂、辣椒、肉桂、胡荽籽、茴香籽、大蒜、姜、香茅、青柠皮、四川花椒、酱油、干燥橙皮。

破裂的豆荚
只需要一点点八角的时候，可以将干燥易碎的八角豆荚掰裂使用。八角的味道很浓，所以使用时只要少量即可。

研磨豆荚而成的八角粉
为了追求最佳风味，在研磨八角粉时，应该使用研钵或电动研磨机，将八角的豆荚和种子一起磨成粉，磨好的八角粉必须马上使用。

特征

大茴香的种子，无论是香气还是滋味，都类似甘草，甘甜、温暖、有水果香。不过印度产的大茴香会多一股苦味。大茴香叶片香味跟种子差不多，也有甘草的甘甜香气，隐约带有温和的胡椒味。大茴香种子的味道比小茴香或八角含蓄许多。

使用部位

种子和叶片。

购买与储存

大茴香可用播种法栽种。在某些香草苗圃可以买到大茴香的植株。若当作香料使用的话，最好购买完整的大茴香种子，选购时，要挑选连着茎和壳最少的种子。将大茴香放入密封罐内储存，可维持风味至少2年不变。

收获时机与方法

在大茴香果实成熟之前，植株会被拔起来，静置干燥。经过打谷程序，将种子打下来，铺在盘子上，放到半遮荫处继续风干。如果想自己动手干燥大茴香，就将种子荚装入纸袋内，挂在通风良好的地方风干。

风味配对

适合搭配的食物种类：苹果、栗子、无花果、鱼贝海鲜类、坚果、南瓜、根茎类蔬菜。

适合一起混用的香草或香料种类：独活草、甜胡椒、小豆蔻、肉桂、丁香、小茴香、茴香、大蒜、黑种草、肉豆蔻、胡椒、八角。

大茴香（Anise）
Pimpinella anisum

大茴香是一种外形优雅美丽的植物，原产地在中东和地中海东岸，植物学上，跟葛缕子、小茴香、莳萝、茴香有亲属关系。现在在欧洲各地、亚洲、北美洲等地都有广泛栽种。最早，大茴香的用途是药用植物，到罗马时代，才开始当作食物的调味品使用。当时最著名的用法就是将大茴香加入餐后甜点的蛋糕里，以帮助消化。大茴香的植株，一般称作"大茴香"（anise）或"洋茴香"（aniseed），耕作价值在于它的种子。不过，除种子之外，大茴香的嫩叶也可以当作香草来使用。

烹调用途

在欧洲，大茴香会拿来替蛋糕、面包、小饼干和甜的水果料理等调味。大茴香可以帮黑麦面包、北欧风炖猪肉以及根茎类蔬菜调味。葡萄牙人在煮栗子时，会在沸水中加入少量大茴香，就能煮出有细致优雅香气的栗子。所有坚果中，无花果跟大茴香可说是天生绝配。在美国加利福尼亚州，有一种蛋糕用了很多切碎的无花果干跟杏仁，就是用大茴香调味。在意大利，一种称作"salami"的无花果干配上综合水果干，就是用大茴香和大茴香植株——洋茴香来调味。在地中海沿岸地区，大茴香是炖鱼时常用的调味料。大茴香的精油，是制作餐前开胃酒和利口酒，例如茴香烈酒、茴香酒、茴香甜酒的必备品。

在中东和印度，大茴香主要会用在面包和咸味菜肴中。印度的厨师会先烘烤大茴香的种子，让大茴香的香气散发出来，再加入蔬菜或鱼риб 咖喱中。不然，就会用热油，迅速爆香大茴香种子，再拿去当作兵豆的装饰配菜。此外，大茴香可以帮助消化，所以将大茴香配上槟榔叶、坚果以及其他香料之后，就是一种传统在餐后食用助消化的"paan"。在摩洛哥和突尼斯，当地人会用大茴香帮面包调味。在黎巴嫩，大茴香用在有馅的炸面团和以香料调味的卡士达酱中。大茴香的叶片可以用在沙拉中，或是当作胡萝卜、甜菜根、欧洲防风草和鱼汤的盘面装饰。

完整的种子

大茴香的种子颗粒很小，呈椭圆形，颜色不一，从浅褐色到青灰色都有，种子上面有比种皮颜色更淡的脊状突起。在种子上面常会连有细细的茎的残余物。

甘草（Liquorice）
Glycyrrhiza species

　　甘草的植株是一种多年生灌木，会开蓝色或淡紫色、形状像豌豆的花朵。其中，最重要的品种有"G. glabra"，原产地在欧洲东南部和亚洲西南部；"G. glandulifera"，此品种的原产地要更偏东一点，一般人称它为俄罗斯/波斯甘草；还有"G. uralensis"，这个品种主要使用范围局限在亚洲，原产地在中国北部的干草原上。在欧洲，人工栽培甘草已有千年的历史。中国栽培甘草的历史是欧洲的两倍。现在甘草的医药用途仍受重视，可制作成止咳剂、祛痰剂以及药性温和的泻药。

烹调用途

　　甘草最大量的用途是当作烟草的调味剂。其次少量用于止咳糖浆和牙膏。用甘草调味的这类酒，例如桑布卡酒和茴香酒，可以用来帮许多料理调味，不管是甜的还是咸的均可。在信仰伊斯兰教的伊斯兰国家，每年到了九月斋戒月时，就会用甘草调配出一种清凉饮料饮用。甘草糖是用甘草粉配上糖、水、阿拉伯胶和面粉后，混合搅拌成一种柔滑、延展性高的酱泥加工制成的。这种甘草糖的滋味，主要是由大茴香精油提供，甘草只提供了甜味部分。在摩洛哥，当地的蜗牛和章鱼料理也会用甘草粉调味。除此之外，甘草粉也是当地著名的综合香料配方——摩洛哥什锦香料的材料之一。只需加一点点甘草，中国五香粉的味道就会变得更好。此外，中国酱油也可以用甘草来调味。在亚洲，用香料调味的高汤或卤汁，就常包括甘草以及其他香料。

　　荷兰人会萃取甘草的精华，制成一种加盐调味成的黑色甘草精。荷兰甘草精的形状和味道浓烈度可谓五花八门。在英国，有种综合彩色甘草糖的菱形糖淀。英国还有一种庞蒂弗拉克特蛋糕。这道餐点是16世纪时，由约克夏郡庞蒂弗拉克特镇上的修道院传出来，也就以此命名。甘草棒是亚洲很受欢迎的零食，开始嚼的时候会有苦味，之后就变成甜味。在土耳其，当地人会食用新鲜的甘草根，甘草粉用于烘焙。在西方，甘草现已变成最流行的冰淇淋调味料。不过，使用甘草时要注意，一定要少量使用，否则它的苦味可能会太强。

甘草粉

将甘草根磨成细粉，就是甘草粉。甘草粉闻起来有种木质的香甜气味。在中国商店可以买到现成的甘草粉。

特征

甘草的香味甜美温暖，有股药味。尝起来口感非常甘甜、质朴，有点像大茴香，吃下去之后，有点咸和苦的余味会缠绕舌尖，久久不散。

使用部位

地下块茎和根部。

购买与储存

在香料商店可以买到干燥的甘草根。只要完全干燥，甘草根可以保存很长一段时间。甘草根可以根据需求来切成片或磨成粉。甘草粉的颜色为灰绿色，味道较甘草根来得更浓郁，必须倒入密封罐内储存。其他的像甘草棒或甘草片，只要充分干燥，都能保存很久。

收获时机与方法

用播种法或是块根扦插法，就可以轻松培植出甘草。甘草性喜肥沃的沙质土壤，以及充沛的日照。到了秋天，就可挖出地面下的甘草根，再花几个月的时间来干燥。通常，甘草的加工厂商都会将甘草根压成泥，然后煮沸，一直煮到质地很浓稠为止，然后让水分继续蒸发以减少甘草的含水量。最后完成的东西，可溶于水使用，就叫作甘草精。有些工厂还会从中抽取甘草素，当作调味料使用。

风味搭配

适合一起混用的香草或香料种类：中国肉桂、丁香、胡荽籽、茴香、姜、四川花椒、八角。

特征

番红花的香气绝对不会跟其他香料搞混。番红花闻起来辛辣强烈，如蜜般香甜，有麝香和花香味，层次丰富。尝起来风味细腻却又充满渗透力，带有温热土味的滋味，蕴含麝香的香气，缭绕着苦味，让人回味再三。而番红花的产地，会影响到番红花香味的组成成分。

 使用部位

花蕊。

 购买与储存

购买时，选购干燥的雄蕊，一般人称番红花的雄蕊为番红花丝。不要买现成的番红花粉，因为花粉比较容易掺假。将番红花丝倒入密封罐内，储存在阴凉处，可保存2～3年。只能从信得过的源头购买番红花。世界各地的观光市场，常有不良商人用姜黄、金盏花花瓣以及红花替代番红花贩售。但是没有一种香料能比得上番红花那种深入而浓烈的香味。所以购买前可先闻一闻。如果你会常用到番红花，可以一次从香料商店那边多采购一点。

 收获时机与方法

番红花的植株，到了秋天，就会开深紫色的花朵。人们会趁着破晓前采收花朵，然后从每朵花中，摘下其中3根红色花蕊。接下来，在鼓状的筛网上铺上少许番红花花蕊，以小火慢慢烘干。干燥番红花花蕊的颜色，从深红色到橘红色，如金属线般柔细，很脆弱。

番红花（Saffron）
Crocus sativus

当作香料使用的番红花，指的是番红花朵中的花蕊经干燥而成的细丝。也有人称番红花为玫瑰。番红花的原产地在地中海地区和西亚，在这些地方，自文明时代起就开始将番红花当作染料，作为酒与食物的调味料。西班牙是番红花的主要生产国。在西班牙中部的拉曼查平原上，每到番红花的收成时节，烘烤番红花蕊散发的醉人香气，就会弥漫在空气之中。大约要8万朵番红花，才能采撷出2.5千克的花蕊，而这2.5千克的花蕊，经过烘烤，只能炼出500克左右的番红花香料来。难怪番红花会成为世界上最昂贵的香料。

完整的花丝

品质最佳的番红花丝，颜色为深红色。西班牙和克什米尔所产的番红花，最佳等级称为"coupe"，伊朗产的则称为"poshal"。除了这些地区，希腊和意大利也产有品质良好的番红花。至于那些次级品，通常颜色都偏棕，花丝短硬，有点像破损剩下的残骸。

伊朗产的次佳番红花等级
这种等级的番红花丝（poshal），颜色为深红色，有如金属线般柔细，里面掺杂了一些黄色的花丝。

克什米尔产的顶级番红花丝
这种番红花丝（coupe）色泽饱和，颜色就像勃艮地葡萄酒，花丝非常细长，结实而柔顺。

烹调用途

长久以来，番红花最知名的用途就是染料。番红花可以当作佛教僧侣僧袍的染料，也可以用来帮西班牙炖饭和意大利炖饭染色。大多数需要用到番红花的料理，都不是直接将番红花加到菜肴中，而是使用浸泡过番红花的液体，如果烹饪一开始就加进这种液体，染出来的食物颜色比较明显。如果等到烹调快结束时才加入，主要就是提供香气。过量使用会让食物有种苦苦的药味。如果要煮的菜肴不需要加入液体的话，可以考虑将番红花丝磨成粉，直接加进去搅拌。使用前，如果觉得番红花并没有干燥得很彻底，可以先略加烘烤后，再磨成粉。

在许多文化中，番红花都是特殊料理的调味品，尤其是那种节庆或大典时的庆典料理。地中海沿岸，在许多鱼汤中都能尝出番红花特别的味道，其中最有名的莫过于普罗旺斯海产什烩，一道用淡菜和土豆烹煮的简单炖菜，或是白葡萄酒烤鱼，只要用了番红花，立即多了高雅的滋味。用番红花调味的米饭，味道非常棒，比较常见的番红花饭种类有西班牙炖饭、意大利炖饭、蒙古风比尔尼亚菜饭或是简单的印度蔬菜肉饭。在瑞典，到了每年12月13日的光明节（St. Lucia's Day）时，就会用番红花帮光明节应景的小圆面包和蛋糕调味。今天在英国，几乎已经看不到传统的康瓦耳番红花蛋糕或面包，不过因为做法很简单，加上味道也很细致浓郁，所以不妨自己动手做。番红花也可以做成冰淇淋，有欧洲口味，也有加了乳香的中东风味，或是印度传统冰淇淋，这些都很值得一试。

风味配对

适合搭配的食物种类：芦笋、胡萝卜、鸡肉、蛋、鱼贝海鲜类、韭葱、蘑菇、野雉、南瓜和南瓜属植物、兔肉、菠菜。

适合一起混用的香草或香料种类：大茴香、小豆蔻、肉桂、姜、乳香、肉豆蔻、红椒粉、玫瑰花蕾、玫瑰花水。

西班牙产的次佳番红花等级
这种等级的番红花丝（Mancha），颜色偏向橘红色，里面也掺杂了一些黄色的花丝。

经过研磨的番红花粉
研磨过的番红花粉很容易掺入其他较廉价或次等香料。

番红花是世界上最昂贵的香料。番红花索价约为香草价码的10
倍。番红花的价格之所以会高不可攀，主要是因为番红花的采收仍然

极度依赖密集的人力。从8万朵花中抽取出来的脆弱花蕊，只能制成500克香料。

特征

小豆蔻的香味强烈，但又富含充满渗透力的芳醇水果味。尝起来则有柠檬和花朵的芬芳。因为小豆蔻的精油里含有桉树脑成分，所以小豆蔻有樟脑或尤加利的味道。因此，小豆蔻尝起来还带有辛辣、烟熏、温暖苦甜的滋味，同时又让人觉得很清新。

 使用部位

干燥的种子。

 购买与储存

将小豆蔻的豆荚放入密封罐内储存，可以保存1年以上，不过随着时间的流逝，小豆蔻的颜色和香味都会渐渐褪去。小豆蔻种子中的精油一旦接触到空气就会很快挥发掉，粉末状的小豆蔻味道散失得更快。此外，研磨成粉状的小豆蔻粉也很容易造假，而且即使没掺假货进去，在磨成粉的过程中，也没有去掉小豆蔻的外壳，所以最好等到需要的时候，再自己动手研磨。

 收获时机与方法

每年9月到12月，是小豆蔻果实成熟的时期。大约每颗小豆蔻有3/4的部分成熟时，要尽快采收，否则熟透后，小豆蔻的果实就会爆裂开来。接下来，要日照晒干3~4天。如果用干燥棚，晒干时间则更短。干燥后的小豆蔻豆荚很硬。品质最好的小豆蔻颜色在绿色与黄褐绿之间。印度喀拉拉邦所产的青小豆蔻，传统上一直是小豆蔻市场中品质和价格的标杆。不过近年来危地马拉所产的小豆蔻，品质有迎头赶上的趋势。

小豆蔻（Cardamom）

Elettaria cardamomum

小豆蔻是一种大型多年生灌木果实，这种灌木生长在印度南部的河西丘陵雨林（又被称作小豆蔻丘陵）。在斯里兰卡，有另外一种小豆蔻的相近品种。现在，这两种品种在原产地坦桑尼亚、越南、巴布新几内亚等地都有人工栽培。危地马拉已经跃居成重要的小豆蔻出口国之一。印度人使用小豆蔻的历史已有2000年之久，后来小豆蔻沿着香料贸易路线传到了欧洲，之后又由维京人（Vikings）从君士坦丁堡传回到北欧的斯堪的那维亚半岛上。现今，小豆蔻在北欧仍然很受欢迎。

完整的豆荚

采买小豆蔻时，尽可能购买完整的小豆蔻豆荚。小豆蔻豆荚是青色的，而且看起来很饱满。所谓的白小豆蔻，是将青小豆蔻加以漂白而成。由于白小豆蔻的风味没那么好，所以现在产量也逐渐下跌。

种子
每颗椭圆的豆荚当中，都有一节三角形的空间，里面包含了15~20粒细小的深褐色或是黑色黏黏的种子。小豆蔻种子的黏度是它新鲜度的最佳指标，越黏代表越新鲜。

烹调用途

无论是甜味还是咸味料理，都可以用小豆蔻来增添风味。在印度，小豆蔻是许多香料配方的基本材料。小豆蔻可以用在蜜饯、西点、布丁和印度传统冰淇淋中，也可以在混合茴香、大茴香、槟榔之后，制成一种帮助消化的口气清新剂——paan。在印度，小豆蔻还经常被用来给茶调味。在阿拉伯国家，则把小豆蔻当作咖啡的调味料。当地的做法是，冲泡咖啡时，壶口放上几颗小豆蔻豆荚，倒咖啡时，让咖啡流过小豆蔻即可。阿拉伯的贝多因文化中，在有客人来访时，会先将小豆蔻展示出来。小豆蔻鲜明的绿色和清新纯朴的气息，象征了对客人的敬重。小豆蔻还是许多综合香料配方的常见材料。例如黎巴嫩、叙利亚等波斯湾沿岸国家的阿拉伯综合香料、埃塞俄比亚综合香料。北欧现在仍是欧洲最大的小豆蔻进口地区。

北欧和德国、俄国等地，常将小豆蔻用在香料蛋糕、西点和面包之中，有时候也会用在汉堡和肉糕中。

将小豆蔻整粒豆荚稍加压碎，可以用来为米饭、水煮或熬炖的料理以及陶锅料理调味。许多印度的文火炖肉料理"kormas"，都会用到小豆蔻来调味，这种印度炖肉，会将浓稠的卤汁慢慢熬煮浓缩成奶油般顺滑的浓浓酱料。去壳后的小豆蔻籽粒，略微压碎和煎炒，或经烘烤和研磨之后，就可以加入料理中进行调味。小豆蔻很适合用于烤苹果、糖煮西洋梨以及水果沙拉之中。小豆蔻也可和制作甜点用的橙子及咖啡混合使用，或在家里烹调时，加进烤鸭或水煮鸡肉，及卤汁或香料调味酒之中。小豆蔻是腌渍食物时很棒的调味料，特别适合用来腌鲱鱼。

风味搭配

配方的基本素材：埃塞俄比亚综合香料、咖喱粉、印度豆类料理、印度综合香料、印度肉饭、印度米布丁（梵文称作kheer）以及也门辣酱。

适合搭配的食物种类：苹果、橙子、西洋梨、豆类、甘薯和其他根茎类蔬菜。

适合一起混用的香草或香料种类：葛缕子、辣椒、肉桂、丁香、咖啡、胡荽籽、小茴香、姜、红椒粉、胡椒、番红花、酸奶。

印度烩饭的香料

印度烩饭的调味料，选用整颗完整的香料。材料包括青小豆蔻豆荚、肉桂片、丁香、小茴香籽、黑胡椒粒。烹饪方法很简单，在煮米之前，将这些香料直接放进去即可。

制作

黑小豆蔻的种子有种柏油味，尝起来则有松木味，同时还有烟熏般、涩涩的土味。黑小豆蔻可作为印度综合香料和唐杜里炭烤用香料的调味料，加入黑小豆蔻之后，香料的味道会更有深度。

 使用部位

干燥的种子。

 购买与储存

选购时，挑选完整的豆荚，不要买破碎的，然后将豆荚放入密封罐内保存。

 收获时机与方法

每年8~11月是采收黑小豆蔻的时节。采收时间比青小豆蔻（p.182）早。黑小豆蔻是移到干燥棚里进行干燥，完成干燥的黑小豆蔻，颜色变得非常深，呈暗褐色。

黑小豆蔻（Black Cardamom）
Amomum and Aframomum species

*Amomum*和*Aframomum*这两种属别的植物，涵盖了好几个品种，其中所产的颗粒较大的种子，在产地得到了广泛的使用。有时候在经过研磨后，会当作青小豆蔻的廉价替代品。这些种子的颜色，都是深浅不一的褐色调，跟青小豆蔻比起来，味道有股较重的樟脑味。其中，最重要的品种就是大型印度/尼泊尔小豆蔻，学名为*Amomum subulatum*，原产地在喜马拉雅山东部。这种特殊的品种，就是所谓的黑小豆蔻。黑小豆蔻跟其他品种不同，不会拿来当作青小豆蔻的替代品，在印度料理中，黑小豆蔻本身就跟青小豆蔻有所区分。

完整的豆荚

黑小豆蔻的豆荚上，有突起的脊状纹路，通常表面上覆有茸毛。等到成熟时，果实会变成深红色。

经过研磨的黑小豆蔻粉

经过研磨后，黑小豆蔻里的精油成分会很快挥发掉。所以有需要时再研磨即可。

种子
黑小豆蔻种子摸起来黏黏的，不过一旦从豆荚里取出，其种子很快就会干掉。

烹调用途

黑小豆蔻跟青小豆蔻的食物属性恰好相反。青小豆蔻被认为是一种具有"冷却效果"的凉性香料，黑小豆蔻则是具有"发热效果"热性香料。所以，在不辛辣的综合香料之中，黑小豆蔻是种重要的材料。将黑小豆蔻配上丁香、肉桂和黑胡椒所制成的综合香料，在烹调开始或快完成时加进去，后者会带给食物很强烈的香味。偶尔也会看到黑小豆蔻制成的糕点和腌渍物。在炖蔬菜或炖肉时，如果加进了整颗的黑小豆蔻豆荚，上菜前要记得捞出来。黑小豆蔻味道很强，所以使用时须斟酌用量。

风味配对

配方基本素材：综合香料。

适合搭配的食物种类：印度肉饭和其他米饭类菜肴、肉类和蔬菜咖喱。

适合一起混用的香草或香料种类：独活草、青小豆蔻、中国肉桂、辣椒、肉桂、丁香、胡荽籽、小茴香、肉豆蔻、胡椒、酸奶。

其他小豆蔻品种

孟加拉小豆蔻 *A. aromaticum*

这是跟大型印度小豆蔻很接近的品种，用法也差不多。

中国小豆蔻 *A. globosum*

形状圆圆的，颗粒较大，颜色为黑褐色。尝起来味道涩涩、凉凉的，吃下去之后，口腔会觉得麻麻的。这种小豆蔻在中国主要是药用，不过若配上八角，就很适合加进热炒菜里调味。在中国商店里，这种小豆蔻常常有特价优惠。

爪哇有翼小豆蔻 *A. kepulaga*

这种小豆蔻在东南亚比较常见。

柬埔寨小豆蔻 *A. krevanh*

产于泰国和柬埔寨的Krevanh丘陵地，也是东南亚很常见的小豆蔻品种之一。

埃塞俄比亚小豆蔻 *Afr. Korarima*

这种小豆蔻有种淡淡的烟熏味，闻起来并不讨人喜欢，口感也比较粗糙。

摩洛哥小豆蔻 *A. melegueta*

这其实是另一种香料（p.219）。

标准印度综合香料

这是基本的香料配方组合。材料包括黑小豆蔻、胡荽籽、黑胡椒粒、丁香、肉桂和印度月桂叶（p.275）。

特征

小茴香的香味很重很强，辛辣中又带着香甜的味道，虽然有点苦涩，感觉却很温暖，是种很有深度的香气。小茴香尝起来滋味丰富，有淡淡的苦味，强烈突出的大地香气，温暖中又带有持久的辛辣刺激味道。所以使用时只需少量即可。

使用部位

干燥的种子（果实）。

购买与储存

市面上很容易买到小茴香种子，可分成完整颗粒状的及磨成粉末状的两种。到印度商店可以买到黑小茴香，也可以买到一种印度语称作"dhana-jeera"的综合香料。这种综合香料的配方混合了小茴香和胡荽种子。完整颗粒的小茴香种子只要用密封罐来保存，就可保留住小茴香的辛辣香味达数个月之久，但已经磨好的小茴香粉末的香味期限就非常短暂。

收获时机与方法

当小茴香的植物开始枯萎，种子的部分变成褐色时，就可以剪下小茴香的树枝了。像打谷一样，用力地击打，即可取得小茴香籽粒，然后将种子经过日晒烘干。时至今日，还是有许多国家采取人工的方式来采收小茴香。

小茴香（Cumin）
Cuminum cyminum

小茴香是一种伞形科小型草本植物的种子，原先世界上只有埃及的尼罗河谷地带才有生长，后来，在大多数的热带地区，例如地中海东岸、北岸、印度、中国和美洲等地，都有人工栽培。远从4000年以前，在埃及和克里特文明时期，小茴香就被当作药用植物使用。罗马人使用小茴香的方式，近似于现今我们使用胡椒的方式。在中古世纪，小茴香一度在欧洲很受欢迎，不过后来葛缕子逐渐取代了小茴香的地位。后来，西班牙的冒险家将小茴香传往拉丁美洲，从此小茴香变成拉丁美洲人深爱的香料。

完整的种子

小茴香的种子呈椭圆形，褐绿色，长度约5厘米。种子看起来跟葛缕子的种子有点像，不过小茴香的种子形状比较直，而且有很明显的纵长脊状纹理，很容易辨认。

磨碎的种子
为求最佳风味，所以一定要在使用前才将小茴香种子磨成粉末。

烹调用途

研磨小茴香前，先将种子烘烤，即可增强其香气。若要使用整粒的小茴香种子，则可先用油煎爆香促使小茴香的香气完整散发出来。早期的西班牙料理，会将小茴香、番红花配上大茴香或肉桂一起使用。时至今日，在摩洛哥的北非小米饭、美墨边境的香辣肉酱排骨料理及北非调味香肠中，都有用到小茴香。在墨西哥本土料理中也会用到小茴香，但这类综合香料的配方并不多，葡萄牙人在灌制猪肉香肠时，会用小茴香调味。荷兰人则是在制作乳酪时，会用到小茴香。除此之外，法国东北部阿尔萨斯省的椒盐脆饼、西班牙称作"pinchitos morunos"的摩尔风味烤肉串、黎巴嫩的鱼类料理、土耳其的土耳其肉汉堡以及叙利亚的石榴胡桃酱等，都会运用小茴香来增添风味。世界上每一个喜欢香料调料理的国家，都会用小茴香用在面包、酸甜调汁、开胃佐料、咸味香料综合配方和炖肉或炖蔬菜等炖煮料理之中。在咖喱粉和印度综合香料配方以及市售的辣椒粉中，也看得到小茴香的踪迹。印度料理特有的辛辣刺鼻香气，主要是来自混合了小茴香粉和胡荽粉的香料香味。

完整的种子

黑小茴香种子的颜色比一般小茴香的颜色深，同时尺寸也比较小。黑小茴香种子的香气较甜，味道介于小茴香和葛缕子之间，风味复杂而醇美。将黑小茴香种子经过烘烤后，可以用在印度肉饭和面包之中。

风味配对

配方基本素材：阿拉伯综合香料、伊朗综合香料、埃塞俄比亚综合香料、路易斯安那法裔风味调味料、咖喱粉、埃及榛果香料、印度综合香料、孟加拉五香粉、南印度素辣椒、也门综合香料酱。

适合搭配的食物种类：甘蓝菜类、茄子、豆类、面包、硬质或味道呛鼻的乳酪、鸡肉、小羊肉、兵豆、洋葱、土豆、米饭、德国泡菜、南瓜属植物。

适合一起混用的香草或香料种类：独活草、甜辣椒、洋茴香、月桂、小豆蔻、辣椒、丁香、胡荽、咖喱叶、茴香籽、葫芦巴籽、大蒜、姜、豆蔻皮和肉豆蔻、芥末籽、牛至、红椒粉、胡椒、百里香、姜黄。

小茴香的其他品种

在印度北部、巴基斯坦、阿富汗和伊朗地区，真正的黑小茴香（*kala jeera*）和名为shahi jeera（*bunium persicum*）的两种香料可以互相替代使用。这些种子在加到混合香料或是单独使用前会经过干焙这道程序，因为干焙可以使种子产生一种香浓的坚果味道。黑小茴香有时会与黑种草（p.134）混淆。

特征

葛缕子的滋味和香味，都很刺激辛辣。葛缕子带有温暖的苦甜味以及强烈的辛辣味，还有一点风干橙皮的味道，除此之外，还有淡淡的却又萦绕不去的大茴香香气。

使用部位

干燥的种子（果实）。

购买与储存

尽管市面上有贩卖已经磨成粉末状的葛缕子粉，不过最好购买完整颗粒状的葛缕子种子。因为烹饪上其实很常用到完整颗粒的葛缕子种子，而完整颗粒种子比较耐放。将完整颗粒的葛缕子种子放入密封罐储存，至少可以保存6个月。葛缕子很容易研磨，也很容易捣碎，所以要使用时再来制成粉末状即可。但是，一旦将葛缕子磨成粉之后，就要马上使用，否则味道很快就会消散了。

收获时机与方法

当葛缕子果实开始成熟时，就将它的茎切下来，风干7～10天，让葛缕子在这段期间内继续成熟。等到完全成熟后，就像打谷一样用力将种子打下来。在自家庭院里，可以用播种的方式种植葛缕子。记得选用排水良好的土壤，以及充足的全日照场所。种植之后，要等到第二年葛缕子的种子才会成熟。等到种子成熟后，要趁清早还有露珠时，就将一簇簇果实累累的种子剪下来。否则种子可能会自行进开播种。干燥葛缕子时，要将葛缕子的种子荚用纸袋罩住，然后将树枝挂在墙上风干。

葛缕子（Caraway）

Carum carvi

葛缕子是耐寒的伞形科植物，原产地在亚洲和中北欧。后来经过人工改良，变成两年生植物，除原产地之外，在摩洛哥、美国和加拿大等地都有栽种。以前罗马人会在烹调蔬菜和鱼类时，配合葛缕子一起使用。中古世纪时的厨师则会用葛缕子当作汤品和豆类或甘蓝菜类蔬菜料理的调味料。17世纪时，英国很流行将葛缕子用在面包、蛋糕和烘焙的水果甜点中，如果将葛缕子的种子包上糖衣，就是一种蜜饯。现在，荷兰和德国是世界上最大的葛缕子生产国。而从葛缕子萃取出的精油，可以当作烈酒的调味料，例如，斯堪的那维亚的开胃烈酒"生命水"（aquavit）或是德国的一种烈性利口酒（Kümmel）。

完整的种子

葛缕子的果实裂开后，会掉出两颗弯曲的种子，种子的两头都尖尖细细的。在种子坚硬的褐色外壳上，有五道颜色较淡的脊状条纹。

烹调用途

在中欧，特别是犹太料理发源地，当地人会用葛缕子来给褐面包或黑麦面包、酥饼、撒有种子干果的糕饼、香肠、甘蓝菜类、汤品和炖菜调味。德国南部和奥地利风味独特的料理，不管是用未过筛的裸麦粉所做成的德国黑面包，还是烤猪排，那种特殊的魅力都来自于葛缕子的味道。除此之外，也会用在凉拌卷心菜，或是跟杜松混合均匀后，帮德国泡菜调味。在法国阿尔萨斯省，当地人食用门斯特干酪时，会配上葛缕子调味。并用来为荷兰芹烧酒、荷兰杜松子酒调味。

在北非料理中，葛缕子主要用在蔬菜和香料混合配方中，例如胡荽综合香料和突尼斯辛辣酱等。摩洛哥传统上一直有道葛缕子汤。匈牙利也有葛缕子汤，而且当地的匈牙利炖牛肉中，葛缕子占了很重要的地位。在印度料理食谱中提及的葛缕子，多半都是小茴香的误译。印度料理中，只有北部的印度菜才会用到葛缕子，因为在印度北部喜马拉雅山地带，生长了许多葛缕子。至于土耳其的食谱也有类似的问题。如果你在看土耳其食谱时，看到"黑葛缕子"，那其实并不是真正的葛缕子，而是指黑种草（p. 134）。

葛缕子的嫩叶，味道没种子刺激，滋味或外观上跟莳萝比较类似。葛缕子的嫩叶很合适用在沙拉、汤品中，或是配上新鲜的白乳酪。不仅如此，葛缕子的嫩叶还能用来装点许多略煮的鲜嫩蔬菜料理。其他只要是荷兰芹适用的料理，大部分也都可以用葛缕子的嫩叶替换。

风味配对

配方基本素材：胡荽综合香料、突尼斯辛辣酱。

适合搭配的食物种类：苹果、面包、甘蓝菜类、鸭肉、鹅肉、面条类、洋葱、猪肉、土豆和其他根茎类植物、德国泡菜、番茄。

适合一起混用的香草或香料种类：胡荽籽、大蒜、杜松、荷兰芹、百里香。

胡荽综合香料

这道突尼斯的香料配方适用于炖菜或蔬菜和牛肉料理。胡荽综合香料的材料包括葛缕子种子、大蒜、胡荽籽和辣椒（p.283）。

特征

肉豆蔻和豆蔻皮的香味很相似，都清新温暖，香气馥郁。跟豆蔻比起来，肉豆蔻闻起来比较甜，不过樟脑和松木的味道也较强。两种尝起来一样温暖且香味非常浓烈。但是肉豆蔻隐约有种丁香味，且味道较深沉，苦甜中带有木质的滋味。

使用部位

种子的核。

购买与储存

选购肉豆蔻时，最好挑选颗粒完整的种子核。肉豆蔻置于密封罐里，就可以保存非常久，且风味几乎不会变。而且肉豆蔻很容易研碾或磨碎成粉状，所以就算临时需要肉豆蔻粉也没问题。不过，一旦将肉豆蔻磨成粉后，它的风味很快就会变淡。一般来说，印度尼西亚的班达群岛和马来西亚的槟榔岛所产的肉豆蔻品质都优于印度群岛所产。

收获时机与方法

肉豆蔻的果实黄黄的，看起来有点像杏子。等到果实成熟时，就可以采收，并将果实的外皮，白色的果肉，还有豆蔻皮的部分，都剥下来。肉豆蔻的种子被一层坚硬的褐黑色壳包裹着，将这些种子放在盘子上，干燥6~8星期。当肉豆蔻的种子完全干燥的时候，只要稍微摇一摇，里面的核仁，也就是肉豆蔻的部分就会跟外壳碰撞发出咯咯的声音。此时就可以将壳敲开，取出里面光滑、褐色的核仁——肉豆蔻，并且依照大小作等级筛选。肉豆蔻跟豆蔻皮的生产比例约为10:1，所以相对来说，豆蔻皮也比较贵。

肉豆蔻（Nutmeg）
Myristica fragrans

豆蔻是一种披垂开展的常青树，原产地在印度尼西亚的班达群岛，一般人多半称这个岛为"香料群岛"。肉豆蔻树结的果实可制成两种不同的香料，分别叫作肉豆蔻和豆蔻皮（p.194）。6世纪时，通往埃及亚历山大港的香料商队中，这两种香料就占了相当大的比例。至于它们为什么会传往欧洲，大概是由于当时的十字军东征。肉豆蔻和豆蔻皮的早期用法，无论在中国、印度、阿拉伯，甚至是欧洲，都很相近，主要都是着眼于它的药用功效。后来当葡萄牙开始直接航行至香料群岛来进行香料的贸易时，肉豆蔻在香料用途上的重要性开始与日俱增。等到18世纪时，肉豆蔻在英国掀起了一股热潮。

完整的种子
在市面上可以买到完整无缺的肉豆蔻种子。核仁还包在坚硬的壳里，壳的外面仍包裹着一层呈花边条纹状的假种皮。

肉豆蔻
将外面那层坚硬的外壳剥下来丢弃，只留下核仁的部分。

烹调用途

在印度，因为豆蔻皮的价钱太贵，所以当地人比较常用肉豆蔻，而非豆蔻皮。不管是豆蔻皮还是肉豆蔻，使用时都只放一点点，主要用于莫卧儿料理。阿拉伯人在用豆蔻皮或肉豆蔻来调味羊肉或小羊肉料理等细腻菜肴，已经有非常久远的历史。在北非，突尼斯五香粉和摩洛哥什锦香料等综合香料，也都有用到豆蔻皮和肉豆蔻。欧洲可说是使用范围最广也最常使用豆蔻皮和肉豆蔻的地区，无论是甜的还是咸的料理，都可以看到这两种香料的踪影。

肉豆蔻在甜点方面的用途十分广泛，在蜂蜜蛋糕、水果蛋糕、水果甜点和水果酒中，都派得上用场。除此之外，跟豆蔻皮一样，也适用于一般炖菜以及大部分的蛋和乳酪料理。荷兰人在烹煮白甘蓝菜、白花椰菜、蔬菜浓汤、炖肉和水果布丁时，都会毫不吝惜地加入大量的肉豆蔻。意大利人使用肉豆蔻量较少，主要用在综合蔬菜料理、菠菜、小牛肉和意大利面食的馅料或酱料中。在法国，肉豆蔻会用在需要慢火熬煮炖菜料理和法式五香杂烩中。在马来西亚，有种蜜饯一度大受欢迎。这种蜜饯的做法，就是准备半熟的肉豆蔻，用针在核仁上四处刺洞（就像我们平常处理青胡桃的方法一样），然后加以浸泡，再放进糖浆煮沸两次，即可食用。肉豆蔻本身含有一种会使人产生幻觉的迷幻药成分，正常量并不会影响健康，但是量太大，就会产生毒性。若又饮用大量的酒，就会对身体造成更大的伤害。

风味配对

配方基本素材：烘焙或布丁香料、法式四味香料、摩洛哥什锦香料、突尼斯五香粉。

适合搭配的食物种类：甘蓝菜类、胡萝卜、乳酪和用到乳酪的料理、鸡肉、蛋、鱼贝海鲜类的杂烩汤、小羊肉、用到牛奶的料理、洋葱、土豆、南瓜派、菠菜、甘薯、小牛肉。

适合一起混用的香草或香料种类：小豆蔻、肉桂、丁香、胡荽、小茴香、玫瑰天竺葵、姜、豆蔻皮、胡椒、玫瑰花蕾、百里香。

磨碎的肉豆蔻

保存肉豆蔻核仁的最佳方式，就是选购完整的颗粒，等到需要时再磨成粉，某些肉豆蔻磨碎器（如下图所示），有加盖的小储藏格，便于将肉豆蔻的核仁放进去。

　　肉豆蔻和豆蔻皮出自同一颗果实，当果实裂开时，首先露出来的鲜红色假种皮部分，就是豆蔻皮。

　　这两种香料在世界上许多地方都是很重要的大宗商业买卖，不过现在从豆荚中获得它们仍主要依靠人工。

特征

豆蔻皮有肉豆蔻清新温暖浓郁的香气，但是味道比肉豆蔻更强，且隐隐多了一种胡椒和丁香的味道，以及强烈的花香味。豆蔻皮尝起来温暖芬芳、口感细腻，有点柠檬般的清甜，不过最后在口腔留下隐隐的苦味。

使用部位

包住种子的那层假种皮。

购买与储存

在市面上比较容易买到已经磨成粉的豆蔻皮，较难买到颗粒完整，一般称作"豆蔻片"（blade）的产品。不过，后者值得多花一番功夫去找，因为只要用密封罐保存这种颗粒完整的豆蔻片，就能接近完美地留住豆蔻皮的风味，而且只要用咖啡研磨机，就能简单地将豆蔻皮磨成粉。

收获时机与方法

当豆蔻树的果实成熟时，就可以采收下来。将外面的果皮和白色的果肉都去掉，露出里面的种子。而豆蔻皮，也就是种子外面那层薄薄的，皮革似的，呈花边条纹状的鲜红色的假种皮，将这层种皮剥下来压扁，只需要几个小时就能完全风干，接下来，如果是格林那达出产的豆蔻皮，就必须在黑暗中储存4个月。这段时间中，豆蔻皮会变成深橘黄色，至于印度尼西亚产的香料，因为没有经过这道手续，所以颜色还保持橘红色。

豆蔻皮（Mace）
Myristica fragrans

　　学名为 *Myristica fragrans* 的这种植物，会结一种长得很像杏子的果实。果实中间有一颗很硬的种子，种子的核就是前述的香料——肉豆蔻。种子外面包覆了一层呈花边条纹的假种皮，这层皮就是这里所说的第二种香料——豆蔻皮。16世纪时，由葡萄牙人带起的香料海运贸易，强化了肉豆蔻和豆蔻皮身为香料商品的重要性。后来时移势转，荷兰人进一步发展了香料海运贸易，最后，英国人在1796年获得了香料群岛的领土权。人工种植豆蔻的历史，首先由马来西亚的槟榔岛、斯里兰卡岛、苏门达腊岛开始，到后来传到西印度群岛，现在格林纳达（Grenada）所出产的豆蔻皮几乎占了全世界产量的三分之一。

豆蔻皮和肉豆蔻
这两种香料出自同一棵树，味道很像。如果料理需要比较清淡的调味时，就可以用豆蔻皮。

豆蔻片
豆蔻片虽然脆弱易碎，不过用指甲轻压的时候，会微微渗出油脂。

磨碎的豆蔻片
磨成粉后的豆蔻片，跟其他同样也是磨成粉末的香料比起来，风味可维持得比较久。

烹调用途

在亚洲东北部和中国大陆，肉豆蔻和豆蔻皮在医疗药用的重要性大于烹饪用途。至于其他地方，则可以随厨师的喜好任意交替使用肉豆蔻和豆蔻皮，不过整体来说，还是以肉豆蔻为大宗，因为肉豆蔻的价格比豆蔻皮要来得便宜。

基本白色酱汁、洋葱酱、清汤、贝类高汤、锅烧肉、打得发泡的酥松乳酪舒芙蕾、巧克力饮品以及奶油乳酪甜点等，都能够借由豆蔻皮来提升风味。如果要留住料理细腻的原色，最好使用豆蔻皮而非肉豆蔻。完整的豆蔻皮，就是豆蔻片，可以用来帮汤品和炖菜调味，但是在上菜前要记得先将这些豆蔻片捞出来丢弃。

在印度尼西亚，等到豆蔻皮和肉豆蔻核仁的部分都取出来之后，会将肉豆蔻果实的果肉制成蜜饯。在苏拉威西岛，岛上的居民更是习惯将肉豆蔻果肉制成蜜饯。当地人会将果肉放在太阳下晒干，晒到果肉变得几乎呈透明状，然后再撒上棕榈糖。

风味配对

配方基本素材：英式腌渍香料。

适合搭配的食物种类：甘蓝菜类、胡萝卜、乳酪和用到乳酪的料理、鸡肉、蛋料理、鱼贝海鲜类的杂烩汤、小羊肉、用到牛奶的料理、洋葱、法式肉酱和陶锅肉、土豆、南瓜派、菠菜、甘薯、小牛肉。

适合一起混用的香草或香料种类：小豆蔻、肉桂、丁香、胡荽、小茴香、玫瑰天竺葵、姜、肉豆蔻、红椒粉、胡椒、玫瑰花酱、百里香。

香气四溢的印度综合香料

虽然乍闻并不明显，不过事实上，肉豆蔻是这种温和风味的香料粉配方的主角，影响到香料的主要风味，这种香料配方的材料包括青小豆蔻和黑小豆蔻、肉桂、豆蔻皮、胡椒粉以及丁香（p.276）。

特征

新鲜的姜黄很松脆，有着姜味和柑橘香，尝起来有种怡人的大地芬芳以及淡淡的柑橘味。干燥的姜黄则有一种复杂、浓郁的木质香气，隐隐有着花香、柑橘香以及姜味。干燥的姜黄尝起来有一点酸苦，辣味适中，并带有麝香味的温暖口感。

使用部位

新鲜和干燥的地下块茎。

购买与储存

在亚洲商店就能买到新鲜的姜黄。买回来后，放在凉爽干燥的场地，或是放在冰箱的蔬果保鲜室，可以保存2星期。除此之外，冷冻也是不错的保存方式。至于干燥的姜黄，只要放在密封罐里，可以保存2年以上。磨碎的姜黄粉末，在印度最佳的等级为Alleppey和Madras。Alleppey的精油和姜黄色素的成分比例很高，所以看起来颜色较深，且味道也较浓烈。如果用密封罐加以保存，Alleppey可以维持风味不变达1年之久。

收获时机与方法

姜黄的地下块茎部分会趁新鲜时拔出来贩卖，或是借助余烫来抑制地下块茎发育，然后放在太阳底下曝晒10～15天，等到干燥变得坚硬时，就会用打磨的方式让姜黄表面看起来有光泽、再分级，之后通常还会再磨成粉，这些过程会让姜黄的重量减少约四分之三。

姜黄（Turmeric）

Curcuma longa

姜黄也是姜家族的成员之一。姜黄是一种强健的多年生植物，原产地在南亚，当地人从很久以前，就视姜黄为一种调味料和染料，同时也是一种药用植物。尽管姜黄是香料价格最低廉的种类之一，但是它的使用横跨整个南亚地区，只要是族里的传统仪式或庆典场合，都会用到姜黄。在印度尼西亚的婚礼上，会看到用姜黄染黄的米饭，或是用姜黄染色的牛皮。印度更是主要的姜黄产国，而且所生产的姜黄，有高达90%的比例都是在国内贩卖使用。姜黄其他的生产国还包括中国、海地、印度尼西亚、牙买加、马来西亚、巴基斯坦、秘鲁、斯里兰卡和越南。

完整的新鲜块茎
新鲜的姜黄质地结实紧致、肉质隆起丰满。一般姜黄的使用方式不外有三：切片、切碎以及刨成粉。

切片的新鲜块茎
做腌渍料理或开胃佐料时，不妨放一些削皮或切成薄片的姜黄。这样一来，不但料理颜色看起来美观，尝起来也非常可口。除此之外，姜黄在料理中还有天然防腐剂的效果。

烹调用途

姜黄的特点，在于它能整合其他香料的味道，让整个风味圆滑顺口，所以许多不同的香料配方都会用到姜黄。使用时，只需要少量。在东南亚各地，当地的辛香酱料，就是用新鲜的姜黄加上辣椒、香茅、新鲜的芦苇姜、大蒜、红葱头和罗望子，有时候还会再另外加上干燥的虾酱和桐实（candlenuts）。将姜黄切碎或刨成粉后，可以用在马来西亚香辣叻沙汤、炖菜以及蔬菜料理上。将姜黄压碎后榨出汁液，可用来帮米饭染色，同时也能增添风味。像这样经过姜黄染色的米饭，在印度尼西亚和马来西亚庆典时，常常看到。马来西亚当地，还会利用姜黄巫术的叶片来包裹食物。除此之外，泰国人都将姜黄的嫩芽当作蔬菜来食用。

在印度和西印度群岛上，经过干燥、刨好的姜黄粉，可以配上其他的香料、咖喱等基本材料做成酱料。当地许多蔬菜、豆类以及兵豆料理，都会用姜黄粉来为菜肴染上美丽的橘黄色，同时还可以增添一股温暖的香气和口感。在北非，姜黄主要使用在陶锅料理和炖菜中。其中最有名的莫过于摩洛哥那道综合香料配方"摩洛哥什锦香料"，此外，在可号称为"摩洛哥国汤"的伊斯兰教斋戒月结束时候饮用的汤品"harira"中，也有用到姜黄粉。在伊朗，会用姜黄粉和干燥青柠，来帮一道称作"gheimeh"的酱料调味。这道酱料是经熬煮而成，料多味美，多半淋在饭上一起食用。在西方，则会利用姜黄来帮乳酪、人造奶油以及某些芥末酱染色，是种天然的黄色染料。此外，无论是东方还是西方，在腌渍食物或是制作开胃佐料时，姜黄都是常见的材料之一。

风味配对

配方基本素材：印度综合香料、咖喱粉和咖喱酱、摩洛哥什锦香料。

适合搭配的食物种类：茄子、蛋、豆类、鱼类、兵豆、肉类、家禽类、米饭、根茎类蔬菜以及菠菜。

适合一起混用的香草或香料种类：辣椒、丁香、椰奶、胡荽叶和胡荽籽、小茴香、咖喱叶、茴香、芦苇姜、大蒜、姜、亚洲青柠叶、香茅、芥末籽、红椒粉、胡椒、越南香叶。

磨成粉末状的干燥块茎
无论是手指、器具，还是衣服，只要沾到姜黄，就会留下痕迹，所以使用时要小心。

完整的干燥块茎
干燥后的姜黄地下块茎，看起来就像是块坚硬的黄色木头。由于姜黄非常硬，所以想在家里自己动手用一般研磨器磨成粉，可以说是件不可能的任务。不过倒是可以用锉板来慢慢锉成粉。

特征

新鲜的郁金尝起来有种怡人的麝香味，有点像是嫩姜的滋味，清新脆嫩，同时又带点苦甜。有些人觉得郁金的味道和青杧果很像，这一点从郁金的印度尼西亚名称"amb halad"即可看出。这个名字的含义，就是杧果姜黄的意思。

使用部位

新鲜或干燥的地下块茎部位。嫩芽、花蕾和叶片也都可使用。

购买与储存

到亚洲商店就可以买到新鲜的郁金，一般都称作白姜黄。郁金的地下块茎有层薄薄的棕色表皮，与柠檬黄般松脆的肉。将郁金放进冰箱冷藏，可保存2星期。除了新鲜的郁金，在亚洲商店也可以买到切片的干燥郁金。这种干燥郁金香料，多半会先经过研磨，再以粉状出售。市面上看到的红棕色郁金粉，通常都经过人工染色。

收获时机与方法

大约需要2年的时间，郁金黄色、多肉的地下块茎才能完整发育完毕。之后就会被挖出来，拿去贩卖，或是经热水烫过或蒸过，切成薄片、干燥后才拿去贩卖。干燥切片的郁金，颜色为灰褐色，质地粗糙，有点毛茸茸的感觉。

郁金（Zedoary）

Curcuma species

郁金的原产地在东南亚及印度尼西亚的亚热带潮湿林地，直到公元6世纪才传到欧洲。当时，郁金主要为医疗用途，同时也当作香水的原料。到中世纪时，郁金和它的近亲——芦苇姜，在烹饪用途上渐渐得到了重视，不过目前，将郁金用于烹调的地区，仍只局限在东南亚一带。但是，由于欧洲现在渐渐流行起东南亚料理，所以现在欧洲的市面上，也比较容易看到新鲜的郁金了。但是对欧洲人来说，归类为香料的干燥郁金，依然很陌生。在印度尼西亚，有时候人们会误用"kencur"这个名字称呼郁金。事实上，这个名字是另一种带有香气，学名为*Kaempferia galanga*的姜的名字。

新鲜的块茎

现在于市面越来越容易买到新鲜的，学名为*C.zerumbet*的这种郁金。可以配合其他香料一起使用，或是单独当作松脆鲜嫩的装饰配菜，使用前，要先将郁金褐色外皮刮掉。

烹调用途

　　印度尼西亚人会食用郁金的嫩芽，在沙拉里加入郁金蓓蕾、用郁金芬芳的长叶子来包裹食物，顺便帮食物熏染上迷人的香气。在孟买，当地人跟印度尼西亚人一样，也会用郁金的叶子来包食物，而加了新鲜郁金的蔬菜汤，很受当地人的欢迎。在泰国，则会将新鲜的郁金削皮、切丝或切成薄片，加进沙拉或是生菜里，跟泰式辣椒汁一起食用。而新鲜的郁金和红葱头、香茅、胡荽叶，一起剁碎后，就是一种美味的酱料，适用在以椰奶烹调的蔬菜中。印度尼西亚和印度人都会在腌渍食物时，加入新鲜的郁金。在东南亚，则会在准备咖喱粉和佐料时，用到干燥的郁金。除此之外，凡是用到干燥姜黄或是干姜的料理，也都可以加入干燥的郁金。印度南部和印度尼西亚料理中的鸡肉和小羊排，都很适合配上干燥郁金。

压碎的干燥郁金块茎
干燥的郁金有怡人的麝香味，隐约又带有樟脑味。味道辛辣刺激，有点像是干姜，但是没那么辣，反而比较苦。入口后，有股柑橘味的余香。

郁金的其他品种

下方所列出的这几种品种，在烹调时，都可以代替郁金，当作香料使用。有着矮短、圆肥的地下块茎，其学名为*C.zedoaria*；而有着长形的地下块茎者，学名为*C.zerumbet*。后者的味道比较温和清淡，它的外形跟姜黄很像，但是它淡黄色的色调和姜黄偏深的色泽恰好呈强烈的对比，所以一般人都管它叫白姜黄，泰国人则称它为"khamin khao"。

至于另外两种郁金，学名分别为*C.leucorrhiza*和*C.angustifolia*，通常会加制成一种称作tikor，意即"印度竹芋粉"的粉末。这种淀粉可用于婴儿食品中，也可以用来当作勾芡用的增稠剂。

特征

捏碎新鲜咖喱叶后，会散发出一股浓郁的香气，带有麝香和辛辣的柑橘香。咖喱叶尝起来，则有着温暖怡人，像柠檬般的滋味，另外还带点苦味。而干燥的咖喱叶几乎没什么味道。就算准备两倍食谱指定分量的干燥叶片，也几乎吃不出来有什么差别。

使用部位

叶片。

购买与储存

到印度或其他亚洲商店可以买到新鲜的咖喱叶，可能是标示着它的原名："meetha neem" 或 "kadhi"。最好是用密封保鲜袋把咖喱叶包好，再放入冷冻柜保存。不过如果放在冰箱冷藏室也无妨，冷藏的咖喱叶可以保存1星期左右。虽然说在这些商店也可以买到干燥的咖喱叶，不过干燥的咖喱叶没有购买价值。

收获时节与方法

虽然咖喱叶是落叶树的叶子，不过在热带地区，几乎整年都可以摘取到。从印度的泰米尔纳德邦和安德拉邦的农场里，会运来新鲜成束贩卖的咖喱叶。目前，最佳的干燥方式是真空干燥，可以保留住新鲜叶片的颜色和少许的香气。

风味配对

适合搭配的食物种类：鱼类、小羊肉、兵豆、米饭、海鲜、大部分的蔬菜。

适合一起混用的香草或香料种类：小豆蔻、辣椒、椰子、胡荽叶、小茴香、葫芦巴籽、大蒜、芥末籽、胡椒、姜黄。

咖喱叶（Curry leaves）
Murraya koenigii

咖喱叶是一种小型落叶树的叶片，这种树木在喜马拉雅山脚下、印度许多地区、泰国北部以及斯里兰卡等地都有生长。在印度南部，已经有几百年人工栽培的历史。多数规模都很小，仅栽种在私人的庭园里，作为烹调之用。不过，近年来开始有大规模的商业化耕作。在澳洲北部，这几年也开始建立起生产咖喱叶的大农场。

新鲜的叶片
每枝细长的茎上，可能会长有20片翠绿的小叶片。

烹调用途

等要用到咖喱叶时，才会将新鲜的咖喱叶从树头上摘下来。在印度南部的料理中，咖喱叶是种很常见的材料，地位就跟印度北部料理中的胡荽差不多。当地许多苗圃都有栽种咖喱叶，厨师会在园里摘下后，直接加进印度西部古吉拉特邦的素食料理之中。印度西南部的卡拉拉邦，在鱼香咖喱和文火细熬的炖肉的用法也差不多，不仅如此，当地也是全印度境内，唯一把咖喱叶列入咖喱综合香料配方所必备材料的地区。印度其他地方，多半会等到烹饪最后5分钟，才加入咖喱叶。

斯里兰卡的咖喱配方，原则上都会放咖喱叶进去，斯里兰卡咖喱的颜色看起来比印度咖喱还要深，尝起来也比较浓。因为斯里兰卡人在制作咖喱前，会先将材料烘烤得久一点，他们还会在咖喱里面放入岛上特产的香料，例如肉桂和小豆蔻等。迁徙到斐济的印度移民，将咖喱叶传了过去。南非的坦米尔料理，则视咖喱叶为重要材料。

用印度酥油或一般食用油，在烹饪开始材料还没加入前，将咖喱叶和芥末籽、阿魏草根或是洋葱，稍微快炒一下替料理调味。不过同样的材料，更常见的做法是，等到料理快结束时才放进去，当作最后的调味。例如，basic bagaar或tadka，都是一般兵豆料理中适合的调味料。将咖喱叶切碎或压碎后，就可以用在酸甜调味汁之中（其中最有名的一种就是酸甜椰奶汁）、开胃佐料和海鲜用的卤汁里。整片的咖喱叶则可以用腌渍食物。

西方料理渐渐地开始欣赏咖喱叶的料理。咖喱叶能为咖喱增添细致的香料味。初学者可以先从放入整株咖喱叶嫩枝开始，等到上菜时再捞出来即可。不过，经过烹煮后的咖喱叶叶片，质地会变得很柔软，而且其滋味很容易让人上瘾。

斯里兰卡咖喱粉

这种咖喱粉的材料有咖喱、胡荽、小茴香、葫芦巴、米、辣椒、黑胡椒粒、丁香、青小豆蔻和肉桂（p.278）。

特征

胭脂树的种子有淡淡的花朵或胡椒薄荷的香气。尝起来滋味细致，有质朴的土味，含微微的胡椒味，还稍带苦味。如果不单只是加一点作食物的染料，而是在料理中加入大量的胭脂籽的话，食物就会多出一股怡人的大地气息。

 使用部位

干燥的种子。

 购买与储存

市面上贩售的胭脂籽，可分成颗粒完整和研磨成粉末状的。到西印度商店和香料商店都可以买到。胭脂籽的颜色，应该是看起来很有朝气的铁锈红，不要买那种看起来偏褐色、一副萎靡模样的胭脂籽。磨成粉的种子，常会跟玉米粉混在一起，有时候也会跟其他香料混合搭配，例如小茴香之类的。不管是完整的种子还是胭脂籽粉，都应该储存在密封罐内，避免光线直射。种子的保存时间至少可达3年。

 收获时机与方法

开完像玫瑰花般大朵的花朵之后，在枝头上就会结出长满小针、刺刺的橘红色果实。每一个果实，含有约50个砖红色、有棱有角的种子。成熟后，就可以采收胭脂树的豆荚，将豆荚打开，浸泡在水中，分离果肉和种子。原先嵌有种子的果肉，会被压制成块状，当作染料使用。至于种子的部分，经过干燥后，则会当作香料使用。

胭脂籽（Annatto）

Bixa orellana

　　胭脂树是一种小型的常青树，原产地在南美洲。胭脂树的果实中橘红色的种子，就是我们平常看到的香料——胭脂籽。在哥伦布引进殖民势力之前，当地人就开始利用胭脂树的种子，将其当作食物和衣服的染料以及身体彩绘的颜料。在西方，胭脂籽（以墨西哥原住民的纳瓦特尔语来说，就叫作 achiote），仍保持类似的用途，当作奶油乳酪、熏鱼干以及化妆品之类的天然色素。巴西和菲律宾是胭脂树的主要生产国，不过除了这两个地方，在中美洲各地、加勒比海列岛以及亚洲一些地区，也都长有胭脂树。

磨成粉末状的胭脂籽
干燥的胭脂籽，非常坚硬，如果要加以研磨的话，最好使用电动研磨机。

完整的干燥胭脂籽
完整的颗粒种子，多半是当作染料使用。将1/2茶匙的胭脂籽，倒入1大匙的沸水中，浸泡1小时，或是等到水变成深橘色即可。

烹调用途

将胭脂树的种子泡进热水里，水就会染上胭脂红，可以用来熬高汤或炖菜，也可以用来帮米饭染色。在加勒比海列岛，会先用肥肉或油，以小火将胭脂籽炒过，然后将种子捞出来丢弃。这种炒过胭脂籽的油，颜色会变成较深的金黄色甚至是橘色，可以用来烹调。这种油必须要储存在密封玻璃罐内，放入冰箱冷藏，可以保存好几个月。

在牙买加，当地人会将胭脂籽配上洋葱和辣椒一起制成酱料。当地最常见，也可以说是牙买加的代表料理——咸鱼和阿开木果，就能配着这种酱料食用。在菲律宾，会将胭脂籽磨成粉后，加进汤品和炖菜里染色。当地名产pipián，是一种用猪肉和鸡肉煮出来的汤，胭脂树籽就是这道汤品的重要材料之一。在秘鲁，

胭脂籽的主要功能是用于卤汁。在委内瑞拉，将胭脂籽和大蒜、红椒粉和香草混合均匀后，就是当地很普遍的克里奥尔调味料。在墨西哥，当地的胭脂红酱里面也有用到胭脂籽。这种酱料是墨西哥名菜"烤香蕉叶包红糟鸡"的基本调味料。这道菜的做法是将鸡肉腌过之后，用香蕉叶包起来，然后放入炭窑里烧烤。除此之外，这种酱料也可以用来涂抹在鱼肉或猪肉上，放在铁架上烧烤。在墨西哥，除了上述这些做法，胭脂籽有时候也会加进面团里，然后用这种面团来做 tamales。所谓的 tamales，指的是玉米粉制成的包馅卷饼，外面包上玉米壳，经过蒸制而成的食物。在越南，厨师会用胭脂籽染色过的油，在炖煮料理中使用，帮炖煮的食物染色。

风味配对

配方基本素材：墨西哥绿酱、胭脂红酱。

适合搭配的食物种类：牛肉、蛋料理、鱼类特别是盐腌鳕鱼、秋葵、洋葱、胡椒、猪肉、家禽肉、豆类、米饭、南瓜属植物、甘薯、番茄、大多数的蔬菜都适用。

适合一起混用的香草或香料种类：甜胡椒、辣椒、柑橘果汁、丁香、小茴香、藜、大蒜、牛至、红椒粉、花生。

胭脂红酱

烹煮墨西哥犹加敦半岛料理，一定要准备胭脂红酱。这道酱料的材料除了胭脂籽，还包括黑胡椒粒、丁香、小茴香、胡荽籽、干燥牛至、大蒜、苦橙汁或香酒醋。也可以视个人口味，再行添加小根的红辣椒（p.288）。

特征

腌渍的酸豆，把浸泡的醋或盐都冲洗干净后，尝起来的滋味咸中带有辛辣清新，像是柠檬的气味。酸豆的辛辣味道，主要来自于它的一种芥末油成分，也就是糖苷，这种成分在辣根和山葵中也找得到。

 使用部位

还没开花的花蕾；未成熟的果实。

 购买与储存

法国南部所产的酸豆，是根据大小来划分等级，从nonpareilles到capottes，颗粒越小的品质越好。其他酸豆的重要产地尚有塞浦路斯、马尔他、意大利、西班牙和美国加利福尼亚州。一般来说，腌渍酸豆的保存时间很长，不过前提是酸豆必须一直浸泡在罐内的液体中（尽量不要全用醋来浸泡），一旦腌渍了酸豆之后，就不要再去动罐内的腌渍汁。不能添加新液体进去，也不能把旧的浸泡液体倒掉换新的。

 收获时机与方法

等到酸豆的花蕾长到适当的大小时，就可人工采撷下来。根据酸豆花蕾的大小，放上1~2天让花蕾萎缩。再将这些萎缩的花蕾用盐或醋来腌渍。西西里岛上所产的腌酸豆颗粒比较大，同时味道也非常浓，采取的腌渍方法为盐腌，跟最佳等级的酸豆所采用的方法一样。用盐腌的方法，比一般腌渍法更能保留住酸豆的风味和口感。

酸豆（Capers）
Capparis species

酸豆是一种小型的灌木，原产地可能是中亚和西亚的干燥地区，不过现在变成地中海四周地区常见的植物，生长范围最南可达撒哈拉沙漠，最东可至伊朗北部。今天，许多气候相仿的国家，都能成功地利用人工栽培法，种植出酸豆来。在气候非常炎热的国家，当地野生的酸豆品种多半为 *C.spinosa*。这种品种，正如其名所暗示的一样，长有很多刺。当地的人工栽培品种则是 *C.inermis*，这种品种就没有刺了。在印度北部使用品种则是 *C.decidua*。

酸豆
一般常见的腌渍酸豆，不是用醋就是用盐来腌。腌渍酸豆的品质好坏，取决于酸豆的产地、腌渍的方法以及酸豆的大小。

烹调用途

酸豆是许多酱料的重要材料，例如雷毕哥油醋酱、雷莫拉蛋黄酱、塔塔酱和番茄口味的莎莎酱。至于英式酸豆酱，传统上都搭配羊肉食用，不过也可配上肉质结实的鱼类。酸豆适用于大多数的鱼类和鸡肉，无论是用酸豆调味或装饰，都可以变化出许多种不同的花样。盐腌鳕鱼通常会搭配酸豆和青橄榄。这也是在西西里岛和伊奥利亚岛上鱼类料理最常见的做法。在西班牙，酸豆和杏仁、大蒜、荷兰芹混合均匀后，可佐以炸鱼食用。若是配上黑橄榄，就变成普罗旺斯橄榄酱的基本材料，这种组合也很适合加进砂锅炖鸡肉或兔肉

里。只单用酸豆一味，就可帮许多富含油脂的肉类料理调味。酸豆现在也已经变成比萨上常见的装饰了。在匈牙利和奥地利，会用酸豆帮Liptauer软质乳酪调味。酸豆和酸豆的浆果，跟橄榄一样，都可以直接吃，或是当作开胃佐料拌上肉类冷盘、熏鱼或是乳酪皆宜。只要拿捏得好，适量的酸豆可以帮沙拉提味。

腌渍或是只有盐腌的酸豆，使用前要先冲洗干净。如果烹调时用到酸豆，就要在快煮好时加入，否则长时间的烹调会让酸豆尝起来有种难吃的苦味。

风味配对

配方基本素材：普罗旺斯橄榄酱、各式各样的酱料。

适合搭配的食物种类：朝鲜蓟、茄子、鱼、青豆、小胡瓜、富含油脂的肉类（如羔羊肉）、橄榄油、土豆、家禽肉、海鲜、番茄。

适合一起混用的香草或香料种类：朝鲜蓟、罗勒、芹菜、大蒜、柠檬、芥末、橄榄、牛至、荷兰芹、芝麻菜、龙蒿。

浆果

俗称的酸豆浆果，指的是 *Capparis* 这个品种所结出的半成熟、小颗粒的果实。通常会泡在醋里保存。酸豆浆果尝起来的味道跟酸豆很像，不过有时味道不如酸豆那么强烈。

叶片与嫩芽

市面上可以看到罐装的腌酸豆叶和酸豆嫩芽。酸豆的叶片和未成熟的花蕾，都有种怡人的酸豆香，不过酸豆较为粗硬的茎则长有硬刺，最好丢弃不用。

特征

新鲜的葫芦巴叶片，有种青草味，除温和辛辣味道之外，还有点涩涩的口感。干燥的叶片，闻起来则有干草的香气。有些咖喱粉闻起来会有股特别突出的气味，那正是葫芦巴生的种子闻起来的味道。种子尝起来有点像芹菜或圆叶当归，味道苦苦的，质地则是粉状的。

使用部位

新鲜或干燥的叶片、种子。

购买与储存

到伊朗或印度商店，可以找到新鲜的葫芦巴叶片。买回来必须放在冰箱冷藏，2～3天就要用完。干燥的葫芦巴叶应该是绿色的，不该泛黄，必须储存在密封罐。去上述商店或是香料商店，也可以买到葫芦巴的种子。至于种子的保存方法，跟叶片一样。葫芦巴的种子可保存风味达1年以上。只要经过研磨，粉末的风味很快会流失，所以一定要在使用前才来烘烤葫芦巴，并磨成粉。有时候，某些健康食品店里，也有葫芦巴的嫩芽。

收获时机与方法

葫芦巴是一种一年生植物，在日照充足、土壤肥沃的地方，即可播种种植。如果能自己栽培的话，就同时有葫芦巴叶片和葫芦巴种子可用了。葫芦巴会开白色或黄色的花朵，开完花之后，就会结狭长的淡褐色豆荚，等豆荚成熟后，采收下来，取出种子晒干即可。

风味配对

配方的基本素材：南印度素辣粉、孟加拉五香粉、埃塞俄比亚综合香料、也门葫芦巴酱。

适合搭配的食物种类：鱼香咖喱、绿色和根茎类蔬菜、小羊肉、土豆、豆类、米饭、番茄。

适合搭配的香草或香料种类：小豆蔻、肉桂、丁香、胡荽、小茴香、茴香籽、大蒜、干燥青柠、黑种草、胡椒、姜黄。

葫芦巴（Fenugreek）
Trigonella foenum-graecum

葫芦巴的原产地在西亚和东南欧，它在烹调方面的用途历史十分悠久。葫芦巴的拉丁学名 *Trigonella*，意指三角形的花朵。蓝色的葫芦巴生长在阿尔卑斯山和高加索地区；在瑞士，葫芦巴干燥的叶子被磨成绿色粉末；在格鲁吉亚，其种子被用作香料。

烹调用途

葫芦巴含有丰富的蛋白质、矿物质以及维生素，是印度素食料理常见的材料。

新鲜的葫芦巴叶，在印度称作methi，被广泛当作一种蔬菜，配上土豆、菠菜或是米饭。食用切碎的葫芦巴叶，还可以加进面团里，做成大圆盘形烤饼和印度面包。而干燥的葫芦巴叶则可以用来帮酱料和卤肉汁调味。伊朗经典的香草炖小羊肉 ghormeh sabzi，其中基本材料之一就是新鲜或干燥的葫芦巴叶。

我们可以在印度腌渍物和酸甜调味汁与印度南方的南印度素辣粉以及孟加拉的孟加拉五香粉的材料中，找到葫芦巴籽。葫芦巴籽的味道跟兵豆和鱼肉都很合，所以印度南方的豆类料理和鱼香咖喱之中也很常使用。如果将葫芦巴籽和面粉一起碾磨，就是当地的一种像纸一样薄的烙饼的原料。在埃及和埃塞俄比亚，当地人都会拿葫芦巴籽帮面包调味，而且它也是埃塞俄比亚综合香料的固定材料。在土耳其和亚美尼亚，将葫芦巴磨成粉，配上辣椒和大蒜，就可以直接抹到当地著名的牛肉干 pastirma 上去吃。用葫芦巴嫩芽搭配番茄、橄榄和醋油，就是一道美味的沙拉。

完整的种子

稍微烧烤一下，或是加点油略炒一下，都能让葫芦巴种子的风味更加芳醇，种子尝起来有坚果和焦糖般的香气，或是枫糖浆的风味。但是加热太久，反而会使苦叶转强。烤过的葫芦巴种子必须马上使用。如果要用葫芦巴种子来调制酱料，使用前要先浸泡几个小时。

独活草（Ajowan）

Trachyspermum ammi

独活草的原产地在印度南部，是一种矮小的一年生伞形科植物，跟葛缕子和小茴香是近亲。在印度全国上下，独活草的种子都是一种很受欢迎的香料。此外在巴基斯坦、阿富汗、伊朗以及埃及等地，也都有生长，当地人也都会用到独活草。在发明人工合成的百里香酚之前，独活草中的精油一直是世界上最主要的百里香酚来源。百里香酚是一种可以抗菌防腐的酚类化合物。

烹调用途

独活草的用量要有所节制，太多的独活草籽会让菜肴尝起来苦涩。经过烹调，独活草籽的味道会愈发圆润甘醇，味道会变得有点像百里香或牛至，不过比较起来，独活草的味道比较强一点，而且还多了点胡椒味。

独活草很适合与淀粉类的食物一起使用。在亚洲西南部，当地的面包、咸口味的点心和油炸小点心（特别是那种用鸡豆粉做成的点心），都会用到独活草。独活草也可以作为腌渍物和根茎类蔬菜的调味料。当地人通常还会把独活草跟豆类一起烹煮，由于独活草有益于缓和胃胀气，所以也有人会咀嚼独活草来帮助消化。此外，独活草也是某种咖喱的材料之一。在印度西部的古吉拉特邦，当地的素食材料就很常用到独活草。当地人会在面糊里加入独活草籽，沾在蔬菜上油炸蔬菜和印度炸面团，或是配上辣椒和新鲜的胡荽，用来帮一种叫作pudlas的薄煎饼调味。在印度北部，会先将独活草和其他香料用印度酥油炒过之后，再加进料理之中。大体上说，配方最熟知的做法，应该是一种很常见的点心——孟买脆点。

磨碎的种子

独活草的种子，一般来说，不是用整颗完整的，就是用已经捣碎了的粉末。记得要使用前才能磨碎独活草种子。

完整的种子

独活草的种子颗粒很小，有着突出的脊，呈椭圆形，颜色从灰绿色到红棕色都有，很像芹菜的籽粒。

特征

乳香有种淡淡的松木香。尝起来有点像苏打水，有淡淡的苦味，相当怡人。乳香还能让人保持口气清新。

使用部位

树脂干燥后所凝结的泪状树脂。使用前要先把乳香磨成粉末，才能均匀地融入料理之中。

购买与储存

乳香的价格昂贵，而且产量也不多。不过烹饪时，一次只需要一点点就够了。到希腊或中东商店，或是香料专卖店，就可以买到乳香。储藏于阴凉的场所即可。

收获时机与方法

乳香黄连木这种常青树的生长速度非常缓慢，大概要到栽种后的第5年或第6年时，才会开始产出乳香。此后，产期约有50～60年之久。乳香的收成期是每年的7～10月。将长有许多树瘤的树干斜斜地切开，就会流出黏黏的树脂。有些树脂黏到树上，有些则会滴在地上，一旦接触到空气，树脂就会硬化成泪珠状。此时就可以将这些硬化的树脂采集起来冲洗，再用人工清理干净，静置待干。

风味配对

适合搭配的食物种类：杏仁、杏子、新鲜乳酪、椰枣、牛奶甜点、开心果、玫瑰或橙花花水、胡桃。

适合一起混用的香草或香料种类：甜胡椒、小豆蔻、肉桂、丁香、黑樱桃籽、黑种草、芝麻。

乳香（Mastic）
Prunus mahaleb

乳香黄连木的原产地在希腊爱琴海东部的希俄斯岛上，将其中一种品种的树皮剥下来，流出的树脂就是乳香。这种树有很多树派，在树干的表皮之下，蕴藏了丰富的乳香。树脂凝结后的片块，有些是像鸡蛋一样的椭圆形，有些则是比较长的椭圆形，统称为"泪状树脂"。这些树脂有着半透明、淡金色的色泽。乳香的质地脆弱易碎，不过如果放进嘴里慢慢咀嚼，反而会觉得很像口香糖。

烹调用途

乳香的主要用途为烘焙、甜点和蜜饯的使用。希腊人在烤应景面包时，就会用到乳香，例如复活节面包。塞浦路斯人则是将乳香用在复活节的乳酪点心中。大部分乳香都会销往土耳其和阿拉伯国家。将乳香配上糖、玫瑰或橙花花水之后，就可以用来帮牛奶布丁、酥饼的水果干或坚果馅、土耳其糖霜橡皮糖和腌渍物调味。而加有乳香的冰淇淋，吃起来则有香香弹牙的口感。在土耳其港口城市伊兹密尔，当地的名产就是乳香汤、乳香炖品以及乳香蜜饯。

滴状乳香

乳香其实就是最早的口香糖，可以让口气清新，还能帮助消化。

红花（Safflower）

Carthamus tinctorius

红花是种古老的作物，外形有点像蓟花。以前只有少量种植，提供当地当作药物、染料、食物色素或香料使用。而今天，红花在世界各地都有栽种，主要栽培目的是为了取得红花籽油。一些黑心商人，有时会用红花冒充昂贵的番红花，向游客兜售。不过事实上，在某些国家，红花的确又名"亲种番红花"或"伪番红花"。

烹调用途

虽然红花也能帮米饭和炖菜染成淡淡的金黄色，不过却没有番红花那种复杂的香气，染出来的颜色也没有番红花深。在印度和阿拉伯世界，通常都将红花花瓣直接加进料理中，或是用泡过红花的温水帮食物染色。在葡萄牙，炖鱼的调味酱和炸鱼的香醋酱，都会用到红花。在土耳其，红花一样也可以用在烹饪之中，不过当地比较常见的用法，是将红花当作肉类或蔬菜料理的盘面装饰。

红花籽油含有丰富的单不饱和脂肪酸，有助于预防心血管疾病。

干燥的花瓣

红花树长得很高很挺拔，叶缘有许多小刺，会开球形的花朵。新鲜花朵的颜色是深红色，尖端呈黄色。摘下干燥之后，颜色就会变成黄色到鲜橘色，甚至到砖红色。

特征

红花的香气很淡，闻起来偏向草本香，还带点皮革味。尝起来苦苦的，还有点辛辣。虽然红花也含有红花红色素（carthamin）和红花黄色素（saflor yellow）这两种色素染剂，但是却缺少会散发出香气的精油成分。

使用部位

干燥的花朵。

购买与储存

在某些香料商店，或是到使用红花的国家当地市场，都可以买到红花。市售的红花有两种：一种是松散的干燥花瓣，另一种是经过压缩的红花块。在土耳其，红花是很常见的材料，当地可能称红花为"土耳其番红花"。买回来的红花要放进密封罐内保存。大概保存6～8个月后，红花的味道就会消散殆尽。

收获时机与方法

夏天是红花收成季节，将采下的红花放在日光下干燥，然后压碎。

风味配对

适合搭配的食物种类：鱼类、米饭、根茎类蔬菜。

适合一起混用香草或香料种类：辣椒、胡荽叶、小茴香、大蒜、红椒粉、荷兰芹。

特征

黑胡椒有种细致的辛辣水果香与温暖的木质香，还带淡淡的柠檬味。尝起来辛辣刺激，入口后余味依然强烈。白胡椒的香气没有黑胡椒那么强，闻起来带点麝香味，不过它比黑胡椒还要辣，入口后有种甘甜的余味。

 使用部位

未成熟和已经成熟的果实。

 购买与储存

胡椒颗粒最好用日晒法晒干。如果用人工干燥的话，温度太高，反而会使胡椒中某些精油成分挥发掉。黑胡椒和白胡椒磨成粉，很快就会失去原先的风味，所以最好购买整粒的胡椒果实，等到需要时再用胡椒研磨器研磨成粉，或用研钵敲碎亦可。将胡椒粒放入密封罐保存的话，可以保存1年之久。

 收获时机与方法

若是要制作黑胡椒，就要采收未成熟的青色果实，略加发酵，再经过干燥即可。经过干燥后，胡椒粒表皮会皱缩起来，颜色会变成黑色或深褐色；若是要制作白胡椒，就要摘取几乎完全成熟的黄红色果实，浸泡软化以去除外皮。等到胡椒皮脱下来后，加以冲洗并经过日晒干燥即可。

胡椒（Pepper）
Piper nigrum

香料贸易的历史，基本上就是一段寻求胡椒的历史。产于印度的马拉巴尔海岸的胡椒粒和长胡椒，至少在3000年前，就传到了欧洲。当时胡椒的贸易路线受到严格保护，许多帝国因胡椒而兴起，也因失去胡椒而衰败。到了公元408年，哥特人（Goths）围攻罗马时，他们就曾要求罗马人以胡椒作为贡品。当时，1盎司胡椒可换1盎司黄金。胡椒甚至可以作为货币，用来付租金，当作嫁妆，还有缴税。无论是从产量还是价值来看，今天胡椒还是世界上最重要的香料作物。印度、印度尼西亚、巴西、马来西亚及越南都是主要的生产国。

完整的颗粒

颗粒越大、大小均一、颜色呈深褐色到黑色的胡椒，品质越好，同时价格越高。胡椒的香味和风味其实比胡椒是否辛辣还重要。一般公认，最佳的胡椒产自于印度尼西亚的蒙托克岛。

压碎的胡椒

压碎的胡椒颗粒，可以涂抹到要用铁架烧烤的牛排上。也可将这种碎胡椒加进卤汁中增添风味。

研磨成粉的胡椒

制作奶油白酱时，白胡椒比黑胡椒更适合。

不同产地的胡椒，特色和味道也会有所不同，所以胡椒的产地就是划分胡椒的重要指标。大致来说，胡椒的味道，会受到本身所含的精油成分影响，胡椒里面所含的胡椒碱，就是造成胡椒尝起来很辛辣的原因。黑胡椒不但有香味，尝起来也相当辛辣。白胡椒的精油成分比黑胡椒来得少。这是因为白胡椒的精油成分主要都在胡椒的外壳上，白胡椒在制作过程中剥除了外壳。这也说明了为什么尽管白胡椒会辣，但是香味却不如黑胡椒的原因。胡椒精油中含有芬芳的成分，会随着时间渐渐挥发掉。而胡椒的精油和各种胡椒碱的成分，则会因为产地不同而有所差异。品质最佳的胡椒有种水果香气及清新的辛辣

味。其中，"tellicherry"这个等级的胡椒，是浆果颗粒最大的，印度尼西亚的楠榜胡椒所含的胡椒碱比较多，精油成分却比较少，所以它的味道是辛辣胜于芬芳，同时它的浆果比较小，颜色为灰黑色。马来西亚的沙劳越胡椒跟印度尼西亚的胡椒浆果比起来，香气更淡，不过尝起来却更辣也更刺激。巴西产的胡椒，胡椒碱的成分很低，所以味道相当平淡。越南产的胡椒，颜色看起来很淡，尝起来也是如此。

红胡椒粒

红色或是粉红色的胡椒粒，都是完全成熟的果实。市面上的红胡椒或粉红胡椒颗粒，多半都是保存在浓盐或是晶醋里。这种胡椒颗粒有着柔软的外壳，尝起来有着近似甘甜的细致水果味。果实中的核，则有着中等的辣度，且辣味可以持续很久。

青胡椒粒

青胡椒粒的香气很淡，有着清新讨喜的辣味，而不是那种辣到舌头发麻，除了辣味之外什么都尝不出来的辣。市面上的青胡椒，有些是经过冷冻或是干燥或是脱水处理所制成。此外，也有浸泡在浓盐水或醋里的青胡椒。新鲜的青胡椒和红胡椒浆果，都应该放进冰箱内冷藏保存。

　　光看藤蔓上安稳生长的胡椒外观，实在看不出这种香料曾是战争纷乱的起源与帝国兴起的根基。

在西方，胡椒总是搭配盐，摆在餐桌上当作佐料。直到今天，从总产量与经济价值的层面来看，胡椒仍然是最重要的香料。

风味配对

配方基本素材：阿拉伯综合香料、埃塞俄比亚综合香料、北印度综合香料、摩洛哥什锦香料、法式四味香料。

适合搭配的食物种类：大部分的食物皆宜。

适合一起混用的香草或香料种类：罗勒、小豆蔻、肉桂、丁香、椰奶、胡荽、小茴香、大蒜、姜、柠檬、青柠、肉豆蔻、荷兰芹、迷迭香、百里香、姜黄。

其他胡椒

长胡椒（Long Pepper）

长胡椒有两个品种："P. longum"和"P. retrofactum"，原产地分别在印度和印度尼西亚。长胡椒主要用在亚洲、东非和北非的慢火炖煮料理和腌渍中。长胡椒要趁着小小的果实上的花穗还是绿色时，就采收下来，日晒干燥到花穗看起来就像是灰黑色的柔荑花即可。一般选用颗粒完整的长胡椒使用。长胡椒闻起来甜甜的，刚开始尝起来有点像黑胡椒，不过后味更为辛辣，吃下去会觉得舌头有点麻麻的。印度尼西亚产的长胡椒比印度产的长胡椒长，味道更辛辣。

烹调用途

胡椒的味道不偏咸也不偏甜，就只是辛辣而已。尽管胡椒常用在咸味料理中，其实胡椒也可以帮水果调味。胡椒不但可以带出其他香料的味道，就算经过加热烹调，也能完整保留其味道。

世界各地的料理，都能尝出黑胡椒的滋味。就连爱辣椒的拉丁美洲和南亚，也会用胡椒来烹调液体、高汤、沙拉酱以及各式酱汁。除此之外，也会将压碎的胡椒颗粒，加进香料配方和卤汁当中。磨成粉末的胡椒，可以涂抹到鱼类和肉类上，再放到铁架上去烧烤。胡椒除了可以帮炖饭和咖喱调味，也可以帮简单的奶油蔬菜和烟熏鱼肉调味。

在调制淡色的酱料和奶油浓汤时，为了维持这些食物雪白迷人的外表，会使用白胡椒来调味。不过，只需少量使用即可。白胡椒很辣。

在法国，有种常见的香料配方称作"法式胡椒调味料"，这种配方里面同时使用了白胡椒和黑胡椒。黑胡椒带来香味，白胡椒则增添辣味。

在使用腌渍于浓盐水中的胡椒粒前，要先将胡椒粒冲洗干净。青胡椒跟偏甜味的香料很搭，所以像肉桂、姜、月桂、茴香籽、香茅等，都很适合搭配青胡椒，用来帮猪肉、鸡肉、龙虾、螃蟹、鱼类（特别是鲑鱼）调味。其中鸡肉的调味法，是将压碎的胡椒粒加上奶油和姜混合均匀后，涂抹在鸡皮下的肉上，再将鸡肉送进烤箱烘烤。除此之外，青胡椒粒也很适合制成美味的黑椒牛柳，跟法式第戎芥末酱混合起来也很好吃。红胡椒粒的用法跟青胡椒粒差不多。

法式胡椒调味料

黑胡椒粒和白胡椒粒（学名为P.nigrum），是这种法国调味料的材料。

荜澄茄（Cubeb）

Piper cubeba

　　荜澄茄是胡椒科属的一员，原产地在爪哇岛和印度尼西亚其他岛屿上，是一种热带攀爬植物的果实。16世纪起，在爪哇岛上就开始有人工栽培，从那时起的200年间，荜澄茄在欧洲一直是很受欢迎的黑胡椒替代品。但是到了19世纪时，荜澄茄却变成市面上很难买到的一种香料。直到今天，对西方人来说，荜澄茄可以说是一种完全陌生的植物，不过最近，香料爱好者似乎又对荜澄茄重新燃起兴趣。

烹调用途

　　荜澄茄的别名又叫作爪哇胡椒或长尾胡椒，虽然在斯里兰卡岛上也有栽种，但还是以印度尼西亚为主要使用地区，斯里兰卡则较少用到荜澄茄。从7世纪开始，阿拉伯人就开始了荜澄茄的香料买卖，而且荜澄茄一度还在阿拉伯料理中占了一席之地。如今能找到的荜澄茄香料配方，只有摩洛哥流传至今的什锦香料。荜澄茄可用来帮北非陶锅炖小羊肉或羊肉调味，也可以在慢功细熬炖煮料理时，用来代替甜胡椒。荜澄茄最适合的料理分为肉类料理和蔬菜料理。

　　有时候，人们会将荜澄茄跟另外两种植物搞混。这两种植物分别是阿善提胡椒，学名为*P. guineense*，以及贝南胡椒，学名为*P.clusii*。这两种植物一样也有茎，所以也常有人唤它们作"假荜澄茄"。

完整的果实

荜澄茄的果实看起来皱巴巴的，比胡椒粒还要大一点，而且还有条短短细细的尾巴。有些果实里面有一颗籽，有些则没有，呈空心状。

特征

荜澄茄的香气温暖怡人，有淡淡的胡椒味，不过又有点像甜胡椒，似乎隐约又有着尤加利和松节油的味道。未烹煮前，生的荜澄茄有非常强烈、类似松木的那种刺激味道，同时还有着挥之不去的淡淡苦味。但是经过加热烹调后，就能带出荜澄茄类似甜胡椒的味道。

使用部位

未成熟的果实。

购买与储存

一般市面上很难找到荜澄茄，在一些香料专卖店也许可以看到。荜澄茄的风味不会因为久放而变差，但是平时烹调时，只需要用到少量的荜澄茄，所以一次不用买太多。将购买回来的整粒荜澄茄装进密封罐内，可保存2年以上。等到要用时，再将荜澄茄磨成粉即可。

收获时机与方法

当荜澄茄还是青色的果实时，就该采收下来，经过太阳曝晒风干后，荜澄茄的颜色就会变成很深的棕黑色。

风味配对

适合一起混用的香草和香料种类：月桂、小豆蔻、肉桂、咖喱叶、迷迭香、鼠尾草、百里香以及姜黄。

特征

不同香叶的香味和风味，请参照每一种品种的说明。

 使用部位

新鲜或干燥的叶片。

 购买与储存

邮购或是上网选购，可以买到大多数的干燥香叶。尽管干燥叶片的味道也蛮不错，但是新鲜的香叶还是值得用保鲜膜将每片香叶隔开，冷冻保存。在美国的拉丁商店，可以买到新鲜或是干燥的hoja santa叶。到东南亚商店，可以买到新鲜的lá lót叶片。要购买干燥的salam叶片的话，就要到荷兰当地的印尼商店。至于鳄梨叶片，同样的，在美国的拉丁商店就可以买到。

 收获时机与方法

某些美国苗圃里，有出售鳄梨树。在荷兰则可以买到salam树。随时都可以从树上采下新鲜的香叶来使用。也可以将采下来的香叶，放在阴暗处慢慢晾干再包装出售。

香叶（Aromatic leaves）
Various species

在世界各地，某些树种的叶子带有香气，可以当作调味料使用。关于这些叶片的叙述，有时候会被误认为月桂叶。尽管这类香叶的用法跟月桂叶的用法可能很相似，但是它们之间的香味成分却非常不同。本书在这里列出一些较为罕见的香叶品种。现在这些香叶，已经逐渐在原产地之外的地区打开知名度了。

Hoja Santa *Piper auritum*

这种植物是*P.nigrum*的亲戚，生长在中美洲和美国得克萨斯州。新鲜的叶片有淡淡的辛辣味和麝香味，尝起来隐约有点薄荷和大茴香的滋味。干燥的叶片则有种介于大茴香和茴香之间的温暖香气，隐约有着柑橘的清香。

Lá lót *Piper samentosum*

这种胡椒品种的树木叶片，有着淡淡的辛辣味。两个主要的使用国家分别是泰国和越南。这种香叶的泰文名字"chaa phluu"，越文名字则为"lá lót"。有着比较大的、表面光滑、圆形偏心形的叶片，有时候会被人误认为蒌叶，在印度被当作帮助消化剂使用。

烹调用途

　　Hoja santa这种大片的柔软心形叶片，是墨西哥料理、特别是墨西哥东部的韦拉克鲁斯州和南部的瓦哈卡州中最具代表性的香料。这种叶片可以用来包裹鱼或鸡肉，再拿去蒸或烤。也可以垫在砂锅里，放入鱼类或鸡肉去炖煮。同时，它也是墨西哥玉米粉蒸肉的调味料。配上其他香草后，还可以制成墨西哥绿酱。这种香叶和辣椒、大蒜、墨西哥薄荷金盏花以及红椒粉的味道都很合。在包裹食物时，也可以用鳄梨叶代替hoja santa，别有一

番风味。将鳄梨叶配上切碎的茴香叶之后，放入米粉蒸肉中。而鳄梨叶配上茴香之后，味道就近似于hoja santa。

　　泰国有道用lá lót这种香叶包裹的点心料理，叫作"泰式香叶包"，内馅的材料包括烤过的椰子、花生、嫩姜、红葱头、辣椒及切成丁的青柠果粒或其他水果粒。在越南，会用lá lót叶来包春卷，或是拿去包铁架上炙烤的小片牛肉。除此之外，lá lót叶也可以加进汤品调味。

　　新鲜的salam叶可以用在质地较稀、有点像汤的蔬菜料理、热炒蔬菜中，或是配上牛肉、炖鸡肉或鸭肉一起食用。

此外，在巴厘岛，还可以用salam叶配上炭烤或烘烤的猪肉。干燥的salam叶没有新鲜叶片那么香。不过会随着加热烹调，渐渐散发出香味。Salam叶和其他东南亚出产的香料，例如辣椒、大蒜、芦苇姜、姜、香茅、罗望子和椰奶以及胡椒、肉桂、丁香、肉豆蔻的味道都很协调。

　　在墨西哥，当地人会用新鲜或干燥的鳄梨叶，给墨西哥玉米粉蒸肉、炖菜或是炭火烤肉等调味。此外，也可以用鳄梨叶来包裹食物。鳄梨叶使用之前，通常会先稍微烘烤一下，再使用整片或磨成粉的叶子。

Salam　*Eugenia polyantha*

Salam树跟丁香树有生物上的关联，原产地在马来西亚和印度尼西亚。印度尼西亚料理就会用到这种香叶。此香叶有着柠檬的清香，很难找到代替的叶片，不过可以用咖喱叶代替。

鳄梨　*Persea americana*

鳄梨树的叶子很有光泽，尝起来有种淡淡的榛果混合大茴香或是甘草的味道。如果居住地的气候适合鳄梨生长的话，不妨自己种植。鳄梨的果实很美味，加上香气四溢的叶子，可说是双重好处。

特征

山椒整棵树都很香。叶片有着温暖的木质香味，隐约有种柑橘香。尝起来的味道跟闻起来差不多。新鲜的浆果一开始尝起来甜甜的，但是接着樟脑和松节油的味道随之而来，非常辛辣，尝完之后，整个嘴巴都发麻。

使用部位

新鲜或干燥的叶片，新鲜或干燥的浆果。

购买与储存

在澳洲可以买到新鲜或干燥的完整叶片和浆果。将浆果放进保鲜密封拉链袋中，再放入冰箱冷藏，可以保存好几个星期。山椒的浆果比叶片的味道还要浓。不过，不管是山椒的浆果还是叶片，味道绝对比真正的胡椒还要强。所以使用时，要控制分量。在澳洲以外的地区，市面上较常看到的是经过研磨而成的干燥叶粉。选购浆果或叶片时，一次只要买一点就好，因为山椒的用量很少，而且一旦磨成粉后，就算放在密封罐内，味道还是挥发得很快。

收获时机与方法

新鲜的或整片干燥的山椒叶片均可以使用，山椒的干燥叶片很像干燥的月桂叶。成熟的浆果可以拿去干燥，或是放进浓盐水中保存。

风味配对

适合搭配的食物种类：野味、牛肉、小羊肉、豆类、南瓜和南瓜属植物、根茎类蔬菜。

适合一起混用的香草或香料种类：月桂、大蒜、杜松、柠檬香桃木、马郁兰草和牛至、芥末、荷兰芹、红酒、迷迭香、百里香、金合欢。

山椒（Mountain pepper）
Tasmannia lanceolata

山椒是一种小型树木的果实，原产地在澳洲东南方的塔斯马尼亚岛、维多利亚省以及新南威尔斯省的高地。但是，事实上山椒跟学名为 *Piper nigrum* 的攀爬植物胡椒，没有任何的关系。澳洲当地的原住民，似乎从来没有将山椒的叶片或浆果拿来当作食物的调味料。不过之后的早期移民，很快发现山椒的果实磨成粉后，可以当做佐料使用。到了1811年，殖民的历史学家Daniel Mann曾经表示："这种香料树木所产的果实，比胡椒还要辛辣。"

烹调用途

用山椒来代替真正的胡椒时，若选用的是山椒的叶子粉，用量要减半；如果用的是山椒浆果，用量要更少。山椒常常会用来搭配澳洲特产的灌木香料。例如金合欢（p.137）和柠檬香桃木（p.171）。将山椒叶、柠檬香桃木、百里香混合均匀后，就是很棒的卤汁材料，同时也是小羊肉的干式抹料。在澳洲，这种香料配方，可以用来帮当地的肉类料理调味，如袋鼠肉。

山椒浆果的味道很浓烈。所以最佳的使用方式就是加一点点压碎或是完整的浆果，到慢火细熬的炖肉和营养丰富、多料的豆类料理或是综合蔬菜汤中。加热烹调得越久，山椒浆果的呛鼻味道和辛辣滋味，就会慢慢减弱，而且还能让山椒的味道融入整道菜肴中。除此之外，山椒浆果也可以当作经典的法式酱料——椒味酒醋汁的材料。这道酱料很适合搭配牛肉和油脂丰富易于调味的野禽肉，特别是野兔肉或鹿肉。

另一种品种相近的树木，学名为 *T.stipitata*，所产的浆果和叶片冠以"多里高胡椒"的名号，在市面上流通。这个名字取自于它的原产地——澳洲内陆的多里高山。

新鲜的叶片
山椒叶的辣度很持久，吃下去后，会让人联想到四川花椒（p.220），而不是黑胡椒。干燥的叶片，味道比新鲜的还要强烈。

干燥的浆果
用山椒研磨器，就可以将干燥的山椒浆果磨成粉。通常市面上会出售压碎的山椒浆果。压碎的山椒浆果看起来有点像油油的、压碎的黑胡椒。

天堂籽（Grains of Paradise）

Amomun melegueta

天堂籽是一种长得像芦苇的多年生植物的种子。这种植物会开华丽的喇叭形花朵，原产于西非的热带潮湿海岸，范围从利比里亚，经过几内亚海湾，一直到尼日利亚一带。天堂籽的别名有几内亚胡椒、马内奎它胡椒，还有一种比较少见的名称鳄椒。这种香料，最早于13世纪时，由撒哈拉沙漠的商人带到欧洲。当时，天堂籽被当作胡椒代替品使用。现在天堂籽的生产地区还是那几个地方，其中加纳是最大的出口国。

烹调用途

现在西方料理很少用到天堂籽。不过以前天堂籽也曾有过一段风光时期。就算当时的胡椒价格渐渐地便宜了，而且也越来越容易取得，当时的天堂籽仍然很受欢迎。天堂籽可以帮酒类和啤酒调味，也可以加进西班牙白酒里。在17世纪，这种加了天堂籽的调酒，曾经是很受欢迎的奎宁水，不过后来到了19世纪中叶，人们对这种香料失去了兴趣。在北欧，当地以土豆萃炼的开胃酒"生命之水"，仍然会用天堂籽来调味。目前世界上只剩西非和西印度群岛，还会用天堂籽。在Mahgreb，天堂籽是摩洛哥的著名什锦香料配方和突尼斯的突尼斯五香粉的材料之一。天堂籽也很适合为加了糖和香料的热饮酒品调味，或是加在炖小羊肉料理、蔬菜料理中。蔬菜的话，像茄子、土豆以及南瓜都很合适。在使用前，将天堂籽磨成粉，等到烹调快结束时才放进去。如果找不到天堂籽，可以用胡椒配上一点点小豆蔻和姜，作为代替品。

压碎的种子
经过碾压后，天堂籽外面那层红棕色的外壳就会碎裂，露出里面白色的果肉来。

完整的种子
天堂籽的果实有着白色的果肉，里面藏有60～100颗红棕色的小小种子，也就是我们所称的天堂籽。

磨成粉末状的种子
研磨后的天堂籽粉，颗粒很细致，带有香味。

特征

天堂籽跟小豆蔻在植物学上有所关系，但尝起来没有小豆蔻那种樟脑味。天堂籽尝起来很辣，有种胡椒和水果的味道。它的香味跟尝起来的滋味差不多，只不过更淡。

使用部位

种子。

购买与储存

市面上不容易买到天堂籽。香料专卖店可能会有存货，不然就要到西印度群岛的商店或是非洲商店购买，也可以到绿色食品店找找看。将完整颗粒的天堂籽放入密封罐内，可以放上好几年都不会坏。等到要用时研磨成粉即可。

收获时机与方法

天堂籽的果实是一种荚果，外表有着黄色的条纹，大小与形状都与无花果差不多。干燥的荚果呈褐色，且质地转硬，有点像坚果。里面的种子颜色为粟棕色，颗粒很小，形状为钝角锥形。

风味配对

配方基本素材：突尼斯五香粉、摩洛哥什锦香料。

适合搭配的食物种类：茄子、小羊肉、土豆、家禽肉、米饭、南瓜属植物、番茄、根茎类蔬菜。

适合一起混用的香草或香料种类：甜胡椒、肉桂、丁香、小茴香、肉豆蔻。

特征

四川花椒非常香，带有辛辣的木质香，还隐约有着橙皮的味道。日本花椒则偏酸，而且味道也较强烈。这两种香料，尝起来都会让口腔发麻、刺痛。日本花椒的叶片，日文称作"木之眼"，在日本料理中当作盘面的装饰。日本花椒叶有着介于薄荷和罗勒之间的香味。

使用部位

干燥的浆果；新鲜的叶片。

购买与储存

在亚洲商店和香料专卖店，可以买到完整的四川花椒，或是四川花椒粉。这些地方也可以买到磨成粗粒粉末的日本花椒。裂开的浆果比粉末状更能留住香味。买回来的四川花椒或是日本花椒都应该放进密封罐内储存。因为花椒叶的采收时间太短了，所以除了日本，其他地方很难看到日本花椒叶。如果找到日本花椒叶，得赶快用保鲜袋装起来，放进冰箱冷藏，可以保存几天。

收获时机与方法

将红棕色的浆果经过日晒干燥后，剥开来，通常除掉里面黑色味苦的种子。至于日本花椒叶，则是在春天时采收新鲜的叶片使用。

四川花椒与日本花椒
（Sichuan Pepper & Sansho）
Zanthoxylum simulans and Z.piperitum

这两种品种都是多刺白杨树的果实，其中一种是中国四川料理的传统调味料；另一种则是日本的传统调味料。日本花椒又名花椒、日本胡椒，之前亦名fagara（但是现在多刺白杨树已不再归类在*Faraga*的植物属别）。这一类的花椒跟从*Piper nigrum*这种攀爬植物上采撷下来的黑胡椒粒或白胡椒粒，完全没有任何关系，不要搞混了。

完整和裂开的浆果

整颗浆果使用前，需去掉带苦味的种子。而市面上贩售的裂开浆果，都已经把种子去除掉了，不过使用前，还是要检查一下，以免里面有任何残余的种子。

磨成粉末状的浆果
浆果可以单独或是加上盐再去烘烤。之后再加以研磨，即成一种佐料。

烹调用途

四川花椒是中国五香粉中的重要材料。将四川花椒的浆果烘烤3～4分钟后，就可以用在许多菜肴中。干燥烘烤能促使四川花椒的香精油释放出来，不过，温度过高时，四川花椒会冒烟，所以加热时，要控制好温度。等烘烤完成，把里面烤焦变黑的浆果给丢掉。将其静置一旁放凉，之后就可以磨碎。准备电子研磨器，轻松地将四川花椒磨成粉末。而磨好的花椒粉要过筛，去掉豆壳，倒入密封罐内储存，就是一种花椒佐料。磨粉时，一次只磨够用的量，因为磨成粉后，四川花椒的风味很快就会挥发掉。经过烘烤的四川花椒，也可以用来调制香料盐。如果手边有家禽肉或

一般肉类，要放进烤箱烘烤，或放到铁架上烧烤，甚至是要油炸，都可以用四川花椒来调味。此外，四川花椒也可以用来帮热炒菜调味。不妨试着用四川花椒搭配青豆、蘑菇和茄子。

在日本，日本花椒通常是摆在餐桌上的佐料。同时，日本七味辣椒粉，所用的材料也包括了日本花椒。此香料最常替油脂丰富的鱼类、肉类以及家禽类去腥。

日本花椒的叶片有着清新温和的香味与柔软的口感，用香草使其变成受欢迎的调味，或煮汤、温火炖煮菜、烧烤与烹调过沙拉的盘饰品。

风味配对

配方基本素材：五香粉、四川花椒可用于中国香料盐、日本花椒可用于日本七味辣椒粉。

适合搭配的食物种类：黑豆、辣椒、柑橘、大蒜、姜、芝麻油和芝麻籽、酱油、八角。

日本七味辣椒粉

这是一种日本的混合香料配方，日文称作"shichimi togarashi"，意思是七辣椒。用来帮乌龙面、汤品、锅物（放在一只锅里熬煮的料理）以及烧鸡调味，除了辣椒碎片和日本花椒之外，里面的材料还包括白芝麻籽和黑芝麻籽、干燥的橙皮以及干紫菜片（或海带）（p.271）。

特征

新鲜的姜有着温暖馥郁的香气，清新的木质香中，又带有甜美的柑橘味。尝起来则酸酸的、辣辣的，滋味强烈锐利。较早收成的嫩茎，跟较晚收成的姜比起来，有着较温合的味道，纤维也比较少。

使用部位

新鲜的地下块茎。

购买和储存

生姜的块茎，质地应该扎实坚硬，没有皱纹，肉质丰满隆起，拿起来要有沉甸甸的感觉。只要将生姜放入冰箱的蔬果保鲜室，就可以储存7～10天之久。市面上也有贩售保存酸液内的切碎姜末和经过冷冻变成的姜泥。保存在糖浆中的蜜姜和沾上糖粉的蜜姜，只要储存在阴凉干爽的地方，就可以保存长达2年之久，腌渍的保存期限为6个月。

收获时机与方法

姜在种植2～5个月之后，就可以将地下块茎挖出来。如果想趁新鲜使用，就要经过清洗，然后静置几天干燥，就可以储存起来备用。如果是要制成腌姜或蜜姜，就要先帮姜去皮，切成片状，在浓盐水里泡几天，之后再放进水里煮沸。然后再换到糖浆里面去，或是拿出干燥后撒糖粉。

生姜（Fresh Ginger）
Zingiber officinale

姜的植株是一种生长得翠绿茂盛的植物，外观有点像小型的竹子。地面下的块茎，就是我们平常食用的姜。姜一直是人类很重要的香料，早在3000年前就已占有一席之地。姜的主要产地在中国南部和印度。在中国古代，姜是孔子的主要食物原料之一，此外，在印度梵语文学的印度料理史中，也记载了姜这种辛辣的香料。在亚洲，除了印度综合香料和部分干燥香料配方，大部分都是使用生姜。最近在澳洲北部的昆士兰省，也开始栽培生姜。

完整的新鲜块茎

新鲜的姜，有层淡色的外皮，紧紧地包住里面黄色的姜肉。新鲜的姜肉应该松脆多汁，而不该有多纤维的质地。

新鲜的块茎切片

把姜切片后，不需去皮，即可放进卤汁或料理之中，等到要上菜前，再捞起来丢弃即可。

烹调用途

在亚洲各地，都会在咸味菜肴里用到生姜。在中国，烹煮鱼贝海鲜类、肉类或是家禽类时，都会用姜来去腥味。中国料理中，生姜的用法从磨成姜泥、切碎成姜末、切片到切丝都有。另外较大片的生姜，会不削皮稍加压碎后，直接放入料理之中，可以为食物增添特别的风味。等上菜前，再将这种大姜片捞出来即可。在所有的蔬菜中，与生姜味道最搭的是甘蓝菜类和绿色蔬菜。生姜可以加进汤品、酱料和卤汁中。在日本，生姜的用途也很广泛。其中最重要的用法之一，跟中国一样，都是拿来帮食物去腥味。现磨的生姜泥和姜汁，可以加进天妇罗的蘸酱中，也可以加在沙拉酱中，或是配上铁架炙烤或油炸的食物。在韩国，当地人习惯在各式各样的菜肴里，放入一点切碎的姜末调味。韩国最有名的腌渍物——韩式泡菜，主要的风味就依赖生姜和大蒜。

在东南亚，芦苇姜比姜还要受欢迎，不过其实这两种可以用在同一道料理之中。姜蒜可说是天生一对，许多印度北部的菜肴，就是以姜、大蒜、洋葱调配出的酱料为基础。当地人会先将姜放入油里爆香，再用这种薰染上姜香气的食用油，来烹调肉类或蔬菜，在印度南部，主要的材料就改为姜、大蒜、辣椒以及姜黄。当地人还会在酸甜调味汁和开胃佐料、肉类或鱼类的卤汁，以及沙拉中，加入姜来调味。将姜、青柠汁以及酸味综合香料混合均匀后，就是很棒的豆类沙拉酱。若是把姜配上辣椒、糖、鱼露和水之后，就成了越南菜中鱼类料理的蘸酱。

想取得姜汁，首先要将生姜磨碎（准备一把孔穴很细的日本刨板，可以省下不少工夫）。当然，也可以用食物料理机把生姜打碎。然后，再用棉布或茶具用的柔细毛巾，将这些切碎或搅碎的姜末包起来，用力挤压出姜汁。还有另一种姜汁做法，就是用食物料理机搅碎姜的时候，多放一点水下去。然后，将充满水分的姜泥过滤，即可得到姜汁。在制作酱料和卤汁时，只需要一点点的姜味，就可以滴入少许姜汁。此外，也可以将姜汁淋在肉类上面调味。

风味配对

配方的基本素材：青豆、牛肉、甜菜根、西蓝花、卷心菜、鸡、柑橘类水果、螃蟹、鱼、甜瓜、欧芹、菠萝、南瓜。

适合一起混用的香草或香料的种类：罗勒、辣椒、椰子、胡荽、鱼露、芦苇姜、大蒜、亚洲青柠、香茅、青柠汁、薄荷、酱油、大葱、罗望子、姜黄。

新鲜的姜汁
生姜的地下块茎，只要经过刨碎后，就可以萃取出香气四溢的姜汁来。姜汁可以用在酱料或沙拉酱之中。

嫩姜（Young Ginger）

初夏时节，在某些亚洲商店里，有时候可以找到嫩姜。嫩姜的颜色非常苍白，表皮湿润，看起来很透明。姜肉的颜色为奶油白，尖端有着粉红色的嫩芽，肉质松脆鲜嫩。嫩姜的香味非常纯净，尝起来只有姜味，并没姜的刺激味。嫩姜柔嫩的地下块茎，不用削皮便可使用。将嫩姜切片后，放进锅内快炒，就可以当作蔬菜食用。或是将嫩姜片和鱼贝海鲜类，特别是螃蟹一起煮，就是一道可口的菜肴。在中国，嫩姜常常会拿去腌渍。将切得很薄的嫩姜片，以及腌渍过的大蒜，放进装有青豆、番茄或是嫩甜菜根的沙拉盅里一起食用。除此之外，嫩姜的味道跟冷的烤牛肉出奇地合适。

腌姜（Pickled Ginger）

在日本，会将一节节的姜用甜醋腌渍，然后切成薄片。在吃寿司时，配着这种薄薄的腌姜片，有助于消化。日文称这种腌姜片为gari。腌姜尝起来口感温和，经过腌渍后姜片颜色变成了粉红色。将腌姜片水分沥干后，切成丝状，配上鱼贝海鲜类，或是蔬菜沙拉，都很美味。

日本料理中还有一种红姜丝，日文称作beni-shoga。这种姜丝因为腌渍的关系，颜色变成鲜红色。红姜丝通常都会与紫苏叶一起保存。腌姜丝的味道比腌姜片还要辛辣。红姜丝很适合搭配螃蟹和其他海鲜类食用。

至于hajikami shoga指的则是日本一种腌渍的姜嫩芽，这种嫩芽可以配上烤鱼吃。上述三种日本腌渍姜，在亚洲商店都可以买到罐装或袋装的现成品。

红姜丝

腌渍的姜丝，日文称作beni-shoga，首先要用盐腌渍，再换到醋里面。这里红姜丝的颜色非常醒目，配上海鲜料理，无论是颜色还是口感，都是很鲜明的对比。

腌渍的嫩姜芽

这种腌渍的嫩芽，有时候颜色会染得太过火，但有时候又染成一种优雅美丽的粉红色。这种腌渍的姜嫩芽，日文称作hajikami shoga，是用姜的植株抽出的柔嫩新芽所制成的。

姜片

这种姜片对于喜欢吃寿司的人，一定不陌生，姜片的日文为gari，这是一种把姜的块茎切得很薄，用甜醋腌渍而成的姜片。

蜜姜（Preserved Ginger）

蜜姜有两种，一种泡在糖浆中，一种则是裹上糖霜。蜜姜可以直接当作蜜饯吃，或是拿来帮甜味酱料、冰淇淋、蛋糕和水果馅饼调味。中国和澳洲是主要的蜜姜产地，这两种蜜姜都很常见。

蘘荷（Mioga Ginger）

学名为Z.mioga，日本人和韩国人都很喜欢加调味的蘘荷嫩芽和花苞。将嫩芽切片，可以拿来帮汤品、豆腐、沙拉、用醋调味的菜肴以及腌渍物等调味。这些调味好的料理，很适合配上铁架烧烤的食物吃。现在新西兰有大量栽种、出口，同时这种姜很耐寒，亚洲商店贩卖的多是已腌渍好的，新鲜的要等当季才能看到。

姜花（Ginger Flower）

又名火姜，是一种野生姜，学名为Nicolaia elatior，会开华丽醒目的花朵，在泰国和马来西亚料理中，都有用这种姜。姜花所结的花蕾和抽出的嫩芽可以直接配上泰式辣椒汁生吃，可以切片后加进沙拉里，切丝后放进马来西亚香辣叻沙汤或是加进鱼香咖喱中，为咖喱增添一股温和的辣味。在亚洲以外的地区，不容易找到这种姜花的花蕾。

香姜（Aromatic Ginger）参见（p.170）。

浸泡在糖浆中的蜜姜
一样也是将嫩姜切成一节节反复泡入浓稠的糖浆中，让糖浆能渗入姜肉内。这种泡在糖浆中的蜜姜，有时又称作"姜茎"，因为不管是地上的茎还是地下的块茎，都可以制作出这种蜜姜。

沾上糖霜的蜜姜
制作这种微辣的蜜饯，要将一节节的嫩姜芽放进浓稠的糖浆中烹煮，取出风干后，放进糖中滚动，让表面沾满糖即可。

新鲜的蘘荷花苞
春天是采收蘘荷花苞的时节。它的花蕾闻起来比较像草木香，而不是姜的辛辣味，而且花苞的口感尝起来很细致，脆脆的。

特征

完整的干姜，生姜（p.222）的香味相对较淡，不过将干姜揉碎或是磨成粉后，就会散发出一股温暖的胡椒味，还带着淡淡的柠檬香。干姜尝起来很火辣，味道非常强烈。

使用部位

干燥的地下块茎。

购买与储存

市售的干姜，有切片的，也有一块块的块茎，也有已经磨成粉的。选购干姜时，品质是最重要的选购标准。品质好的干姜，闻起来辛辣带柠檬味。品质差的干姜，则只有辛辣呛鼻的味道，而且纤维很多，嚼起来口感不好。干姜的块茎很硬，不容易磨成粉，需要用细孔的锉板锉才行。不过，市面上就有现成的干姜粉，将品质好的干姜放入密封罐内储存，可以保存2年以上。

收获时机与方法

要制成干姜的话，就要在姜栽种后9～10个月才能采收。此时的姜已经完全成熟，味道更加辛辣，而且纤维也更多，挖出来的块茎，放在日光下晒干。如果要制作最佳品质的干姜，就要把姜的表皮刮掉。其他等级的干姜，可以留下表皮，或是先拿干姜煮沸，再加以去皮和干燥。姜也可以漂白。

干姜（Dried Ginger）
Zingiber officinale

中东和欧洲料理，比较常用的是干姜，而不是生姜。因为当初穿越沙漠的香料商队是以干姜的形态，将姜传到这些地方。亚洲人、巴比伦人、埃及人、希腊人，还有罗马人，都曾经在烹饪时用过干姜。到了9世纪时，欧洲各地都会把姜摆在餐桌上，作为食用餐点时的佐料。到了16世纪，因为欧洲对姜的需求量大，所以西班牙和葡萄牙开始在他们新占据的热带殖民地栽种姜。

磨成粉末状的干姜粉
姜粉是许多面包、蛋糕还有酥饼的基本材料。干姜的味道和生姜不同，这两者不可互相取代。

干姜姜片
干姜淡米色的块茎揉碎后，会散发出一股温暖的香气。整片的干姜切片，大多用在英式腌渍香料中。

烹调用途

在亚洲，许多辛辣口味的香料配方都会用到干姜。在西方，干姜则是早期香料配方中的重要基础。现代的西方料理，运用干姜的香料配方，则以法式四味香料和英式腌渍香料最重要。干姜是南瓜属植物，是南瓜、胡萝卜和甘薯的绝佳调味品。在阿拉伯国家，当地人则会将干姜配上其他香料后，用在陶锅料理，北非小米料理，以及慢火熬煮的果香炖肉中。干姜也是烘焙姜味面包、姜味蛋糕、姜饼的烘焙香料。说到商业用途，干姜常被拿来用于作酒类、姜味啤酒以及清凉饮料的调味品。一般说来，水果跟干姜都很对味，特别是香蕉、西洋梨、凤梨以及橙子等。干姜也很合适做成香料果酱。

干姜的种类

随着产地的不同，干姜的品质和味道有很大的差异。商业上的干姜买卖，不同的等级表明姜在干燥前经过的程序。一般来说，牙买加的去皮干姜被公认为品质最佳的干姜，它的香味非常细致、颜色清淡且粉末颗粒非常细。这种干姜的价格很高，产量也很少。印度则是干姜的最大出口国。在印度，最佳等级的干姜为Cochin。这种干姜的颜色为淡褐色，部分削皮，有辛辣的柠檬味。中国产的干姜跟印度Cochin等级的干姜比起来，柠檬味更强，不过没有那么辛辣。非洲所产的品种，主要没那么辛辣。非洲所产的品种，主要源自于狮子山和尼日利亚，这边产的干姜，大多不去皮，味道比较粗糙刺鼻，胡椒味中又带有樟脑味。至于来自于澳洲的干姜，则有非常明显的柠檬味。

风味配对

配方基本素材：埃塞俄比亚综合香料、咖喱和印度综合辛香米、五香粉、英式腌渍香料、法式四味香料、摩洛哥什锦香料。

适合搭配的食物种类有苹果、香蕉、牛肉、柑橘类水果、羊肉、梨、蔬菜、南瓜。

适合一起混用的香草或香料种类：小豆蔻、肉桂、丁香、水果干、蜂蜜、肉豆蔻、坚果、摩洛哥盐渍柠檬、红椒粉、胡椒、玫瑰花水、番红花。

法式四味香料

这是一道经典的法式调味料，主要用来准备猪肉或其他肉类。这四种香料分别是黑胡椒粒、丁香、干姜和肉豆蔻（p.285）。

特征

甜胡椒有种怡人的温暖芬芳的香气。甜胡椒尝起来正如其名，有点像是胡椒和丁香、肉桂、肉豆蔻或豆蔻皮的综合体，带有辛辣的滋味。甜胡椒的味道，主要来自于外壳，而不是里面的种子。

使用部位

干燥的浆果。

购买与储存

市面上可以买到颗粒完整的甜胡椒粒，或是已经磨成粉的甜胡椒粉。整粒的浆果，看起来就像比较大颗的褐色胡椒粒。选购时，整粒完整的甜胡椒浆果是较佳的选择。因为完整的甜胡椒粒放进密封罐，可以保存得非常久。而且甜胡椒粒很容易压碎，所以就算临时只需要用到一点点的甜胡椒，也能马上制作。

收获时机与方法

在牙买加，大部分的甜胡椒是从种在当地的大农场中的树木上采收下来。等到甜胡椒粒长到适当的大小，仍是青色，尚未完全成熟时，就会用人工方式采收。放置几天让水分渗出后，就可以将甜胡椒放在黑色的水泥板上干燥。经约1星期干燥后，甜胡椒的果实就会变成红棕色。而且，干燥后的甜胡椒，摇动果实时，壳里的种子会晃动产生沙沙声。然后再根据甜胡椒的大小来筛选等级。在墨西哥和危地马拉的热带雨林中，仍然有人会去采收野生的甜胡椒浆果。野生的甜胡椒浆果，颗粒比较大，不过品质较差。

甜胡椒（Allspice）
Pimenta dioica

甜胡椒的原产地在西印度群岛和中美洲的热带地区。哥伦布航行到加勒比海列岛时，发现了这种甜胡椒。当时，他以为这种甜胡椒就是胡椒，所以甜胡椒在西班牙文里称作pimienta，也就是胡椒的意思。至于胡椒的英文pimento，就是由此演化而来的。后来，这个名字改成牙买加胡椒（Jamaica pepper），因为大部分和最佳品质的甜胡椒大多来自于牙买加岛。甜胡椒是现今唯一一种仅在原产地才生产的香料。也就是说，甜胡椒几乎完全依赖新大陆国家的生产。

完整的干燥浆果

牙买加产的甜胡椒，含有最高级的精油。而甜胡椒的味道，就靠这种精油决定。其中，一种主要的成分就叫作丁香油酚，这也是丁香的主要味道成分。

磨成粉末状的甜胡椒
甜胡椒经过研磨之后，味道很快就会散失掉。

烹调用途

早在哥伦布发现美洲之前，西印度群岛上的原住居民就已经开始使用甜胡椒来腌渍肉类和鱼类。西班牙人从原住民那里学到甜胡椒的使用方法，将甜胡椒加进腌渍辣椒和其他各式腌渍液中。在牙买加，甜胡椒依然是当地牙买加调味酱中很重要的材料。这种酱料可以用来抹在鸡肉、肉类或是鱼类上，再将这些腌渍过的食物拿去炭火烧烤。除此之外，甜胡椒于早餐面包、汤品、炖菜以及咖喱中也很常见，不过此时的甜胡椒，通常都只要压碎就好，不需要磨成粉末。在中东地区，甜胡椒可以用来帮烤肉调味。印度肉饭和一些印度料理中，也都用到了甜胡椒。在欧洲，烹调时都会用到完整颗粒的甜胡椒浆果和磨成粉的甜胡椒粉。前者主要当作腌渍或温热酒味调香用，后者则是用在蛋糕、点心、果酱以及水果派里，加了甜胡椒的甜点，就会多出一股温暖柔和的风味，甜胡椒也可以用来搭配凤梨、梅子、黑加仑以及苹果，可以加强这些水果的香气。世界各地的甜胡椒产量，大部分都进了食品工业里。经过加工后，市售的番茄酱、各式酱料、香肠和肉馅饼，以及北欧的腌鲱鱼、甚至是德国泡菜中，处处可见甜胡椒的踪迹。

风味配对

配方基本素材：牙买加调味酱。

适合搭配的食物种类：茄子、大部分的水果、南瓜和其他南瓜属植物、甘薯和其他根茎类的蔬菜。

适合一起混用的香草或香料种类：辣椒、丁香、胡荽籽、大蒜、姜、豆蔻皮、芥末、胡椒、迷迭香、百里香。

英式烘焙点心布丁用综合香料

将甜胡椒浆果、胡荽籽、丁香、豆蔻皮、肉豆蔻和肉桂一起磨成粉，就是英式烘焙点心布丁用综合香料。有时候这种香料又简称为混合香料（p.286）。

特征

丁香的味道鲜明，温暖的香气中带有胡椒和樟脑味。尝起来有点像水果味，不过更要为锐利、火辣而且还带有苦味。入口后，会使口腔发麻。跟甜胡椒一样，丁香油酚是丁香精油中最主要的成分，也是它味道的最大成因。

使用部位

干燥的花苞。

购买与储存

整粒完整的丁香花苞，外观和大小都有很大的差异。不过不管怎样，都应该要干净完整无缺。优质的丁香，用指甲压一下，就会渗出些许油脂。放进密封罐内的丁香，可保存1年左右。丁香很硬，所以研磨时一定要用电动研磨机。磨好的丁香粉，颜色应该呈深褐色。如果颜色看起来偏淡，颗粒像沙粒一样粗，代表这种丁香粉可能是用花梗制成，也就是说，这种丁香粉所含的挥发精油成分很少。一旦磨成粉，丁香粉的味道很快就会流失掉。

收获时机与方法

丁香花蕾生长得很密集。一年可以开两次花，7~9月，还有11月到次年1月都是开花期。丁香要趁着开花前摘取。此时丁香已经成熟了，不过只有花苞底部开始变成粉红色。将摘下来的丁香放在草席上，让太阳晒干。晒干后的丁香，因为水分蒸发，颜色也会变成红偏深棕色。

丁香（Cloves）

Syzyium aromaticum

丁香树是一种小型的热带常青树，叶片会散发出香味。丁香的花朵为绯红色，不过丁香很少开花，它未开花的花苞，就是我们称作丁香的香料。丁香的原产地在摩鹿加群岛，这是位于印度尼西亚境内的火山群岛。丁香于罗马时代，横跨大陆、通过埃及的亚历山大港口抵达欧洲。后来香料群岛陆续被葡萄牙人、荷兰人占领，他们一味地独占香料贸易。直到1772年，一名法国军官偷偷将丁香的幼苗走私到法属岛屿，也就是今日的毛里求斯。直到今天，在桑吉巴、马达加斯岛以及坦桑尼亚的奔巴岛（Pemba），都是丁香的主要出口国。在印度尼西亚，本身丁香的用量很大，所以尽管产量很多，却几乎没有多余的丁香可出口。

完整的花苞

品质优良的丁香，会有红棕色的花梗，花冠部分的颜色比较淡。摸起来触感粗糙，使用前要把花梗折断弄掉。

磨成粉末状的丁香

丁香粉有明显又温暖的滋味，是许多印度综合香料和咖喱粉、五香粉、埃塞俄比亚综合香料和阿拉伯综合香料的基本材料。

烹调用途

丁香要谨慎小心地使用，否则会压过其他香料的味道。不管是咸味或甜味的料理，都适合使用丁香。在烘焙的食物、甜点、糖浆、蜜饯果酱中，丁香几乎可说是无所不在。在欧洲，丁香会用来当作英式腌渍香料或温热酒味调香香料的材料。法国人会在洋葱里塞入丁香，然后放进炖菜、高汤或是酱料中，慢慢熬出美妙的滋味，荷兰人会将丁香配上乳酪，英国人则在苹果派中使用大量的丁香。在德国，香料面包里面就放丁香。在美洲，用红糖糖浆反复涂抹而成的美洲蜜汁火腿，也有用到丁香。意大利西北部的都灵，当地所产

的糖煮胡桃，就塞有丁香，在中东和北非，丁香是多肉饭或米饭的香料配方材料。常见的基本组合，多半会有丁香、肉桂和小豆蔻。丁香也出现在亚洲多数地区的咖喱中。到了印度，丁香是北印度综合香料的必备材料；在中国，则用来配制五香粉；在法国，则用来配制法式四味香料，后者这种香料配方的材料还有黑胡椒、肉豆蔻以及干姜；在印度尼西亚，将丁香和烟草混合后，就是当地很受欢迎的丁香卷烟。这种香烟在点燃后，会发出细碎的爆裂声，而且会散出独特的香味。

风味配对

配方基本素材：法式四味香料、五香粉、北印度综合香料。

适合搭配的食物种类：苹果、甜菜、紫甘蓝菜、胡萝卜、巧克力、火腿、洋葱、橙子、猪肉、南瓜和冬令南瓜属植物、甘薯。

适合一起混用的香草或香料种类：甜胡椒、月桂、小豆蔻、胡荽籽、肉桂、辣椒、咖喱叶、茴香、姜、肉豆蔻、罗望子。

五香粉

这道中国香料配方，材料包括丁香、八角、中国肉桂、茴香籽以及四川花椒。很适合配上鸡肉、鸭肉和猪肉（p.272）。

在栽种丁香的大农场中，种满了高大而密集的丁香树。只要在花季时不把花苞摘掉，就会看到满树美丽优雅的花朵。

　　直到现在，仍然是用传统的方式来进行丁香花蕾的干燥和分类，完全不用现代化的设备器材。

特征

阿魏草根粉有种很强的难闻气味，让人联想到腌渍的大蒜，而且跟松露（truffle）一样，充满穿透力，阿魏草根单独尝起来，苦中带有麝香味，是一种相当恶心讨厌的滋味。不过，用热油快炒一下，就会变成像是洋葱般的怡人味道。

 使用部位

从块茎或主根所流出来的树脂，经过干燥即可。

 购买与储存

在印度，市售的阿魏草根可分为许多等级。颜色较淡、可溶于水的阿魏草根，梵文称作"hing"，它的品质比颜色软深、可溶于油的"hingra"还要好。在西方，市售的阿魏草根放入密封罐里，可保存好几年，而且还可以完整地保留住阿魏草根的气味。而阿魏草根粉则可以保存1年左右。

 收获时机与方法

要等到植株至少满4年后，才能在快开花的前夕，将枝干切除，并把土拨开，露出主根。然后将主根也切开来。此时，根部会流出牛奶般的乳胶。接触空气之后，这些乳胶就会变硬，且颜色会转深，变成红棕色。操作时要小心，不要使汁液晒到太阳。日光会破坏树脂的成分。干燥后，将胶状的树脂取下，然后继续同样的手法，直到主根的汁液完全渗出干燥为止。通常要花上3个月的时间来进行。

阿魏草根（Asafoetida）
Ferula species

阿魏草根，其实是三种大型茴香，学名为*Ferula*的品种，所萃取出的干燥胶状树脂。这种大型茴香，是多年生的高大伞形科植物，植物本身有恶臭，原产地在伊朗和阿富汗的干燥地区，现在这个地区也有人工栽培。在罗马时代，当北非利比亚东部的昔兰尼加，不再生产串页松香草（这种植物现今已经绝种）之后，就从波斯和亚美尼亚引进了这种阿魏草根当作代替品。阿魏草根的味道很受罗马人的青睐。后来的莫卧儿帝国也将阿魏草根传进了印度，尽管现在只有在印度北方的克什米尔才有人工生产，阿魏草根仍然是当地很受欢迎的香料。

整颗泪状树脂和树脂团块

一般市售的阿魏草根树脂有两种：一种是小块的泪状树脂片，另一种是将泪状树脂片压挤成一大块的树脂团块，固态的阿魏草根，会散发出含硫磺成分的挥发精油，这也是阿魏草根为什么很臭的原因。

烹调用途

阿魏草根是印度香料配方的重要材料。在印度西部和南部，会用阿魏草根帮豆类和蔬菜料理、汤品、腌渍物、开胃佐料和酱料调味。尤其是当地婆罗门和耆那教徒的特殊烹调法，特别重视阿魏草根，因为这种教派禁止使用大蒜和洋葱。阿魏草根是许多鱼类料理的美味调味料。然而，阿魏草根的原产地——伊朗和阿富汗，却很少用到。伊朗人完全不用阿魏草根，而阿富汗人只有将阿魏草根粉配上盐后，用来腌渍肉类，再将肉类放在阳光下晒成肉干，当作过冬的存粮。

无论如何，使用阿魏草根时，都只能用一点点。只要是适合大蒜调味的菜肴，就一定也适合用阿魏草根调味。将阿魏草根加入各类料理或综合香料配方，例如南印度素辣粉等，只需极少的量，就有很强的味道。也可以拿小片的阿魏草根来擦拭浅锅或烤肉用的铁架，这样制作出来的料理，就会有阿魏草根的味道。

风味配对

配方基本素材：酸味综合香料、部分咖喱粉、南印度素辣粉。

适合搭配的食物种类：新鲜或用盐腌的鱼肉、谷物类、用铁架炙烤或用烤箱烘烤的肉类、豆类、大多数的蔬菜。

捣碎的泪状树脂
将固态的阿魏草根树脂，放在米粉这样吸水性粉末的砂钵中研磨。每道料理只需要一点点的阿魏草根碎粒即可。

磨成粉末状的阿魏草根
市售的阿魏草根形式，最常见的就是粉末状。通常阿魏草根粉里会掺入淀粉或是阿拉伯胶，避免阿魏草根粉受潮凝结成块。褐色的粉末比较粗糙，味道也比较重。黄色的阿魏草根粉（因为加入姜黄染成黄色），味道则比较甘醇。

特征

完整的芥末种子，基本上是没有什么香味的。要到研磨成粉后，闻起来才会变得很呛辣。经过烹调，还会再散发出刺激辛辣的大地土味。如果将芥末拿来咀嚼，黑色的籽粒有很强的风味，褐色的籽粒则略有苦味，然后滋味会变得又香又辛辣。至于颗粒极大的白色籽粒，刚入口则会有令人不敢苟同的怪异甜味。

 使用部位

干燥的种子。

 购买与储存

市面上，白色和褐色的芥末籽很常见，黑色籽粒就比较少看到。可以用褐芥末代替黑芥末，不过褐芥末的味道不像黑芥末那么强。白芥末粉，因为是连着外壳一起研磨，所以看起来会比较粗糙一点。所谓的芥末粉，就是将种子核仁细细研磨，过筛所得的粉末。芥末粉因为加有姜黄的关系，所以颜色呈鲜黄色。不管是哪一种形态的芥末，只要保持干燥，风味都可以保留很久。

 收获时机与方法

等到芥末籽发育得差不多，但是尚未完全成熟的时候，就可以将芥末的枝条剪下来。如果芥末种子完全成熟，豆荚就会爆开，里面的种子就会弹出，所以要在那之前先采收完毕。其中，黑芥末最容易将种子弹出。这也是为什么在商业的大规模栽培中，黑芥末逐渐被褐芥末取代。将芥末的树枝干燥后，以打谷的方式将芥末籽粒摇下来。

芥末（Mustard）

Brassica species

黑芥末的学名为*B.nigra*，白芥末或黄芥末的学名则是*B.alba*，这两种芥末的原产地都在欧洲南部和亚洲西部。褐芥末的学名为*B.juncea*，原产地则是印度。白芥末，也就是白芥末水芹沙拉中所用的到白芥末，很早以前在欧洲和北美洲就开始生长。调配出芥末酱的罗马人，将这种植物传进了英格兰。到了中世纪时，芥末是唯一一种寻常人家也负担得起的香料。等到18世纪时，法国人首创将其他材料加入芥末之中。同时，英国人也开始精制芥末。他们将芥末壳去掉，只用里面的核仁，磨出颗粒细致的粉末来。

完整的种子

芥末种子里面含有一种芥子酵素，所以尝起来才有辛辣的味道，这种成分会因水而活化。

白芥末籽

欧洲品种的芥末，所结的籽粒为沙粒般的黄色，尺寸则比日本常用的东方芥末籽还要大。

黑芥末籽

黑芥末籽比褐芥末籽大，是扁长的椭圆形，而不是圆形。黑芥末籽的辣度，不只会影响到口腔，就连鼻子和眼睛也逃不过它的辣味。

烹调用途

在西方料理中，整颗完整的白芥末籽粒，多半是当作腌渍用香料的材料，或是拿去制成卤汁。

在印度料理中，褐芥末籽有逐渐取代黑芥末籽的趋势。印度南部的料理，有非常明显的芥末味。他们会先将芥末籽烘烤，或是用热油或印度酥油爆香，引出芥末的迷人坚果味来。然后这些芥末籽，就可以用来制作香料油或香料奶油。而用这些芥末籽所调味的菜，并不会辣，因为热油并不会活化芥末酵素的活性。在孟加拉，将新鲜的芥末籽直接磨成粉后，就可以加入咖喱酱中，或是调制成芥末酱佐以鱼类料理，芥末精油是一种黏黏的深金黄色液体，味道相当呛辣，是从褐芥末籽和其他小型品种芥末中所萃取出来的。芥末精油常被拿来当作烹饪用油，尤其孟加拉当地人会加热芥末精油，之后，等到芥末精油放凉才使用。许多印度菜中，独特的呛辣辛香味就来自于芥末。

芥末粉可用来帮烧烤用香料和肉类料理调味。芥末粉跟大多数的根茎蔬菜都很对味。芥末粉要等到料理快完成时再淋入，因为，加热会破坏掉芥末粉的风味。

芥末整株植物中，不止种子这个部分可以使用。新鲜的芥末嫩芽，是白芥末和水芹嫩叶的沙拉中常见的食材。在日本以及近年来的欧洲，都很流行种植一种美丽、似羽毛的芥末品种。这种芥末可以当作沙拉香草使用。在超市也可以看到用中国红芥末和其他品种的芥末所制成的综合芥末。将芥末叶片切丝之后，就是根茎类蔬菜、土豆和番茄沙拉的美丽盘面点缀。在越南，芥末的叶子可用来包裹用猪肉、虾以及香草所制成的馅料。

芥末的其他品种

B.juncea 为黄色的品种，日本料理中就有用到这种芥末（在莲藕中塞入这种芥末，沾上面衣油炸成天妇罗）。这种芥末的味道比较接近英式芥末酱，非常辛辣，可以配上日式关东煮蘸着吃。此外，这种芥末也是生冷食品或加热烹调料理的好选择。

田园芥末（学名为 *B. campestris*）和油菜籽（学名为 *B. napus*）两者都用来榨取芥末精油。

芥末精油

只要将芥末精油短暂地暴露在非常高的温度下，就会变得很容易消化。

褐芥末籽
褐芥末籽的辛辣味可以持续很久，味道几乎跟黑芥末一样强烈。

芥末酱的制作

调配芥末酱之前，要先将芥末籽泡在水里，以活化芥末中的芥子酵素，达到理想的辣度。芥末酱最后调制出来的味道，跟选用的酸味液体有很大的关系。用醋的话，就会有温和的气味；用酒或酸果汁，就会比较辛辣一点；用啤酒的话，芥末酱的味道就真的很辣了；而用水的话，虽然可以调制出最辛辣的芥末酱，可是酵素的活化作用无法停止，所以这种芥末酱的口味不稳定。调制好的芥末酱，就算开封后，也尽量放在室温下，可保存2~3个月。随着时间的流逝，芥末酱的水分会蒸发掉，变得比较干燥，同时风味也会日渐流失。

法式芥末酱味道比英式芥末酱清淡，可分成三大类。波尔多芥末酱是用白色芥末籽制成，不过颜色却是褐色的，放糖和香草调味，其中，最常用的香草就是龙蒿。法式第戎芥末酱，则是用连壳的褐芥末籽制成，颜色比较淡，但是味道却比较浓，它的材料包括白葡萄酒和酸果汁，还有其他几种添加物。法国莫城芥末酱则是口味相当辣的一种芥末酱，它的材料为压碎和磨成粉状的芥末籽粒，因为颗粒多，所以跟用整粒芥末籽制作的芥末酱相当接近。有些用整粒芥末所调制出的芥末酱，因为还放了青胡椒粒或是辣椒，所以口味非常辛辣。

在德国，巴伐利亚芥末酱跟法国的波尔多芥末酱很相似，而杜塞尔多夫芥末酱，则是法式第戎芥末酱的辛辣版。在荷兰，用莳萝调味的兹沃勒

法国莫城芥末酱

法国的莫城，从17世纪起就开始生产芥末酱了。这种芥末酱通常都装在陶罐里贩售，是一种颗粒状的芥末酱，刚入口时会觉得味道很呛，之后就会有满口圆润甘醇的味道。这是一种很棒的芥末酱，适合摆在餐桌上，当作用餐时的佐料。

波尔多芥末酱

因为有些芥末壳留在波尔多芥末酱里，所以芥末酱的颜色看起来比较深。辣味温和，隐约还带有甜味。很适合配上香肠食用，也很适合当作乳酪料理的调味料。

法式第戎芥末酱

法式第戎芥末酱都会贴上产区认证的标识。第戎芥末酱这个名字现在代表着一种制造芥末酱的方式，而不再专指第戎市所产的芥末酱。这种类型的芥末酱，颜色很淡，质地光滑，尝起来很清新。它是一种经典的芥末酱，可以淋在沙拉上或当作酱料食用，在世界各地都备受好评，获奖无数。

芥末酱，很适合搭配挪威腌鲑鱼食用。美式芥末酱的水分较多，味道也较温和，它所选用的芥末为白芥末籽，且放了相当大量的姜黄。1900年左右，英国研制出一种芬芳迷人、口感温和的萨瓦拉芥末酱，这种芥末酱现在于南美洲很受欢迎。将英式芥末粉跟水混合后，静置10分钟，就是英式芥末酱。它有一种澄清却又辛辣的滋味。不过英式芥末酱不能久放，做好后就要尽快食用完毕。

制作好的芥末酱，主要当作炖牛尾或其他砂锅炖肉的佐料。也可以与烤牛肉、火腿或是其他肉类冷盘一起享用。许多芥末酱都很适合当作冷酱的材料，例如油醋酱或美奶滋，当作沙拉酱淋在蔬菜上与其他沙拉、蔬菜料理以及原味或是烟熏鱼料理上。许多种料理，例如各式砂锅菜，在快煮好时，加入芥末酱，可以让整道菜的味道鲜明起来。例如，兔肉配上芥末酱就很美味。此外，芥末酱跟许多乳酪料理也都很合。甜芥末酱是用蜂蜜或红糖调味而成的，这种甜芥末酱很适合刷在鸡肉、火腿或是猪肉上，让食物表皮更光滑有光泽。也可以将甜芥末酱加进水果沙拉之中，增添辛辣的风味。

美式芥末酱

美式芥末酱温和甘甜，常用于热狗上。许多爱吃热狗的人都因此爱上了美式芥末酱。不过美式芥末酱里面的姜黄虽然可以将芥末酱染成鲜黄色，但是也使它有粉质的口感。

英式芥末酱

利用英式芥末粉所调配出的酱料。材料包括颗粒细致的褐芥末粉和白芥末粉、米粉或面粉，以及其他香料。这种芥末酱尝起来非常火辣，有点酸酸的滋味，很适合佐以烤肉或炖牛尾。

黑醋栗香芥末酱

这是由法式第戎芥末衍生出来的。黑醋栗香芥末酱会用完整颗粒的芥末籽，并且因为里面含有黑醋栗精华液，所以芥末酱的颜色为红色，还有丰富的水果酸味。

龙蒿芥末酱

这道芥末酱会用到龙蒿，有时候还会用到其他绿色食物，以便调出浅色的芥末酱来，适合佐以鱼类或鸡肉料理食用。

特征

辣椒的滋味很多，从温和、刺激到极辣都有。C.frutescens品种的辣椒果实，通常会比C.annuum品种还要辣。而C.chinense品种的辣椒，则是所有辣椒中最辣的。一般来说，越大型、果肉越厚的辣椒，味道越温和。相反地，皮薄个小的辣椒就偏辣。

使用部位

新鲜或干燥的辣椒果实。还未成熟的辣椒是青色的，成熟后，就会变成黄色、橘色、红色、棕色或是紫色。成熟的辣椒可以趁新鲜使用，也可以经过干燥后再使用。

购买与储存

所有的新鲜辣椒，看起来都应该有光泽、光滑的表皮，摸起来则很结实。将辣椒放在冰箱蔬果保鲜室里冷藏，可以保鲜1星期以上。辣椒可以先用热水汆烫，再加以冷冻。不过要特别注意的是生辣椒直接冷冻，会使辣椒的风味和辣味流失。干燥的辣椒，会因品种的不同，造成外观上的差异。一间专业的香料商店，应该能告诉你辣椒的产地、品种、味道的特色，还有辛辣的程度。将干燥的辣椒放入密封罐内，可保存非常长的时间。

收获时机与方法

大多数的辣椒都是一年生植物。栽种3个月后，就可以摘取青辣椒。一般的辣椒品种，都是等到成熟才使用，所以会晚一点采收辣椒的果实。要干燥辣椒的话，可以放在日光下晒干，用人工方式干燥亦可。

辣椒（Chillies）
Capsicum species

辣椒的原产地在中南美洲和加勒比海群岛，当地人工栽培辣椒的历史已有千年之久。是哥伦布将辣椒带回西班牙，由于西班牙人觉得辣椒有股辛辣味，所以将辣椒命名为*pimiento*，也就是胡椒的意思。所以，就算辣椒属的果实跟胡椒这种攀爬植物没有任何关系，名字至今仍然会加个pepper上去，如甜椒（sweet peppers）、法式红辣椒（cayenne peppers）等。至今，辣椒已是世界上产量最大的香料作物。每个热带地区都种有数百种不同品种的辣椒，而世界上每天大约有四分之一的人口，都会食用辣椒。

完整的新鲜辣椒

辣椒有许多不同的颜色、形状和大小，既可以小到跟豌豆一样大小，也可以长到30厘米长。许多辣椒都可以刺激食欲，但这并不是因为辣椒的辣味，而是因为辣椒的风味还混合着水果香、花香、烟熏味、坚果味、烟草叶甚至是甘草味，所以才有开胃的效果。

烹调用途

　　辣椒含有丰富的维生素A和维生素C。由于辣椒很便宜，所以世界上有许多人会利用辣椒来帮平常乏味单调的料理调味，同时也顺便吸收了营养。在辣椒的产地，包括亚洲、非洲、美洲西南部等地，辣椒的用途很广泛。印度是最大的辣椒生产国，同时也是辣椒消耗量最大的国家，不管是新鲜的辣椒或是干燥的辣椒（干燥的辣椒通常会磨成粉），都会用到。每个地区的当地人都会善用当地特有的辣椒品种。至于墨西哥料理，则有最繁复的辣椒料理，无论新鲜或是干燥的辣椒，墨西哥人都会用来烹调。

　　辣椒的辣味成分——辣椒素，遍布于辣椒籽、辣椒皮以及辣椒里面白色的脉络和果肉部位。辣椒的品种以及辣椒的成熟程度，都会影响到辣椒素的含量。将辣椒籽和辣椒里面白色的脉络去掉，就可以减轻辣度。而辣椒素还有帮助消化，促进血液循环的作用，还能促使身体发汗，进而降低体温的功效。

风味配对

配方基本素材：埃塞俄比亚综合香料、辣椒粉（为一种综合香料配方，材料不止辣椒一种）、咖喱粉和咖喱酱、突尼斯辛辣酱、牙买加调味酱、韩式泡菜、墨西哥各式香辣酱、泰式辣椒汁、菲律宾红汤料、罗梅可火焰酱、印度辣椒酱。

适合一起混用的香草或香料品种：大多数的香料皆适用、月桂、胡荽、越南香菜、椰奶、柠檬和青柠汁。

在这里把辣椒的辣度分为10级，第1级是味道最温和的辣椒，第10级则是超级辛辣的辣椒，例如苏格兰辣椒。

磨成粉末状的辣椒
这种辣椒粉是选用干燥的辣味红辣椒所制成的。这种产品强调的味道就是辣，其他的滋味反而不重要了。辣度为10级中的5～9级。而辣度会依据辣椒的品种而定。

完全的干燥辣椒
干燥可以改变辣椒的风味，像青色、未成熟辣椒的滋味，就会变得与成熟、发红的辣椒相似。

辣椒碎片
由滋味温和到微辣的辣椒制成，辣度为2～5级。在匈牙利、土耳其和中东国家，辣椒碎片常拿来当成餐桌上的调味料。较辣的辣椒碎片在韩国和日本是当佐料使用。

辣椒丝
红辣椒是韩国料理的基本材料之一。切成极细的辣椒丝，可以拿来当成料理的装饰品。

辣椒产品

　　辣椒粉、辣椒泥、辣椒酱和辣椒油等各种辣椒制品，可以说是世界性的产品。品质良好的辣椒粉闻起来除了辛辣的味道，还会有水果和大地的清香，辣椒粉里面还会残留着辛辣的天然辣油，所以用手指去摸辣椒粉的话，手指会沾染上一些油渍痕迹。如果辣椒制品的产色偏橘色，代表里面用了很多辣椒籽，所以辣味会很强。而质地很稀，像清水一样，但是味道却非常辛辣的辣椒水，通常品名会标成salsa picante 或 hot pepper sauce来出售。此外，有些辣椒水除了辣椒，还会加入一些带有滋味的材料，例如青柠或罗望子。质地较为浓稠的辣椒酱，基本的材料通常包括番茄、洋葱、大蒜与各种香草，随着材料不同，口感从温和到呛味都有，且通常会带点甜味。而这类辣椒酱中味道最辣的两种酱料是印度尼西亚辣椒酱和泰国辣椒酱。中国人则会用酱油、黑豆、姜和大蒜，配上辣椒调出一种味道由中辣到大辣的辣椒酱。韩式辣酱，使用的材料包括辣椒、黑豆泥和米粉，这种辣椒酱的质地很浓稠，一般当作吃饭时取用的佐料。

辣椒油

市面上有许多种用红辣椒干所制成的调味辣油，其实自己动手做也很简单。准备一个空罐，塞入约罐子三分之一量的辣椒干，然后倒入葵花籽油，将盖子盖紧，静置1个月即可。在中国的四川省，则有另一种中国式的做法。将油烧开，等到油温变得很烫时，加进压碎的辣椒，然后放上几个小时让油锅慢慢冷却。之后，再加以过滤，就成了一种鲜红色的辣油。这种中式辣油可以用在多种冷酱之中，也可以单独拿来当作蘸酱食用。

辣椒粉

这种辣椒粉的材料，包括辣椒、小茴香、干燥牛至、红椒粉和大蒜粉。这种辣椒粉可以用来当作美国西南方料理的调味料，其中最有代表性的菜肴就是墨西哥辣牛肉末。辣度为1～3。

黄辣椒粉

这种辣椒粉的颜色，从黄色到红色，甚至是像红木那样的赤褐色都有。黄辣椒粉在南非比较常见。味道不一，可以很温和，也可以很辛辣。

法式红椒粉

这是最常见的红辣椒粉。材料为成熟的小型辣椒，至于品种并没有一定的限制。法式红椒粉尝起来很辛辣，有淡淡的酸味和烟熏味。

辣椒沙司

将辣椒压碎后，配上其他香料和醋，就可以做出这种口感火辣的液体了。最有名的辣椒沙司就是塔巴斯科辣椒沙司。

辣椒酱

在大多数辣椒的产地，都会自行调配出当地口味的辣椒酱。最简单的辣椒酱做法，就是将完整的整根辣椒，浸入浓盐水或醋里即可。想调配较为浓稠的辣椒酱，可以使用生的或是加热调理过的材料来制作。这种浓辣椒酱多半都是当作蘸酱和佐料。

泰国辣椒酱和印度尼西亚辣椒酱

一点点辣椒泥和浓稠的辣椒酱，就能让热炒菜或慢火炖煮菜肴的滋味鲜活起来。本书最后就列有泰国辣椒酱（p.293）和印度尼西亚辣椒酱（p.295）的食谱。

墨西哥辣椒品种

　　在墨西哥，同一种辣椒，新鲜的和干燥的就有不同的名字。而不同的料理就要配上不同的辣椒，一旦用错辣椒，就会使整道菜的味道失去平衡。Poblanos品种的辣椒，体型较大，多肉，通常是当作蔬菜使用，而且常会在里面塞上馅料食用。Jalapeños和serranos，则可以用在莎莎酱、充填馅料以及腌渍物之中。干燥的anchos和pasillas这类辣椒，则会经过研磨后，加进酱料里，让酱料的质地更浓稠。如果要使用新鲜的辣椒，墨西哥人通常会选用青辣椒。在使用前，先将青辣椒烧烤一下，剥掉外面那层变黑的皮。

Serrano *C. annuum*

这是一种青色的圆柱形辣椒。质地柔嫩松脆，尝起来有种浓缩的清新草味。里面有着非常辣的籽粒和白色脉络。完全成熟后，就会变成鲜红色。通常用来制作酱料。辣度为6~7级。

Jalapeño *C. annuum*

这种辣椒的颜色为鲜绿色，有时候会有深色的斑点，形状跟鱼雷很像，肉质肥厚，尝起来松脆鲜嫩。有时候会经烘烤，去皮后才能使用。这种辣椒的风味清淡，辣度为中辣。而等到果实完全成熟，成红色时，味道会变得更甜，辣度也更低。市面上有贩售这种罐装的腌渍辣椒，通常会当餐桌上的佐料。辣度为5~6级。

Habanero *C. chinense*

这是一种灯笼形的青辣椒。成熟时会变成黄色、橘色或是深红色。它的肉很薄，有水果味。这种辣椒多半用在墨西哥犹加敦半岛的料理中。也可以直接使用生辣椒，或是将其烘烤后，放进豆类料理或酱料调味均可。如果想调制一道火辣辣的酱料，只要将这种辣椒烘烤后，加上盐和青柠汁即可。辣度为10级。

Chilaca *C. annuum*

这种辣椒有着细长的外形和深红色发光的表皮，上面还有着垂直的隆起脊纹。尝起来有股甘草的滋味。将这种辣椒烘烤、剥皮后，可以加进蔬菜料理、配上乳酪或是加进酱料里调均即可。有时候市面上也看得到腌渍的这种辣椒。辣度为6~7级。

辣椒的其他品种

Mulato（*C. annuum*）跟ancho很像，但颜色像是巧克力般的棕色。尝起来味道很浓，比ancho还甜，有点像樱桃干的味道，辣度介于温和到中辣之间。这种辣椒通常会经烘烤后加以研磨，制成酱料。辣度为3~5级。

De arból（*C. annuum*）市面上不易找到这种新鲜辣椒，通常都是干燥的。干燥过的辣椒，还是维持着鲜红的色泽。这种辣椒形状细长、卷曲、有着明显的尖尖尾端，肉很薄，表皮光滑。吃下去，口腔会有像烧起来般的剧辣感觉，还带有单宁酸的风味。将这种辣椒浸泡

后、打烂过滤成泥，就可以加进炖菜中，或是放在餐桌上作为吃饭时随意取用的佐料。辣度为8级。

Poblano（*C. annuum*）这是一种墨绿色的辣椒，表皮很有光泽，常近蒂的地方有一个圈隆起。这种辣椒为三角形，越到末端越细，辣椒肉很厚实。经过烘烤、剥皮可塞入馅料，或拿来煎炒食用。这种辣椒跟玉米和番茄都很搭，有着浓郁的风味。辣度为3~4级。

Pasilla（*C. annuum*）由chilaca品种的辣椒干燥而成。这种辣椒干细细长长，看起来皱皱

的，颜色近似全黑，还带有股涩味，但风味浓郁，带有复杂且持久的草木芬芳气息。经过烘烤和研磨后，可当作桌上摆放、吃饭时自行取用的佐料酱，或是加进煮鱼用的酱料中。辣度为6~7级。

Güero（*C. annuum*）这种辣椒的颜色淡黄，表皮光滑，形状细长，有明显的尖尖尾端与较少的果肉。味道则有微微的花香，辣味温和，顶多到中辣左右。这种辣椒通常是使用新鲜的，莎莎酱和墨西哥香辣酱就有用到这种新鲜的辣椒。辣度为4~5级。

Cascabel *C. annuum*

这种辣椒圆圆的，颜色为红棕色，有着光滑透明的表皮。摇晃的时候，可以听到里面的种子咯咯作响。它尝起来有点酸酸的烟熏味，烘烤后会散发出迷人的坚果味。中辣。可以经过烘烤，配上番茄或墨西哥绿番茄，做成莎莎酱。也可以将辣椒压碎后，直接加进炖菜调味。辣度为4~5级。

Chipotle *C.annuum*

Jalapeño品种的辣椒经过烟熏干燥后，就成了这种辣椒。颜色呈咖啡色调，表皮皱皱的，摸起来有像皮革一样的质感，有股烟熏甘甜巧克力的味道。通常会使用整根完整的辣椒，放进汤品或炖菜里调味。将这种辣椒浸泡后，煮烂过滤，就可以制成酱料。市面上也买得到罐装的清淡口味的腌渍辣椒，可以当作佐料使用。辣度为5~6级。

Ancho *C.annuum*

由Poblano chilli干燥而成。它的颜色为深红棕色，看起来皱皱的，有水果的甘甜味，滋味丰富，综合了烟草、梅干、葡萄干的味道。微辣。将这种辣椒烘烤后，磨成粉，可以加进酱料里。或是将馅料塞入这种辣椒的肚子里。市面上也买得到这种辣椒制成的辣椒粉和辣椒泥。是一种最普通的辣椒。辣度为3~4级。

Guajillo *C.annuum*

这种辣椒的外形细长，尾端钝钝的。颜色为褐紫色偏棕色，有着光滑坚韧的外皮。这种辣椒，尝起来有股强烈讨喜的酸味。将这种辣椒浸泡后，与其他材料混合均匀，就可以制成辣椒肉馅玉米卷饼的酱料。或是压碎了加进炖菜调味亦可。这种辣椒能帮食物染色。辣度为4级。

美国西南部和加勒比海列岛辣椒品种

西印度群岛在制作卤汁、开胃佐料或是炖菜时，都喜欢加入辛辣的辣椒。早期的辣酱，材料为辣椒和树薯液。而现在使用的大蒜、洋葱和其他香料，则让加勒比海辣椒酱的味道更有深度和层次感。在美国西南部的墨西哥裔地区，许多以墨西哥料理为灵感的菜肴，都会用到辣椒。但是本地的新墨西哥辣椒，都是绿色、红色、干燥后味道温和的辣椒。而这边的辣椒，会悬挂成一大串多彩的辣椒串风干。等到干燥好了，通常会拿去研磨成粉，然后冠上新墨西哥辣椒粉或科罗拉多辣椒的名称在市面上贩售。

Jamaican Hot *C. chinense*

这是一种鲜红的辣椒，个儿矮矮胖胖的，肉很薄，尝起来有甜甜的味道，不过非常辣。可用于莎莎酱、腌渍物以及咖喱之中。辣度为9级。

New Mexico *C. annuum*

这种辣椒颜色为鲜绿色或深红色，有着甘甜的大地土味。这种辣椒经烘烤剥皮后，可以用冷冻的方式保存。青色的辣椒果实，很适合用在墨西哥鳄梨沙拉酱、墨西哥烤玉米片和墨西哥玉米卷中。红色的果实则适合用在酱料、汤品和酸甜调味汁。这种辣椒干燥后，就会产生一种馥郁的水果干风味。而干燥的辣椒可用在红辣椒酱和其他的开胃佐料里。辣度为2~3级。

Scotch Bonnet *C. chinense*

这种辣椒的颜色为黄绿色到橘红色，跟它的近亲——habanero辣椒长很像。不过它的顶端皱皱的，底部却很平坦。这种辣椒极为辛辣，有种复杂深沉的水果味和烟熏味。在许多加勒比海辣酱以及牙买加调味酱中，都可以看到这种辣椒的踪影。辣度为10级。

Tabasco *C. frutescens*

这种辣椒的肉很薄，颜色为黄色。成熟时，会转变成橘色或红色。这种辣椒尝起来有种明显的刺鼻辛辣味，隐约又带着芹菜的味道。这种辣椒大多用来制作Tabasco sauce。辣度为8级。

拉丁美洲辣椒品种

当地的辣椒称作ají。在南美洲安第斯山脉这边的国家，常会用辣椒作为调味料和佐料。当地的餐桌上一定摆有一种酱料，就是用碗装的uchu llajawa，是用火辣的辣椒莎莎酱配上当地特产的胡荽品种quillquiña所制成的酱料。当地产的辣椒，大多都以当地语言来命名。有些辣椒的味道很温和，有些则会苦，特别是黄色的品种，味道特别苦。还有一些干燥的辣椒，有着综合了葡萄干和梅干的丰富口感。在巴西，辣椒也是巴西东部巴伊亚州的料理中重要的材料之一。其他地方，罐装的辣椒酱则更为普遍。

Rocoto *C. pubescens*

原产地在安第斯山脉。这里辣椒鼓鼓圆圆的，颜色介于黄色到橘红色之间。这种辣椒只能趁新鲜使用。也可以加进酱料和佐料中，或是当作蔬菜填入肉和乳酪后，烹煮食用。辣度为8~9级。

Mirasol *C. annuum*

这是一种很受欢迎的秘鲁辣椒，在墨西哥也有产。在墨西哥，这种辣椒干燥后，另外又取了个名字叫guajillo。果实未成熟前，是青色或黄色；成熟后，就变成红棕色。未成熟和已经成熟的果实均可使用，它尝起来有种水果味。此外，这种辣椒也是很好的天然食物染色。适合搭配肉类、豆类和蔬果类。辣度为5级。

Ají Amarillo *C. baccatum*

这是一种在秘鲁很常见的辣椒，无论是新鲜或是干燥的均有人使用。这种辣椒经过干燥之后，另外命名为cusqueño。这种辣椒有着尖尖的尾端，辛辣中又带有葡萄干的香气。可以用来帮土豆或其他根茎类蔬菜，当地特有的几内亚猪、酸橘汁腌鱼，还有其他海鲜料理等调味。辣度为7级。

辣椒的其他品种

Ají Dulce（*C.annuum*）这种辣椒的味道甘甜中带有麝香叶，有点像草本的清香。在中美洲、哥伦比亚以及委内瑞拉等地的料理中都很常见。特别适合搭配豆类食用。辣度为1级。

Rocotillo（*C. chinense*）是一种味道温和的安第斯山脉辣椒。颜色为鲜红色，看起来扁扁的。可以当作玉米、豆类、根茎类蔬菜以及烤肉等的佐料。辣度为3~4级。

Malagueta（*C. frutescens*）颜色为淡绿色或中绿色。肉质很薄，尾端细小，果实很小。原产地在巴西东部的巴伊亚州。在非洲裔巴西料理中很常用到这种辣椒。此外，也可以当作餐桌上的佐料。malagueta这个词，同时也是葡萄牙文中用醋腌渍的小辣椒的统称。辣度为8级。

亚洲辣椒品种

产自亚洲的辣椒，对西方人来说，它们的名称甚至比拉丁美洲产的辣椒还要难记。通常亚洲的辣椒会以外形来作区别：在东南亚，体积较大的红色辣椒和青辣椒，会拿来烘烤制成蘸料和酱料。在印度尼西亚和马来西亚的料理中，会用到大小中等，表皮很有光泽的辣椒，这种辣椒的辣度通常是中辣左右。泰国和印度咖喱则会用到更为辛辣的品种。日本的santakas和hontakas的味道则跟法国红椒粉比较像。

泰国辣椒 *C. annuum*

干燥或新鲜的均可使用。泰国辣椒的外表细长，颜色从墨绿色到鲜红色都有。肉质肥厚，辣度持久。将整根泰国辣椒放入咖喱或熟炒菜中调味，或是将辣椒切碎后，加进酱料或蘸料亦可。辣度为8级。

韩国辣椒 *C. annuum*

韩国辣椒跟泰国辣椒有植物学上的关系。韩国辣椒为翠绿色，果实弯曲。新鲜的辣椒可以用在鱼类料理、肉类料理、炖蔬菜、热炒菜中，或是塞入食物后油炸食用。辣度为6~7级。

朝天椒 *C. frutescens*

这是一种非常小的辣椒果实。颜色有绿色、橘色还有红色，每一种颜色都可以使用。通常都是使用完整的整根辣椒。朝天椒可以帮料理的味道做个完美的收尾。朝天椒非常辣，辣度为9级。

克什米尔辣椒 *C.annuum*

这种辣椒不只生长在克什米尔，在印度其他地区也看得到这种辣椒。克什米尔辣椒的颜色为深红色，虽然尝起来有些许甜味，但是刺激的辛辣味也很明显。在印度，当地人称这种辣椒为lal mirch。辣度为7级。

欧洲辣椒品种

　　欧洲也有一些特产的辣椒，不过这类辣椒大多数用于异国料理。匈牙利、西班牙和葡萄牙这三个国家，比较常用到自己当地产生的辣椒。欧洲的辣椒普遍说来，辣味都比较弱，味道温和。

辣椒的其他品种

Cherry（*C.annuum*）这种辣椒在新鲜时，外观呈橘色到深红色。经过干燥就会变成赤褐色。这种辣椒的肉质很厚，籽很少。吃起来有水果的风味，辣度介于温和到中辣之间。通常市售的这种辣椒，都是经过加工的腌渍辣椒。辣度为1~5级。

Peri peri（*C.annuum*）这是葡萄牙文中对小辣椒的称呼。世界上曾沦为葡萄牙殖民地区的农田里都有这种小辣椒作物。在非洲，这种辣椒则被称作Jindungo chilli，味道近似朝天椒。辣度为9级。

Piment d'Espelette（*C.annuum*）产于西班牙比利牛斯山脉的西部地区，号称为"Contrōlée"，是一种鲜红色的辣椒，靠近果蒂的地方很宽大，朝尖端慢慢收细。尝起来有水果的甘甜，有微微的辛辣味。市面上可买到这种干燥的西班牙辣椒，有整根的辣椒干，也有研磨成粉的辣椒粉。另外也可买到这种辣椒做的辣椒泥，或是清澈的稀辣椒汁。辣度为3级。

Guindilla　*C.annuum*

这种砖红色的西班牙辣椒，果实很长、尾端收细。一般都是制成辣椒干使用。大片的辣椒干可以先浸泡后，再加入料理，替料理增加一股额外的辛辣味。在上菜前，记得把这种辣椒捞起来丢弃。辣度为5级。

Ñora　*C.annuum*

这种辣椒味道温和，有股怡人的质朴的大地土味。将这种辣椒干浸泡后，可以替米饭料理或炖菜调味。这种品种的辣椒，是制作罗梅可火焰酱或红椒粉时必备的材料。另一种体积比较大的钟形辣椒品种Choricero跟它很像，不过正如钟形辣椒的原文所暗示的一样，是当作西班牙辣香肠和其他肉类制品的调味料。辣度为1~2级。

Banana　*C.annuum*

这种辣椒还没成熟前是黄绿色，成熟后会变成红色。表皮光滑似蜡，味道很温和，跟另一种比较辣的品种Hungarian wax 有植物学上的关联。这种辣椒要趁新鲜时使用。可以放进沙拉、炖菜中，或是将整根完整的辣椒拿去烘烤，配上豆类或土豆食用，也可以加以腌渍，甚至当作点缀料理盘面的装饰物。辣度为1级。

Peperoncino　*C.annuum*

这种辣椒外形细长，果肉很少。要趁新鲜时使用，红色或青色的辣椒均可使用，它可以帮腌渍物或以番茄为基础所调配出来的料理调味。这种辣椒的味道很甜。辣度为1~4级。

香料的制备

香料的剁碎、磨碎、切片及切丝

　　许多香料必须先经过处理，才能加到料理中，或制成综合香料、各式酱料。经过捣碎、切碎、磨碎等步骤，释放出香料的挥发油，让香料的香味更加浓郁。经过捣碎的大块香料，只能拿来替料理调味用，而且在上菜前，就要将它捞出来丢掉。如果是味道比较温和的香料，有时候会切成一口大小，当作菜肴的一部分食用。否则，香料都应该要磨碎、切成薄片或是切丝之后，才能使用。

压碎香料

　　质地柔软的新鲜香料，例如，香茅、姜、芦苇姜、香姜以及郁金（白姜黄）等，通常在要使用前才压碎，让香料的风味释放出来。再将稍加压碎的这些香料全部放进菜肴里，之后再捞出来丢掉。

1 将香茅上面的茎切掉（如果是其他种类的香料，就将香料上突出的节瘤、疙瘩等粗糙的表皮除去）。

2 用比较沉重的菜刀刀背，或是厨房用木槌将香茅茎部末端压碎。

榨取姜汁

　　很多亚洲料理会用到新鲜的姜汁。只要准备新鲜的生姜根部，就可以很容易地榨出新鲜姜汁来。

1 将姜磨碎，或者把姜放进食物料理机里打到很细即可。

2 将磨好的泥状香料，用棉布或茶包袋包起来，然后加以挤压，将汁液挤到碗里。

香料的切片及切丝

香料在某些料理中，要切成薄片，有时候又要切丝或剁碎，一切依照料理需要而定。下面示范的做法，适合姜、芦苇姜以及郁金（白姜黄）之类的香料。至于香茅之类的香料，则要从底部由下往上切成一截截的，使横切面看起来像是很细的圈圈。如果香茅上部的茎已经变得纤维化、口感很粗糙时，就可以停止了。如果想要食用亚洲青柠的叶片，就必须先将叶片切成像针一样的细丝才可以。

1 视需要取适量的香料根茎。去皮，然后将质地粗糙或是干掉的部分去掉。

2 挑一把锋利的刀子，细细地将香料的根部，从横切面跟纹理呈交叉垂直的方向，连续切成许多薄片。

3 将切好的薄片叠起来，压好，然后切成细条状。

4 将这些细条排好，然后横切成碎片。如果还想将香料切得更碎，可以参考第119页，将这些香料碎片堆成一堆，按剁碎香草的方法来处理。

磨碎新鲜的香料

如果是新鲜的香料的茎部，如山葵、辣根、姜等诸如此类的香料，最佳的处理方式就是磨碎。日本有一种锉板，就是专门为了磨碎山葵和姜（p.113）而设计的。这种锉板能将香料磨得更细。

磨碎高良姜
一种非常锋利的西式锉板，可以像榨果汁一样，将香料磨成泥状。

磨碎干姜

虽然说大部分的香料会用"碾"（捣碎）这种方式来磨成粉，但有些体积比较大的香料，更适合用锉板磨碎。比方说，要磨碎肉豆蔻时，可以使用肉豆蔻专用磨碎器，或是选用孔最细的一般锉板也可以。

磨碎干姜
干燥的姜、姜黄、郁金等，这类香料通常都十分坚硬，所以要磨碎时，最好选用孔隙非常细密的柑橘用锉板，不然就要用锉刀来锉。

香料的烘烤和煎炸

　　使用干燥的平底锅来烘烤颗粒完整香料，这种方式在印度料理中特别常见。经过这一步骤，可以浓缩香料的风味，同时烤过的香料也比较容易磨碎。有些料理，则会要求厨师在放进其他食材前，先将香料放进锅里加油炒过爆香。经过煎炒后，能带出香料的香气，香料的味道会渗入油之中。不过要注意一点，如果此时再倒入液体，香料的香味就会降低。

烘烤香料

　　种子类的香料，特别是芥末籽，在烘烤过程中可能会在锅内不停弹跳、飞溅，所以处理前，要准备一个盖子，罩于平底锅上。一大匙的香料，只要烘烤2~3分钟就可以了。如果量放得比较多，就要花上8~10分钟才能均匀地将香料烘烤成褐色。如果要烤的香料种类多，量又大的话，就可以分开轮流烘烤。

1 烘烤香料时，要先热锅。将大型平底锅放在炉上加热，直至手在锅上方，能感到热度为止。

2 将火转为中火时，就将香料丢进去，加以搅拌或者是一直摇动锅子皆可。烘烤至香料的颜色变深，开始冒烟时，香料就会散发出浓郁的香味来。如果香料变色的速度太快，就将火转小一点，千万别让香料烧焦了。将烘烤好的香料倒进碗里，放凉后再磨碎。

用烤箱或微波炉烘烤香料

◄ 用烤箱烘烤香料

如果有大量的香料需要烘烤，那么使用烤箱是比较方便的选择。先将烤箱预热至250℃。

再将香料均匀铺在烤盘上，一直烘烤到香料的色泽转深，香味开始散发出来为止。记得烘烤过程中，要不时地摇晃和搅动香料。完成后要放凉，之后才能进行磨碎。

用微波炉烘烤香料

在盘子上铺一层薄薄的香料，不需覆盖保鲜膜，就可以放进微波炉里。微波炉的功率要调到最高。2~4大匙的香料，大概需要烘烤4~5分钟。在烘烤过程中，搅拌一次。完成后放凉，之后才能进行磨碎。

油煎香料

　　制作菜肴时，先将这道料理所有材料准备齐，再开始翻炒这道料理要用的香料。有些香料只需稍加翻炒几秒钟，有些则需要1分钟。所有的香料经过油煎翻炒后，颜色都会变深转黑，某些香料，如小豆蔻豆荚，甚至会鼓起来。在加入其他材料前，先将锅从炉火上移开，加进去后要快速搅拌，以免材料在热油里烧焦了。

1 在大型炒锅内倒入少许葵花籽油，让油均匀地覆在锅里形成薄膜。加热至可以看到淡淡的热气从锅面窜起。

2 炒香料的顺序，要从整颗完整的开始，之后才轮到磨碎的香料。若要同时炒不同种类的香料，就要按照食谱内出现的顺序来放进锅内。香料放入锅内的瞬间，应该会发出嘶嘶声，同时马上就变成褐色，在翻炒时，要密切注意火候，避免烧焦。

研磨、捣碎香料，制造调味酱

　　不论是磨碎或压碎，只要是新鲜现做的香料，一定会比市面上贩卖的、事先磨好的现成香料还要香。有一个简单的方法可以来测试一下：首先，准备一茶匙的胡荽籽，磨碎后，放置1~2小时。接着，再将同样分量的胡荽籽磨碎。比较两者的味道，你会发现较先磨好的那堆，有些香味已经消散了。

研磨香料

　　完整颗粒的香料中，有些本来就有香味。如甜胡椒、肉桂、丁香等。不过大多数这种颗粒状的香料，必须要经过磨碎后，才能释放出它的香气。需要量多的时候，可以使用搅拌器来研磨。不过，大多数的香料因为太硬了，所以就算用食物料理机也不能均匀打碎。

◀ 使用杵和研钵
挑一只坚固、质地粗糙的研钵，容量要够大。由于很多香料都非常硬，所以要用上很大的力气才能碾碎它们。

使用电动咖啡研磨机
这种电动咖啡研磨机，适用于研磨大多数的香料。不过一旦用来研磨香料的话，这部机器就不适合再拿去做其他用途了，最好从此当作香料的专用研磨机。有些香料，如经过干燥的石榴种子，因为质地过于黏稠，所以不适用。

捣碎香料

　　有些香料只需要压碎就好，不用研磨成粉末状。这时候只需要一组杵和研钵就够了。因为捣碎过程中，可以清楚地看到材料的状况，所以借由控制力道和时间，就能很简单地将香料捣碎成自己想要的程度。同时，还可以享受香料散发的阵阵香气。

◀ 使用擀面杖压碎香料
将香料放进保鲜袋里，然后将袋子摆平放在坚固物体的表面。之后再用擀面杖紧紧压碎。

香料调味酱的制作

　　制作香料调味酱的方法是将新鲜的香料（如大蒜、姜、芦苇姜或郁金）压碎后，配上干燥的香料或香草，有时候还得视情况再加上一点液体。这种技巧在印度、东南亚和墨西哥等地都很常见。制作时需要准备一组杵和研钵，或是准备内附小钵的食物料理机也可以。

◀ 如果这道酱需要用到干燥的香料，在加入前要先将干燥香料用研钵或是咖啡研磨机磨碎。

◀ 制作的顺序为，先将大蒜或姜压碎，再加入已经磨碎好的香料，最后视情况而定，再倒入所需要的液体。

新鲜辣椒的制备

辣椒有许多不同的形状、颜色、大小。随着辣椒成熟状态的不同，如青涩未熟时期或红色、甚至呈红褐色的成熟时期，它所散发出的香味也不一样。如果再经过干燥，辣椒的香味又会再度产生变化。一般说来，食谱中如果有用到新鲜辣椒，多半会使用整颗完整的新鲜辣椒，或是将辣椒切片后再使用。但是有时候，特别是当辣椒的皮又厚又硬时，还是会将辣椒去籽，或是先将辣椒烘烤后再使用。

烘烤新鲜辣椒

大多数的辣椒在烹调时都不需要剥皮，但是也有例外的情形。例如辣椒的皮太厚太硬，或是剥了皮可以让口感更好，或是要增添烧焦的辣椒香时。要烘烤小辣椒的话，小型平底煎锅或是大型的炒菜锅均可使用，首先将锅预热，然后翻炒辣椒，直到辣椒颜色转深并且软化为止。

1 大型的辣椒可以直接用燃气炉，在炉焰上面烧烤。但烧烤的过程中要不时地翻转，将辣椒的表面均匀地烧灼成黑色，但是里面的肉却依然保持柔软没有焦掉。如果有电子烤肉架的话，将辣椒摆在烤肉网上，再架到电热丝上。让辣椒轮流在预热好的烤架电热丝附近，转动辣椒，直到辣椒表皮鼓起水泡，颜色转黑为止。

2 等到辣椒都已经均匀地烤成黑色焦状时，将辣椒倒进聚乙烯（PE）材质的袋子或碗里，覆上保鲜膜，让热腾腾的辣椒静置约10～15分钟，此时蒸气会在保鲜膜上凝结成水珠。

3 接下来小心地将辣椒皮剥掉，略加冲洗。然后放在厨房纸巾上吸干水分。

冷冻辣椒

　　新鲜的辣椒也可以在烘烤完毕后冷冻起来。如果要冷冻的话，就不用先剥皮，因为辣椒在解冻的时候，它的皮就会剥落下来。

◀ **将未烹煮过的辣椒冷冻起来**
未经烹调的辣椒，要先经过氽烫这道程序。将连着蒂的辣椒氽烫约3分钟，然后放进滤碗将水分滤干，等到完全冷却后，再将辣椒放进聚乙烯制的袋子里，冷冻保存。

去除新鲜辣椒中的籽与白色脉络

　　辣椒素是导致辣椒辛辣刺激的主要成分。辣椒籽、辣椒肉里面的白色脉络以及表皮中都含有辣椒素，不过各自的浓度不同。辣椒素会刺激皮肤和眼睛（请参考下面的注意事项）。在烹调之前，如果将辣椒籽和辣椒白色肉脉剔除掉，就可以降低辣椒的辣度。

1 剪下辣椒后，将蒂切掉，将每条辣椒对切成两半。

2 将辣椒果肉里的白色脉络去掉，将籽挖出来，然后清洗一下。

注意

- 如果你还不习惯处理辣椒，或是手上有伤口，或是本身为敏感性肌肤，在切辣椒前，记得戴上橡皮或塑胶手套，避免直接接触到辣椒素。

- 辣椒籽和辣椒的白色脉络是辣椒最辣的部位。切辣椒时不要用手去揉眼睛。如果不小心揉了眼睛，要马上用冷水冲洗眼睛。

- 等到辣椒处理完毕后，用肥皂水彻底地清洗双手、工作台表面以及所有用到的用具。

- 如果手被辣椒辣到有烧灼感时，可以准备一碗冷水或是清淡的蔬菜油来浸泡双手。

- 如果因为吃了太多的辣椒，嘴巴辣到受不了时，喝水反而会造成反效果。这时候，应该要嚼一片面包，或喝酸奶、牛奶。

干燥辣椒的制备

在墨西哥和美国西南部料理中，大量使用的大型干辣椒，通常要先经过烘烤、浸泡和过滤后，才会用在酱料制作中。烘烤可以增强干辣椒的风味。所以口味比较清淡的料理，就不需于再经烘烤，直接浸泡即可。在墨西哥，有少数几种干燥辣椒，常在直接磨碎或压成泥过滤后，直接加到酱料中。亚洲料理中，则习惯将小型干辣椒烘烤后，才加以磨碎。

去除干辣椒中的籽与白色脉络

跟新鲜辣椒的做法一样，要将干燥辣椒的籽和白色脉络去掉，降低它的辣度，最好在烘烤前就完成这一步骤。这样一来，只要辣椒一烤好，就可以马上将辣椒皮拿去浸泡或是磨碎。

◀ 把辣椒籽清出来
将辣椒擦拭干净后，撕开辣椒，或是将茎折断，再摇晃辣椒，将里面的籽倒出来。

烘烤干辣椒

烘烤干燥辣椒时，辣椒的颜色会转深，表皮会起水泡、皱缩，并产生破裂状的纹路，同时释放出辣椒的香味。注意不要烧得太焦，不然尝起来会有苦味。烘烤完辣椒，马上就可以进行浸泡或磨碎的程序。

◀ 使用烤架烘烤
将干净的干燥辣椒铺在预热好的烤架或是大型炒菜锅上，烘烤1～2分钟。烘烤过程中，要不时地去转动辣椒，让辣椒受热均匀，不然，也可以选择预热到250℃的烤箱代替。烤箱的烘烤时间约2～3分钟。

浸泡干辣椒

如果你要做的是亚洲辣酱，需要浸泡好的小型辣椒。将辣椒撕碎后浸到水里，浸泡15分钟之后，就可以使用了。

1 将烘烤好或是清理好的干燥辣椒放进碗里，倒入几乎沸腾的滚水。盖上盖子或盘子，让辣椒浸泡在热水里约30分钟，直到辣椒软化为止。比较大、皮较厚的辣椒可能要泡久一点。

2 将软化的辣椒在滤网上压一压，筛掉较老或较韧的皮，然后混入其他材料以及一些浸泡用的液体，做成所需要的酱料。

研磨干辣椒

将辣椒擦拭干净，去蒂，然后将辣椒撕成碎片。如果需要比较强的辣度，就将辣椒里面的籽和白色脉络部分留下。反之，不想太辣的话，就要在磨碎辣椒前，将这些部位去掉。

◀使用电动研磨机
使用电动咖啡研磨器，可以将干燥辣椒磨碎成理想的程度，如果先将干燥辣椒烘烤过再研磨，风味会更好。

盐（Salt）
Sodium Chloride

盐是矿物，主要由氯化钠（NaCl）组成，在世界大部分地区都有发现。它是海洋的主要矿物成分（78%），也被称为岩盐的结晶形式。它对动物的生命至关重要，但长期以来我们将其称为普通的盐，并倾向于将其视为理所当然的，而不考虑其生产或早期历史。

早期历史

一些最早的盐厂可追溯到6000多年前，中国的山西省，这里曾经发生了争夺盐湖运城控制权的战争。夏季，水分蒸发，盐矿沉淀物被吸收。生产者和消费者之间的冲突在整个历史上是共同的；这是一个高价值的商品，在古典世界建立了盐路，这些路线上的城市由于盐的税务交易者而变得富有。它导致私人财富和政府财富的积累，盐通常由国家垄断，并征收盐税（与20世纪的油不同）。罗马军队的薪水曾用盐支付，这是"工资"一词的来源。

盐被认为是神的恩惠，这是在埃及的坟墓中发现的。在越南，盐、水、大米也为下一个世界的生活提供了条件，农

莫尔登海盐
盐已经在埃塞克斯沼泽地生产了2000年。将海水放置于锅中，在明火上加热，直到水蒸发，然后将锅打开以取出盐。莫尔登盐，这个家族企业始于1882年，生产出最好的海盐，具有独特的片状质地。

柴郡矿盐
罗马人定居在西北英格兰的这一地区，部分原因是盐水泉和盐已经在这里生产了大约2000年。现在，只有一个巨大的地下矿井是活跃的，提供餐桌用盐，并生产撒于冬季道路上的盐。

村是面临台风、洪水和收成不佳的生存象征。在基督教和犹太教的信仰中，盐意味着长寿和永恒。面包和盐是一个新家庭的供品，面包是食物的象征，盐则可以使其保存得更久。

盐的来源

海是盐的一个来源，中国的运城盐湖，玻利维亚的乌尤尼，美国的落基山脉等湖泊都是盐源，但主要的矿藏是地下岩盐。例如，德国地下约有10万立方千米的盐。

海盐和湖盐是控制蒸发产生的，以确保产品的纯度：对称的、小的晶体表示纯盐。岩盐开采存在于世界各地；最大的矿场位于加拿大的Goderich和巴基斯坦的Khewra。它作为喜马拉雅盐出售，近年来已经变得非常受欢迎。岩盐甚至被用于令人印象深刻的效果——作为悉尼一家肉店老化室的墙壁，以加速老化过程。波兰的维利奇卡是欧洲最古老和最

大的矿山之一，现在是一个博物馆。采矿地区的城镇通常以盐矿的名义命名：德国的哈雷，奥地利的哈尔施塔特和萨尔茨堡，美国的盐湖城，柴郡的威奇，诺维奇和其他威尼斯的城镇也是产盐区。

盐的用途

盐从早期就用于保存身体和食物。埃及人用盐来保存木乃伊，在中亚地区，南美洲的尸体被保存在咸沙漠土壤中。

数千年前，当人们从渔猎的饮食中转移出来，开始饲养动物和种植作物时，他们需要为自己和他们的动物喂食盐，因为动物组织中的盐比在植物组织中更多。早期的地中海文明在其饮食中使用了盐，像罗马人一样吃非常咸的食物。他们还用盐来保存鱼、橄榄和其他蔬菜。他们腌新鲜蔬菜去除苦味，带来一个新词"沙拉"。肉类和乳酪被腌制，以便在

特拉帕尼海盐
西西里岛海岸的特拉帕尼是一个由白盐、大型沼泽地和风车组成的金字塔地形。盐水在沼泽地蒸发并堆积在金字塔中后，手工采集。根据需要粉碎成各种等级。

海盐
盐之花是一种海盐，在沉到盐盘底部之前，刮掉表层的盐。这些晶体比粗海盐更纯净，更精细。法国的布列塔尼、Ile de Ré和Camargue生产这类盐。西班牙、葡萄牙和温哥华岛也生产出这种高质量的盐。

冬季保存。

罗马人还制作了鱼酱油，鱼酱油是通过将分层鱼屑和盐调匀，在陶器罐子里制成的。早些时候，在中国和日本，鱼和蔬菜用盐腌制，并允许发酵以产生作为防腐剂的乳酸。泡菜在东亚的饮食中有非常重要的地位，盐很少作为调味品被放在桌子上。咸鱼和干鱼存在于整个地区，还有基于鱼或海鲜的发酵调味汁和酱料，以及在盐水中浸泡的香料或大豆，如泰国的nam pla和kapi，柬埔寨的teuk trey 和prahok，越南的nuoc mam和tuong ot，印度尼西亚和马来西亚的blachan和trassi。

新石器时代以来，盐作为调味品和保鲜剂是人类生活的一部分，为食物增添风味和味道，确保我们的生存。人体含有一部分盐，与水一起滋养细胞。钠可以让身体四处输送氧气，传递神经脉冲并活动肌肉；氯化物是消化和呼吸所必需

喜马拉雅岩盐
当作为小晶体使用时，盐可以是微红色或粉红色或几乎透明的。很受健康食品倡导者欢迎，因为它具有相当丰富的微量元素。盐块可用于菜肴或用于食物制备。

海藻盐
越来越多的海盐产地出产海藻盐。最常见的海藻是海草、红皮藻、海苔（紫菜）和海莴苣。它们经过干燥、研磨，并与盐晶体混合。大多数的海藻盐添加了刺激性的气体，但紫菜具有醇厚的甜咸的味道。海藻盐很适合用于土豆和鸡蛋。

椒盐
许多不同的香料被用来制作香料盐：多香果、辣椒或辣椒粉、丁香、香菜、小茴香、麦芽和胡椒粉是最常见的。仔细研磨香料，混合成粗盐。在烧烤或铁扒之前抹在肉上。也适合用于蔬菜。

福克盐
自1830年以来这家瑞典公司一直在生产盐。在塞浦路斯，盐以传统的方式收获。将植物碳加入盐中，可以使其成为黑色盐。大块的盐晶体可以用手指搓碎，当它和一些细切的香菜撒在米饭上时，看起来很醒目。

芹菜盐
商业芹菜盐是用芹菜种子或精油制成的。它很快会产生陈腐的味道，所以要少量购买。如果你种芹菜（p.80），切碎一些叶子（或者是花园芹菜的叶子），并与盐晶体结合起来，就形成一种温和的芹菜盐。传统上用于调制血腥玛丽。

的。身体通过身体机能不断地丧失盐分，必须加以补充。然而，这只需要少量的盐，过量的盐可导致高血压和肾衰竭。今天我们有过量食用盐的危险，每天5～6克足以保持健康，但是很多人经常吃加工食品，从而导致摄入过多。

最好避免食用添加了抗结块剂以使其自由流动的精盐。由于其加工方式，犹太盐的颗粒比其他盐更大。它的名称来自于在肉类的加工过程中的使用，盐本身不是犹太食品。

香草和香料在不使用盐的情况下对增添食物风味起着重要的作用。新鲜的香草适合做意大利面、蔬菜、鱼肉、肉和米饭。腌制肉类和鱼类可以加入（参见pp.302～303）辣椒、大蒜和生姜粉，还有调味汁和蘸酱（参见pp.289～301），给任何食物进行调味。

绿茶盐

这种日本盐是豌豆茶粉和盐晶的组合。抹茶是最好的绿茶，当盐被撒在食物上或用于油炸食品时，它的绿色很有吸引力。日本商店出售绿茶盐，不过绿茶盐也很容易在家里制作：将2茶匙盐和1/2茶匙抹茶粉搅拌均匀即可。

盐麹

盐麹是日本的调味盐，混合了烤芝麻和粗盐。黑芝麻的外观更加引人注目，芝麻的香气和味道也是令人愉悦的。用作大米、蔬菜和沙拉的蘸料或调味品。保健食品商店出售盐麹，不过盐麹也很容易制作。详见第271页的食谱。

康沃尔烟熏盐

烟熏盐通过冷吸烟过程产生。最常用的树木是赤杨木、苹果、山核桃和麦麸。烟雾的强度取决于所用的木材。烟熏盐即使不能给食物带来烧烤的味道，至少也能增加烟熏的味道。

墨累河的盐

这种盐是从澳大利亚墨累达令盆地的含水层中提取的。由于含水层中的天然矿物质，这种盐质地柔软，味道温和，呈白色或淡粉色。

食谱

综合香草配方

无论是干燥还是新鲜的香草，都可以跟其他香草、香料混合搭配，做出许多不同的配方。就算是最传统配方的材料组合比例，也取决所要搭配的菜色。这种根据料理来决定最终配方的香料组合比例的方式，是我们调配香料配方时遵循的原则。这个原则适用于欧洲香草、伊朗综合香草配方或是拉丁美洲综合香草配方等，这一类综合配方的材料，通常同时囊括香草和香料。

香草束（Bouquets garnis）

香草束是扎成一小束的香草，用在法国料理中需要慢炖细熬。香草束通常会用绳子绑起来固定，不过也有用棉布包起来的，在盛盘上菜前，要将其残渣捞出丢弃。基本的香草束一般包括1片月桂叶、2~3枝带茎叶的荷兰芹、2~3枝百里香嫩枝等。但是，香草束的材料可以根据搭配的料理来改变。以下是一些建议用法：

羊肉料理

迷迭香、大蒜、牛至或马郁兰草、百里香、薰衣草、香薄荷、桃金娘、柠檬百里香、薄荷、荷兰芹

家禽料理

荷兰芹、月桂、龙蒿、青柠檬草、马郁兰草、迷迭香、香薄荷、柠檬百里香、圆叶当归、荷兰芹、一片韭葱的外皮

野味料理

荷兰芹、杜松浆果、百里香、月桂、香蜂草、马郁兰草、薄荷、芹菜、迷迭香、桃金娘、一条橙皮

鱼类料理

荷兰芹、龙蒿、百里香、一个柠檬皮、茴香、月桂、柠檬百里香、莳萝、荷兰芹、青葱、香蜂草

牛肉料理

月桂、荷兰芹、百里香、一片韭葱的外皮、牛至、大蒜、一条橙皮、百里香、香薄荷、马郁兰草、一些牛膝草

猪肉料理

鼠尾草、芹菜、荷兰芹、百里香、圆叶当归、迷迭香、香薄荷、橙香百里香、龙蒿、月桂

黑加仑叶

法式调味香草末（Fines herbes）

一种来自法国料理的经典香草配方，叫做香草末。香草末的材料，选用的都是风味细致清幽的夏令香草，包括茴芹、细香葱、荷兰芹和龙蒿。材料比例则是前三种均为一比一，龙蒿放一半的分量即可。这种将香草切碎的香草末是蛋卷和其他各式各样蛋类料理的绝佳调味料，也是奶油酱的基本材料，同时还是柔软的嫩叶沙拉等的美味调味料。

龙蒿叶

碎荷兰芹香蒜油酱汁（Persillade）

将一瓣大蒜、一小把平叶荷兰芹的枝叶一起剁碎。这两种混合的香草末可以在上菜前几分钟，加少许到料理中搅拌均匀，再装盘。或是于上菜时，撒在菜肴上面，让它成为家禽肉、鱼类以及蔬菜类料理的一流调味料。如果将碎荷兰芹香蒜油酱汁跟面包屑搅拌均匀，就可以在小羊排快烤好时，把它放在羊排上。

意式香草酱（Gremolata）

准备一份碎荷兰芹香蒜油酱汁，再选用半颗没有上蜡的柠檬，将柠檬皮磨碎后加进去即可。意式香草酱最知名的用法是作为米兰炖小牛肘的配料。除此之外，意式香草酱也很适合用在以铁架炙烤或焙烤的鱼类料理、兵豆的豆类汤品以及沙拉之中。烹煮一般肉类或是家禽肉类的炖肉时，倒几滴，或拌一点意式香草酱进去，滋味也非常鲜美。

普罗旺斯风味复方香草
（Herbes de Provence）

这是一种可自由变换材料的香草综合配方，传统上都选干燥香草，不过，也可以使用手边的新鲜香草。下面列出了其中一种搭配做法。但是其他材料，如茴香籽、鼠尾草、罗勒、月桂以及牛膝草也都可以用。普罗旺斯风复方香草多半用在文火煨肉或炖野味中，如果炖肉用的是红酒酱，风味更佳。除此之外，也适合用在番茄和根茎类蔬菜料理中。

3汤匙干燥百香里

1汤匙干燥香薄荷

2汤匙干燥马郁兰草

1茶匙干燥薰衣草

1茶匙干燥迷迭香

将上述材料压碎或磨碎，放进密封罐，可存放2~3个月。

西班牙香草束（Farcellets）

Farcellet是西班牙的嘉泰罗尼亚语，意指"一小把"。这种小小的香草束，材料包括干燥的香薄荷、牛至以及百里香的嫩枝，然后用月桂叶将这些枝叶紧紧地扎成一束。西班牙香草束多半用在需要长久炖煮的肉类、家禽类，或是蔬菜料理中。在装盘上菜前，要先将香草束捞出来丢弃。

智利调味粉（Chilean aliño）

"Aliño"这个词在南美洲泛指由香草或香料混合而成的各式调味料。它可以直接抹于肉类、家禽类、鱼类上，或是拿来当作汤品和砂锅料理的调味料。在各地市场，都可以买到扎成一小束或包装成小包装的智利调味粉，底下介绍的这个配方，出自Micrtha Umaña-Murray所著的《横跨三个世代的智利料理》（*Three Generations of Chinlean Cuisine*）一书。

1汤匙干燥百里香

1汤匙干燥薄荷

1汤匙干燥迷迭香

1汤匙干燥香蜂草

1汤匙干燥牛至

1汤匙干燥马郁兰草

1汤匙干燥鼠尾草

1汤匙干燥龙蒿

将以上材料混合均匀后，压碎，倒入密封罐里储存。

古巴阿斗波（Cuban adobo）

在以西班牙语为通行语的加勒比海岛屿上，有许多菜肴的烹饪手法，要先从准备sofrito调味酱做起，这是一种混合了香草、香料、蔬菜的综合调味酱，是当地料理口味的基础。当地另一种常见的调味手法叫作阿斗波。阿斗波可以做成干的，也可以做成液状。干的阿斗波主要拿来抹在食物上，液状的阿斗波则拿来当卤汁，两者的差别就在于干的阿斗波不使用橙汁。而整个中南美洲地区的料理，都会使用到这类古巴调味酱。

1汤匙百里香叶

1茶匙小茴香粉

1汤匙牛至叶

2茶匙黑胡椒粉

2小把带叶的胡荽嫩枝

100毫升苦橙汁或青柠汁

将所有食物放进料理机里打均匀。倒入不会跟材料起化学反应的罐子中，放进冰箱里冷藏，可保存4~5天。可当作调味料使用（p.269）。

冬季香草束（Winter herbs）

这是Richard Olney经常使用的混合香草配方。将等量的百里香、迷迭香、冬香薄荷进行粗磨，然后储藏起来。迷迭香可用鼠尾草代替。

黑胡椒香草配方（Herbed pepper）

这种配方适合加在根茎类蔬菜里，当作鸡的填料，或是煮成冬令汤品。

1汤匙干燥迷迭香

1汤匙干燥马郁兰草

1汤匙干燥冬季香薄荷

1汤匙黑胡椒粉

1汤匙干燥百里香

1汤匙粉状的豆蔻皮

迷迭香

将以上所有香草压碎或研磨成细致的粉末状。再用过滤网过筛，跟黑胡椒以及粉状的豆蔻皮混合均匀。之后再倒入密封罐里，可储存2~3个月。如果再加入一瓣压碎的蒜头，还有一点点磨碎的柠檬皮，味道也不错。

地中海综合香辛料
（Mediterranean herb and spice blend）

1汤匙干薄荷

1汤匙干燥香薄荷或牛膝草

1汤匙干牛至叶

1汤匙茴香籽

1汤匙磨碎的孜然

1汤匙磨碎的芫荽

将香草粉碎，并与茴香籽、孜然和芫荽混合。储存在密封的容器中或储存在冷藏库中的保鲜袋中。可以抹在待烤的烤肉上，或添加到煮熟的肉类、家禽或蔬菜上。

印度绿马萨拉香料
（Green masala）

这是一种印度的调味料配方，非常适用在鱼类和鸡肉料理中。

60克生姜

1大把带叶的胡荽嫩茎

2瓣大蒜

1/2茶匙盐

4~6根新鲜的青辣椒

将姜和大蒜削皮切碎。去掉辣椒籽，将辣椒的果肉部位切成薄片，再将所有的材料倒进食物料理机中，加一点水打成泥状酱料。

将做好的印度翠绿综合香料倒入密封罐里，放进冰箱冷藏，可以保存2个星期。如果是冷冻保存，可以保存到3个月之久。看个人喜欢好，也可以不加胡荽。这样就是另一种更简单的印度翠绿综合香料。

香辣调料（Adjika）

这种辣椒和草本糊状物在格鲁吉亚及其邻国很受欢迎。

2根新鲜的红辣椒，去籽

5蒜瓣，粉碎

少量切碎的荷兰芹

少量切碎的莳萝

3汤匙切碎的核桃

盐

3~4汤匙橄榄油

将除油以外的所有成分放入搅拌器中，并搅打至出现粗糙的糊状物。慢慢添加橄榄油，直到它变得柔滑。可以加入肉类和家禽菜肴或慢煮豆类。

格鲁吉亚综合调味粉（Khmeli-suneli）

这是格鲁吉亚当地的配方。在首都第比利斯的市场里，khmeli-suneli这个词并不单指某一种特定的香草与香料的配方，有许多不同的种类。除此之外，每个地区、每个家庭也都会有自己独特的khmeli-suneli口味。以下列出的是其中一种：

1汤匙磨碎的胡荽籽

1汤匙干燥的芫荽粉

1茶匙干燥夏季香薄荷

1茶匙干燥葫芦巴叶

1/2茶匙茴香籽

1/2茶匙肉桂粉

1茶匙干燥薄荷

1大撮丁香粉

1茶匙干燥莳萝

用敲打或碾磨的方式，将以上所有材料全都磨成粉末状。倒入密封罐中，可保存2~3个月。这个配方可以用在卤汁或是涂抹在要炙烤的肉类上，此外，也可以加进蔬菜料理、汤品和炖肉里调味。

香薄荷

格鲁吉亚调料（Svanuri marili）

这种辛辣调味料有时称为斯瓦内蒂盐，来自格鲁吉亚的斯瓦内蒂山区。蓝色的葫芦巴比普通的葫芦巴稍微温和，生长于高加索地区，并常用于盐和大蒜的混合物中。如果找不到它，就使用普通的葫芦巴。

1茶匙胡荽

1茶匙葫芦巴

1/2茶匙辣椒

3瓣大蒜，切碎

2汤匙海盐

将香料、大蒜加入盐中并搅拌均匀。这种调料可以用于应季蔬菜以及沙拉中，也可以加入橄榄油做蘸料使用。

调味酱

调味酱在以英语为通行语的加勒比海群岛上，意指一种用来帮肉类、家禽类以及鱼类调味的酱料。每个岛，甚至每个厨师都有自己的独家口味，所以调味酱并没有固定的材料及食谱。不过，调味酱通常会包括新鲜的香草，如荷兰芹、薄荷、百里香、芹菜、牛至、胡荽、刺芫荽、细香葱、青葱以及大蒜等。香料的部分则包括姜、丁香、肉桂、甜胡椒、咖喱粉、红椒粉、胡椒以及辣椒等。此外，还会加上其他种类的调味料，例如英国乌斯特辣酱油、苦橙汁、青柠汁、醋和油等。

调味酱最常见的用法，是当作卤汁使用，不过，也可以加进酱料或是混入炖肉里使用，当卤汁使用时，就要将调味酱涂抹到食物上，放上一段时间让卤汁渗透入味。小型的鱼类或是海鲜类大约要放置1~2小时。大型的鱼类，或是整尾的鱼类、鸡块或肉类，则要腌上3~4个小时。如果是切得很大块的肉，或是整鸡的话，可能需要12小时才能入味。

巴巴多斯调味酱（Bajan seasoning）

正如其名，这种调味酱源自于拉丁美洲的巴巴多斯这个国家。

6~8根大葱，切大段

1把欧芹叶及其嫩茎

4瓣大蒜，压碎

1小把韭黄

1个苏格兰帽椒，去籽并切段

磨成细粉的黑胡椒

4汤匙青柠汁

将所有的材料放进食物料理机里，搅拌均匀，打成泥状。尝一下，看是否需要多一些的青柠汁，还可视个人喜好加点盐。挑一个不会跟这些材料起化学反应的罐子，将巴巴多斯调味酱倒进去，放在冰箱可以保存4~5天。

特立尼达调味酱（Trinidad Seasoning）

6~8根大葱，切段

1个小洋葱，切块

3瓣大蒜，切碎

1束刺芫荽或胡荽叶，粗切

1小把薄荷叶

1小片鲜姜片，切条

1个绿辣椒

研磨好的黑胡椒粉

4汤匙青柠汁

将所有的材料用食物料理机打成泥状。尝尝味道如何，有必要的话，再多加点青柠汁。也可以视喜好加点盐，保存方法跟巴巴多斯调味酱（如上）相同。

牙买加调味酱（Jamaican jerk seasoning）

这种调味酱的基本素材较多使用香料，而不是以香草为基底，主要拿来涂抹在猪肉和鸡肉上。

3~6根苏格兰辣椒，去籽略切

1汤匙甜胡椒粉

4~6根大葱，略切

3棵青葱，切成四等份

3瓣大蒜，压碎

1小片生姜，略切

3汤匙新鲜百里香叶

2茶匙黑胡椒粉

1茶匙肉桂粉

1/2茶匙肉豆蔻粉

3~4汤匙葵花籽油

1/2茶匙丁香粉

将所有的材料用食物料理机打至均匀。如有必要，可以再加一点油或水进去。加以冷藏的话，可以保存6个星期。

肉豆蔻

综合香草盘

综合香草盘指的是一碗装有各式各样香草的佐料拼盘，可以说是每道伊朗料理必备的配料盘。所有当季新鲜的香草，如薄荷、细香葱、大葱、荷兰芹、莳萝、龙蒿等，都会装进碗里放在餐桌上，当作开胃菜和其他菜一起吃。

在黎巴嫩，小拼盘餐桌上一定有一盘新鲜蔬菜和香草，最常见的材料包括小黄瓜、小葡萄、番茄、长叶莴苣、荷兰芹、薄荷、马齿苋、水田芥和大葱等。越南人也非常热爱新鲜香草，如果菜肴中没有配上一碗新鲜香草，就不能算是地道的越南料理。越南料理的新鲜香草配料盘通常会有罗勒、胡荽、越南香菜、红紫苏和绿紫苏、薄荷、小黄瓜以及莴苣叶。

伊朗综合香草配方

（Iranian herb mixtures）

从烹饪料理上可以看出伊朗人对香草的热爱。夏季时，他们会使用大量的新鲜香草，到了冬天，就换成干燥香草。由于伊朗气候炎热，所以很适合将香草风干，并完美地保留住原有的风味和色泽。这些干燥的香草在伊朗商店里都可以买得到：

米饭用香草配方需要等量的荷兰芹、胡荽、细香葱、有时候也会放莳萝。

炖肉用香草配方材料有荷兰芹、细香葱、胡荽以及一些葫芦巴，除此之外一定会用到干燥的青柠粉，有时候会加入一些莳萝和薄荷。

煮汤用香草配方主要材料有荷兰芹、胡荽、细香葱，有时候也会放薄荷和葫芦巴。

夏香薄荷（Chubritsa）

Chubritsa是夏香薄荷的保加利亚名字，并被广泛赞赏。在桌上经常有一种简单的调味品——Sharena Sol或彩色的盐。这种调味品由干的香薄荷、红辣椒和盐组成。香薄荷还可以与少量干葫芦巴叶、干荷兰薄荷、辣椒粉、少量红辣椒和盐一同制作出味道浓厚的混合调料。这种混合调料经常用于风味炖肉和豆类菜肴中。也可以加入杏仁或南瓜子之类的种子。将干燥的叶子进行研磨成粉并过筛，如果加入了坚果或种子，将其焙干，冷却后再进行研磨，然后将所有材料进行混合。

摩洛哥薄荷

葫芦巴

综合香料配方

　　调配香料的这门艺术，在世界各地已流传几世纪之久。在中国、日本、印度半岛、中东地区、非洲（特别是东非和北非）、加勒比海群岛以及拉丁美洲等地区，这类的混合香料配方，往往成为当地料理的特色。如果这些香料的配比不符合你的口味，可以进行改变。

日本

　　日本料理强调如何带出食物原有的风味，所以常用的都是一些具有香味的食材，如黄豆制品、海藻、用柴鱼或海带熬出的高汤、鲣鱼干等，但是香料就比较少派上用场。山葵、日本花椒、辣椒、芥末、姜以及芝麻则是近代日本料理中会用到的香料种类。

日本七味辣椒粉（Seven spice powder）

　　shichimi togarashi通常简称为shichimi，意思就是七种材料调味的辣椒粉。原味的辣椒粉日文称作ichimi togarashi。Shichimi指辣椒和六种材料的混合物。每个地方都会有当地特有的七味粉配方。一般来说，都会用到紫苏、芥末籽、烘过或烤过的辣椒这几种。不过，就算事实上用了超过七种材料，还是统称为七味粉，名称不会因而更改。

　　七味粉的香味，主要是橘皮香，以及来自于紫菜所含的碘味。尽管辣椒是最主要的材料，不过辣椒并不会压过其他的味道。七味粉的质地像是粗糙的沙砾。而市面上贩售的七味粉，辛辣的程度不一，有温和的，也有辣一点的。所以自己动手做七味粉，可以根据个人的口味，调整辣椒的分量，调制出适合自己的辣度。制作七味粉时，也可以放一点柚子皮，让七味粉多点酸酸的滋味，这种七味粉可以用在乌龙面、汤品、火锅料理以及烤鸡肉上。

2茶匙白芝麻籽

2茶匙辣椒碎片

1茶匙压碎的干橘皮

1汤匙日本花椒

2茶匙干紫菜片（选用绿紫菜，aonori）

1茶匙黑芝麻籽

先将白芝麻跟橙皮粗略磨碎，加入紫菜和辣椒片后再研磨一遍。最后将剩下的材料加进去，搅拌混合均匀后，装在密封罐里储存。

芝麻盐（Goma shio）

　　Goma就是芝麻的意思。这是一种很简单的混合配方，可以用来当作米饭、蔬菜和沙拉的佐料。

4茶匙黑芝麻籽或白芝麻籽

2茶匙粗海盐

将芝麻稍加烘烤一下，用平底锅翻搅烘烤约1~2分钟。放凉后再跟盐一起略加研磨成粗粒的粉末即可。然后用密封罐装起来储存。芝麻在韩国是一种非常常见的调味料。韩国当地有种调味料跟芝麻盐很像，材料比例则是60克烤过的芝麻，配上2茶匙盐。

芝麻

中国

中国料理多半直接使用单一口味的香料，至于五香粉这种综合香料配方，通常用在想要调制较复杂口感层次的菜肴。将许多种香料混合调配出的复杂配方，配上酱油和糖之后，可以用来帮慢火细熬的猪肉或牛肉清汤调味。

椒盐（Chinese spiced salt）

椒盐被广泛用于烧烤和烤肉或家禽中，它通常在小碟子里供应，然后撒在食物上。

3汤匙粗海盐粒

1汤匙五香粉

将盐和五香粉混合在一起，用平底锅边烤边搅拌，确保它们混合均匀，不要粘在锅上，5分钟后盛盘，冷却，然后储存在一个密封的容器中。在四川，椒盐是用1汤匙的四川花椒制成的，将它磨碎直到有香味，再拌入盐中。

五香粉（Five spice powder）

中国文化讲究五味（酸、甜、苦、辣、咸）平衡，多会兼具药用和食用功能。五香粉有时也会增加成七种，添加干姜、小豆蔻或甘草等香料。五香粉可用于细火慢熬的菜肴中，或是做成卤汁，为烧烤的肉类或家禽类调味。

6颗八角

2茶匙丁香

1汤匙四川花椒

2茶匙磨碎的中国肉桂或肉桂

1汤匙茴香籽

将所有香料一起磨成粉末状，用滤网过筛过后，装入密封罐或塑料袋中，在冰箱中储存。

泰国

泰国料理之所以会有这么吸引人的独特风味，关键在于泰国料理中运用了咖喱酱、酱料、汤品或是淋汁等，具有反复多变的口味。而泰国人高超地混合香草、香料以及其他调味料的技术，如鱼露、虾米、虾酱等，让蔬菜、鱼类、肉类以及家禽料理的口感更富有层次，风味更佳香醇。泰式咖喱酱并没有一种固定的配方，会随着各地域、个人口味而有自己的独家秘方。咖喱酱通常都是等食用时，才会开始制作。不过若是想省麻烦，也可以一次多煮一点咖喱酱，将多余的咖喱酱倒进密封罐里，放进冰箱储存。冷藏的咖喱酱可以保存2星期。或是将咖喱酱分装进小罐子里，再加以冷冻，也是一种很便利的保存方式。

红咖喱酱（Red curry paste）

10根干燥的红辣椒

2条香茅的茎，只取底下1/3的部分，切成薄片

1汤匙胡荽籽

1茶匙虾酱

6片切成薄片的芦荟姜

2茶匙小茴香籽

1茶匙磨碎的亚洲青柠果皮

5瓣大蒜，切碎

2汤匙切碎的胡荽根

6棵青葱，切碎

1茶匙黑胡椒粉

将辣椒切好后，在少量温水中浸泡10~15分钟。用锡箔纸将虾酱紧紧包裹住，然后每一面都烘烤1~2分钟。接着烘烤胡荽和小茴香籽，烤好后放凉，然后磨碎。

将辣椒和刚刚浸过辣椒的水及其他材料全部倒入食物料理机中打成光滑泥状，或是用研钵打成泥。红咖喱酱适合用于牛肉、野味、鸭肉和猪肉中。

四川花椒

青咖喱酱（Green curry paste）

青咖喱酱是一般人所能做出的最辣的一种酱料。不过你也可以通过减少辣椒的量和去籽的方式，降低它的辣度。青咖喱酱适合用于鱼贝海鲜类、鸡肉和蔬菜中。

2茶匙胡荽籽

4棵青葱，切碎

1茶匙小茴香籽

3瓣大蒜，切碎

1茶匙虾酱

1茶匙黑胡椒粉

2茶匙切碎的芦苇姜，或是用1茶匙干燥的代替

1/2茶匙肉豆蔻粉

2茶匙切碎的指姜，或用1茶匙干姜代替

1小把胡荽，包括叶片、嫩茎和根部的地方，都加以切碎备用

2根香茅的茎，只取底下1/3的部分，切成薄片

4汤匙切碎的罗勒叶

1茶匙磨碎的亚洲青柠果皮

15根小的青辣椒，切碎

将胡荽和小茴香烘烤到颜色转深变黑为止，放凉冷却，然后磨碎。用锡箔纸将虾酱紧紧包好，每一面都烘烤各1~2分钟，放凉冷却。将全部的材料倒入食物料理机或是用杵和研钵打到变成光滑泥状为止。

辣椒

穆斯林咖喱酱（Massaman curry paste）

这种酱料的名字源自于以前将香料运送到泰国去的回教徒贸易商。这道咖喱酱的部分香料其实更常在印度用到。这种咖喱酱有着温暖丰富的滋味。

2汤匙胡荽籽

1茶匙虾酱

2茶匙小茴香籽

2汤匙葵花油

6颗青小豆蔻豆荚

5棵青葱，切碎

1/2根肉桂棒

4瓣大蒜，切碎

6粒丁香

1汤匙切碎的芦苇姜

10根干燥的红辣椒

1汤匙切碎的胡荽根

1/2茶匙的豆蔻粉

2根香茅茎，只取底下1/3部分，切成薄片

1/2茶匙粉状的豆蔻皮

将辣椒和所有颗粒完整的香料都加以干燥烘烤，放凉后从小豆蔻豆荚中取出种子，再将所有的材料磨成粉。再加入肉豆蔻和豆蔻皮混合均匀。用锡箔纸将虾酱紧紧包住，然后烘烤到有香味飘出来为止。

热油，然后放入青葱和大蒜略炒到变色。此时再加入芦苇姜、胡荽根和香茅。继续翻炒1~2分钟，然后将这些炒好的材料倒入食物料理机或研钵里。

加入其他材料，一起搅拌打成光滑的泥状。这道咖喱酱适合用在肉类和家禽类食物中。

茴香籽

柬埔寨

柬埔寨的食物和邻国一样辛辣，市场货摊上堆满了辣椒、大蒜、姜、高良姜、椰子、香草、鱼露和酱料。柬埔寨的鱼露还包括花生这种不在其他地方使用的原料，许多菜肴都是基于名为kroeung的香草酱。这种酱有7~8种原料，并可根据制作的菜肴进行改变。酱料主要由三种颜色组成：红色（来自辣椒）、黄色（来自姜黄）、绿色（来自香茅草）。

高棉咖喱酱（Kroeung）

这种酱料需要现做现用，但是装入密封罐放入冰箱可储存2~3天。传统做法需要用研钵捣碎，现在有食品料理机，所以制作简单了很多。制作时，如果有必要可以加一点水。

50克香茅（底部），切片

1汤匙新鲜的高良姜，切碎

1瓣大蒜，剁碎

5片泰国柠檬叶

80克花生，烤干

2汤匙棕榈糖或者红糖

1茶匙姜黄粉

2茶匙盐

2茶匙鱼露

125毫升浓椰奶

将所有原料混合在一起，放入食物料理机中打磨至顺滑。为了打磨顺滑，很有必要加入更多的椰奶或少量的水。这种酱料可以用作任意一种咖喱，加入蔬菜、鱼类、海鲜、肉类、家禽中。

绿色高棉咖喱酱（Green kroeung）

100克香茅，切碎

50克新鲜高良姜，切碎

1汤匙姜黄粉

1/2汤匙高良姜切碎

4瓣蒜瓣，切碎

4棵青葱，切碎

3根干红辣椒

把所有原料混合后放入食物料理机中，打磨至顺滑。

香茅

姜黄

印度及周边国家

　　想要当一名印度料理的厨师，先决条件就是当个高明的香料调配者。印度语中的"masala"指的就是综合香料，它所包含的香料种类至少2~3种，多至12种以上。使用这种香料的时候，要根据做料理的时间来决定是研磨后使用还是直接使用完整的颗粒。通常米饭和一些肉类料理会用到整颗完整的香料，这在印度北方的料理中很常见到。北印度通常会在料理的最后一个步骤时才加入，这样可以引出其他材料的味道，同时还能保留住原本的香气。旅居世界各地的印度移民，同时也将印度的综合香料传播到世界各地，如马来西亚、南非以及加勒比海群岛等地。咖喱饭源自于印度东南部的马德拉斯（Madras）。在18世纪的时候，当地的厨师在英国殖民家庭工作的时候，将印度料理引进这群外来者中。

标准印度综合香料
（Standard garam masala）

　　这种综合香料，跟以这种为基准而变化出其他印度香料的配方，最适合肉类和家禽类料理，特别是和番茄还有洋葱一同制作时。除此之外，这也是香辣豆子或蜜豆汤的最佳调味料。

2汤匙黑小豆蔻豆荚

1汤匙丁香

4汤匙胡荽籽

1.5根肉桂棒

3汤匙小茴香籽

2片印度月桂（揉碎）

2汤匙黑胡椒子

取出黑小豆蔻的种子，将豆荚丢掉，压碎的肉桂棒用中火烤干，这可能需要4~6分钟。
烤好的香料要放凉才能磨成粉状，过筛才算完成。
做好的香料粉末，如果用密封罐装好，可以保存2~3个月。

变化

偏辛辣味道的综合香料（Gujarati masala）
再加入1汤匙芝麻籽、2茶匙茴香籽、1汤匙独活草籽以及3~4根干辣椒。

口味温和的印度综合香料（Kashmiri masala）
使用黑小茴香籽，不要用黑小豆蔻，而选用青小豆蔻来代替。另外加入2片豆蔻皮，以及1/4茶匙豆蔻粉。

玫瑰香气的印度综合香料（Punjabi masala）
将胡荽的分量减到2汤匙，黑小豆蔻则减到1大匙。加入1汤匙青小豆蔻、2茶匙茴香籽、2片豆蔻皮、1汤匙黑小茴香籽、2茶匙生姜、1汤匙干玫瑰花瓣。

印度西部调味粉
（Dhana jeera powder）

　　这是在印度西部的古吉拉特邦和中西部的马哈拉施特拉邦很常见的调味品。材料很简单，只要胡荽籽和小茴香，以4∶1的比例磨碎混合即可。可以当做传统印度综合香料的主要基础材料。

孟买风味的印度综合香料
（Bombay masala）

　　因为加了椰子、芝麻的关系，这种孟买风味的印度综合香料质地醇厚、口感浓郁。特别适合蜜豆和蔬菜。如果在烹煮料理时，一开始就放入香料，则香料的味道会比较清淡。反之，如果想让香料的味道突出一点，就等到快煮好的时候再加入香料。

1茶匙小茴香籽

8颗青小豆蔻

6粒丁香

1小片肉桂

2汤匙无糖的脱水椰子

2片印度月桂或1小枝咖喱嫩枝

1茶匙黑胡椒粒

2茶匙芝麻籽

2茶匙胡荽籽

从豆荚取出小豆蔻的种子后，将豆荚丢掉。将肉桂和印度月桂以及咖喱嫩枝弄碎。将小豆蔻籽、肉桂、黑胡椒粒、胡荽、小茴香和丁香都加以烘烤，等到这些香料都开始变色为止，然后放凉备用。
用小火烘烤椰子、芝麻直到变色为止，椰子应该要烤到表面呈深褐色才行。然后将这些材料放凉，最后再将所有的香料磨碎。而磨好的香料粉末放进密封罐后，可以保存2~3个月。

唐杜里炭烤用香料（Tandoori masala）

一提到印度料理，西方人第一个会想到的就是唐杜里式泥炉炭烤烤鸡。这是一种用圆筒形泥炉炭烤出的料理。经过唐杜里炭烤的肉类或鱼类，都会飘散出阵阵烟熏的香味。至于为什么还会有淡淡的酸味呢？主要是因烤肉所使用的香料或是酸奶卤汁。这种炭烤香料适合用在以烤箱烤制的料理中，或是用在户外的烤肉宴会上。想要自己在家里做出像外面餐馆所贩售的唐杜里餐点一样的深红色，就要到印度商店购买食用色素来着色。

下面所列出的材料中，红盐是一种岩盐，一般为粉红色的粉末状，不过也买得到完整的淡红色盐块结晶，在印度商店就可以买得到。红盐还有一股明显的硫磺味，但经过烹调后，这种味道就会消失。如果买不到红盐的话，可以用海盐来代替。

1/2根肉桂棒

2茶匙姜粉

1汤匙胡荽籽

1茶匙辣椒粉

2茶匙小茴香籽

1茶匙杧果粉

6颗丁香

1茶匙红盐

3片豆蔻皮

1茶匙海盐

2茶匙姜黄

姜粉

将肉桂棒稍加压碎，然后将所有香料都加以干烤，直至变色、颜色转深并且开始冒烟为止。将烘烤好的香料放凉，再加以研磨。最后再加入所有的香料和盐一起混合均匀。

烹饪时，准备200毫升酸奶，配上2~3茶匙的唐杜里炭烤用香料，搅拌均匀后再使用。

孟加拉五香香料（Bengali panch phoron）

这道综合香料所选用的材料，都是颗粒完整、未经过磨碎处理的香料。可以用来帮豆类和素食料理调味。

1汤匙小茴香籽

1汤匙黑种草籽

1汤匙茴香籽

1汤匙葫芦巴籽

1汤匙芥末籽

将所有香料混合并储存在密封罐中。烹调时，先用热油翻炒，使味道浸入油中，然后加入其他原料。或者给酥油（澄清的黄油）调味，在上菜前浇在豆类料理上。

芳香综合香料
（Aromatic garam masala）

这种混合香料的味道是温和中带有微妙的小豆蔻味道。用于印度烤羊肉串，用黄油、奶油和酸奶制作的经典莫卧儿菜肴。

2汤匙绿豆蔻荚

1/2根肉桂

2片肉豆蔻干皮

2茶匙黑胡椒粉

1茶匙丁香

从豆蔻荚中取出种子，丢掉豆荚。将肉桂切碎成碎片。将所有香料放入电动研磨机中，研磨成粉末，然后过筛。存放在密闭的容器中或在冷冻箱中的保鲜袋中可保存2~3个月。

酸味综合香料（Chat masala）

这种综合香料有清新的微酸口感，通常是少量使用于水果或蔬菜沙拉里面。

1茶匙小茴香籽

1茶匙粗海盐

1茶匙黑胡椒粒

3茶匙杧果粉

1/2茶匙独活草籽

1/4茶匙阿魏草根

1茶匙干燥的石榴籽

1/2茶匙压碎的干燥薄荷叶

1茶匙红盐（参见左边介绍）

将所有颗粒完整的香料和盐一起研磨成粉末，然后跟其他的材料一起搅拌均匀，放入密封罐，储存在冰箱中，可达2个月之久。

鱼类料理用印度综合香料
（Masala for fish）

1汤匙小茴香籽

1/2茶匙独活草籽

2汤匙胡荽籽

1汤匙姜汁（p.223）

将香料磨碎，然后加入姜汁。如果搅拌后，觉得质地太干，可以再加一点水。将这种香料抹到鱼身上，放1小时让鱼肉入味，再加以烹煮。

南印度素辣粉（Sambhar powder）

　　这种综合香料粉末在印度南部料理中很常见。印度南部大多数人都是素食主义者，所以在当地，这种香料主要是用来帮豆类、蔬菜料理、酱料和汤品类调味。底下所列出的材料中，印度文称作"dal"的豆类，在这道香料中主要功能是勾芡，会让酱料更浓稠，而且还会增添一股坚果香。

4汤匙胡荽籽

1汤匙姜黄

2汤匙小茴香籽

1汤匙葵花籽油

1汤匙黑胡椒粒

1汤匙干豌豆

1茶匙芥末籽

2茶匙葫芦巴籽

10根干辣椒

1汤匙干黑兵豆

1/4茶匙阿魏草根

　　将颗粒完整的香料拿去干烤5~8分钟。当香料的颜色变深且散发出香气时，才将阿魏草根（粉）和姜黄（粉）加入，边烘边搅拌1分钟左右。再将上述材料倒到碗中备用。

加点油将两种豆子都煎到颜色变深。记得要不断搅拌以免烧焦。然后将豆子都加到香料里面，均匀混合后放凉，再加以研磨。完成后倒入密封罐储存，在2星期内要使用完毕。

芥末籽

马德拉斯咖喱粉

（Madras curry powder）

2根干辣椒

4汤匙香菜籽

2汤匙孜然籽

1茶匙芥末籽

1.5汤匙黑胡椒

6片咖喱叶

1/2茶匙生姜

1茶匙姜黄

　　在干煎锅中烘烤所有香料，放冷却。将锅中的咖喱叶烘干，然后加入到整个香料中。研磨成粉末，过筛，并加入生姜和姜黄搅拌。在密闭的容器中或放在冷冻箱中的保鲜袋中，可保存2个月。

坦米尔咖喱粉（Tamil curry powder）

　　这是印度南部的综合香料，可用来帮米饭调味或是在要上菜前，加进蔬菜咖喱中搅拌一下即可。

10枝咖喱叶嫩枝

1茶匙黄兵豆

1汤匙葵花籽油

1茶匙干黑兵豆

1汤匙胡荽籽

3根干辣椒

1小撮阿魏草根

　　将咖喱叶片从小树枝上摘下来，用油煎到有点变色，再将叶子取出，然后将其他的材料加进去继续翻炒，到变色为止，放凉备用。将咖喱叶与其他材料一起磨成粉末状。倒进密封罐储放，可保存2星期。

毛里求斯群岛香料（Massalé）

　　"Massalé"是印度洋中的法属毛里求斯群岛上的一种综合香料。这种综合香料的材料并不固定，会随着地域和口味有所变动。通常会配合姜黄一起为菜肴增添风味，此时这种酱料称为caris、curries、massalés。

2汤匙胡荽籽

1茶匙丁香

2茶匙小茴香籽

1小片肉桂

2茶匙黑胡椒粒

1茶匙辣椒粉

1茶匙小豆蔻豆荚

1茶匙肉豆蔻粉

　　将所有颗粒完整的香料干烤到稍微变色为止，然后放凉备用。将这些材料研磨成细粉后，再加入辣椒粉和肉豆蔻粉一起搅拌。完成后倒入密封罐储存，可保存2~3个月。

**磨碎的
肉豆蔻**

斯里兰卡咖喱粉
（Sri Lankan curry powder）

1汤匙生米

3粒丁香

2汤匙胡荽籽

1茶匙黑胡椒粒

1/2根肉桂棒

1汤匙小茴香籽

3颗青小豆荚

2枝咖喱叶嫩枝

先烘烤生米，再将咖喱叶与其他香料一同加进去。烘烤时用小火，慢慢搅拌避免烧焦，等到所有的香料都变成深褐色时就可以熄火。

之后将烤好的材料放凉，细磨、过筛后就可以使用。在烹煮咖喱料理或快上菜前，可加1~2茶匙这种斯里兰卡咖喱粉。除了上述这些材料，也可以另外加入葫芦巴和辣椒。

马来西亚咖喱酱（Malay curry paste）

2根香茅，只取下面1/3部分使用

1茶匙粉状的豆蔻皮

1片大拇指大小的芦苇姜，切碎

1茶匙黑胡椒粒

6瓣大蒜，切碎

1汤匙葵花籽油

2棵青葱，切碎

1/2茶匙盐

6根新鲜辣椒，去籽切碎

1汤匙姜黄

将所有材料放进食物料理机中打匀，视情况需要酌量加一点水或油，好让最后打出来的酱够顺滑。将咖喱酱倒入罐子中，盖好瓶盖后放入冰箱冷藏，保存期限约1星期。

高良姜

马来西亚咖喱粉（Malay curry powder）

从马来西亚的咖喱香料配方，可以看出大批印度移民的影响。这种咖喱多半会选用椰奶炖煮，有时候会放入一些香茅和大蒜。

1/2根肉桂棒

1茶匙小茴香籽

5根干辣椒

1汤匙胡荽籽

1茶匙青小豆蔻籽

2茶匙姜黄粉

6粒丁香

1茶匙芦苇姜粉

将颗粒完整的香料磨成粉末，然后跟姜黄粉和芦苇姜粉搅拌均匀。用密封罐冷藏储存，保存期限约为2~3个月。

印度尼西亚

下面这种香料酱遍布印度尼西亚，味道因岛屿而异，并根据传统的区域做法而不同。这种通用的本布酱在全国内都有使用，并且色彩缤纷，有白色、黄色、红色和橙色。

本布巴利酱（Bumbu Bali）

2瓣大蒜，切碎

20棵青葱，切碎

6个红辣椒，切碎

1块手指长的鲜姜，切碎

1块手指长的鲜姜黄，切碎

1小块的芳香姜或姜根，切碎

5个石栗（可用夏威夷果仁代替）

2茶匙虾酱

1茶匙黑胡椒籽

1汤匙香菜籽

3粒丁香

1汤匙棕榈糖或红糖

3汤匙椰子油或植物油

2根香茅草，仅取下半部分，切碎

2片泰国柠檬叶，切碎

将除油、香茅草、柠檬叶以外的原料都放入搅拌机并搅拌至顺滑的糊状，如果需要的话可以加一点水。

炒菜锅或厚底锅中倒油并加热，将打好的香料糊和香茅草、柠檬叶倒入锅中。大火炒制，不断进行搅拌直至炒出香味并且颜色微微变黑。

将炒好的香料酱倒入消过毒并冷却的罐中。保存时要在酱的顶部倒入油以隔绝空气，并放入冰箱冷藏或冷冻。

中东和北非的综合香料配方

伊朗地区的香料配方，味道通常比轻温和清淡，常见的材料有芝麻、番红花、肉桂、玫瑰花瓣、胡荽，也有少量的小豆蔻、葛缕子和小茴香。一些酸味香料，像是盐肤木、干燥青柠、伏牛花浆果或石榴也在当地料理中占了一席之地。当地的综合香料，当地人称作"advieh"，是专为特殊料理而调配的，从波斯湾到中央高原，味道有很大的差异。

波斯湾地区的人们，喜欢重口味的食物。每个国家都有属于各国特殊风味的综合香料配方，当地人将这种综合香料称作"baharat"，就是香料的意思。阿拉伯国家对调配和使用香料的热情与习惯，后来也传播到了以色列和土耳其。不过这两国在香料和香草的使用上，偏向较为温和清淡的口感。红辣椒碎片是当地很常见的香料，只要分量调整得当，可以调配出从非常火辣刺激到隐约的微辣口感。至于地中海东岸的香料配方，则传到了北非，特别是突尼斯和摩洛哥，当地人非常善于调配复杂的香料配方。

炖煮用中东综合香料
（Advieh for stews）

2根肉桂棒

1汤匙小茴香籽

2汤匙胡荽籽

2茶匙肉豆蔻籽

1.5汤匙青小豆蔻

2茶匙干燥青柠粉

1汤匙黑胡椒粒

将肉桂棒掰成碎片，并将所有颗粒完整的香料都磨成粉，过筛，然后跟肉豆蔻粉以及青柠粉一起混合均匀。用密封罐保存，保存期限为1个月。

配米饭的中东综合香料
（Advieh for rice）

2汤匙肉桂粉

1汤匙小茴香粉或青小豆蔻籽

2汤匙磨碎的干燥玫瑰花瓣

将所有香料混合在一起，为蒸米饭调味或与香草一同制作伊朗风味香草饭（p.324）。将香料放入密封罐或密封袋中可冷藏保存1个月。

伊朗综合香料

黎巴嫩七香粉（Lebanese seven spice mixture）

这是Anissa Helou的食谱。

1汤匙黑胡椒粉

1汤匙磨碎的多香果

1汤匙磨碎的肉桂

1茶匙磨碎的肉豆蔻

1茶匙磨碎的胡荽

1茶匙磨碎的丁香

1茶匙磨碎的生姜

将所有香料混合在一起，并储存在密闭的容器中或储存在冰箱的保鲜袋中。

阿曼综合香料酱（Bizar a'shuwa）

这是来自阿曼的综合香料配方，由Philip Iddison引进欧洲。这里所列的配方，乃是出自Lamees Abdullah Al Taie所著《Al Azaf——阿曼食谱》。

1汤匙小茴香籽

1/2茶匙姜黄

1汤匙胡荽籽

2~3茶匙醋

1汤匙小豆蔻籽

2瓣大蒜，切碎

2茶匙辣椒粉

将所有颗粒完整的香料都磨成粉末状，跟辣椒和姜黄混匀。配上足量的醋以及蒜泥，搅拌成黏稠的泥状酱料。这种阿曼香料酱适合用于慢火细炖的菜肴中，或是涂抹在鸡肉或其他肉类上，好让香料腌渍入味。

基础巴哈拉特香料（Basic baharat）

　　这种香料中各种香料的配比，因国家和地区的不同而各具特色。如果将整颗的香料烘烤一下，会增强其味道。用一只小的厚底锅，加热这些整颗的香料，并不断进行搅拌和晃动，以避免香料煳锅。当炒出香味后，再炒3~4分钟，盛到盘子中进行冷却。放凉后，将香料进行研磨并与其他原料混合即可。

2汤匙黑胡椒籽

1汤匙芫荽籽

1小份肉桂或肉桂皮

2茶匙孜然籽

2茶匙丁香

6粒绿色小豆蔻

1/2颗肉豆蔻，磨碎

2汤匙辣椒粉

将整颗的香料磨碎，并与肉豆蔻、辣椒进行混合。过筛并保存在密封罐或密封袋中，可冷藏保存2个月。有时这种香料中会加入茴香籽和姜黄。
这种混合香料适用于碎羊肉面饼、烤肉饼、番茄及其他调味汁，且适用于炖菜及汤品。

伊朗巴哈拉特香料（Iranian baharat）

1汤匙新鲜黑胡椒

1.5汤匙孜然籽

2茶匙多香果

1汤匙香菜籽

1汤匙绿豆蔻籽

1茶匙丁香

1汤匙肉桂

2茶匙姜黄

1茶匙生姜

1茶匙磨碎的肉豆蔻

1汤匙辣椒粉

1汤匙磨碎干燥的青柠

将整颗的香料烤干并冷却，将他们研磨后与其他原料进行混合。如果你是自己磨碎干青柠，确保在研磨前去籽。将香料装入密封罐或密封袋存于冰箱中。

叙利亚巴哈拉特香料（Syrian baharat）

1汤匙黑胡椒籽

2汤匙多香果

15粒丁香

1茶匙绿豆蔻籽

2茶匙磨碎的肉豆蔻

1汤匙磨碎的肉桂

根据个人喜好，可以将整颗的香料烘烤一下。冷却后磨碎，并与肉桂进行混合，储存在密封罐中。某些配方中包含高良姜。

肉豆蔻

沙特阿拉伯巴哈拉特香料（Saudi baharat）

　　这种香料又称波斯湾巴哈拉特香料或是阿布萨赫香料，前者是因为在波斯湾有一种相似的香料，后者是因为这种混合香料在阿布萨赫中的使用，阿布萨赫是一种很受欢迎的沙特鸡肉米饭菜肴。

1汤匙绿豆蔻籽

1汤匙孜然籽

1汤匙黑胡椒籽

1汤匙香菜籽

1汤匙茴香籽

1茶匙磨碎的藏红花

2茶匙肉桂

1茶匙磨碎的肉豆蔻

2茶匙干燥青柠粉

根据个人喜好，可以将整颗的香料烤干后再磨碎使用，冷却后与其他原料混合在一起，并储存在密封罐中。

藏红花

土耳其巴哈拉特香料（Turkish baharat）

2汤匙黑胡椒籽

2汤匙孜然籽

1汤匙香菜籽

10粒丁香

1茶匙绿豆蔻籽

1小片桂皮或肉桂

1茶匙磨碎的肉豆蔻

1汤匙干薄荷

首先，将所有香料烤干后冷却并磨碎。其次，用手指将薄荷叶揉碎。然后将所有原料混在一起，并储存在密封罐中。

土耳其红辣椒酱

（Turkish red chilli paste）

番茄和红辣椒酱被广泛用于土耳其东南部的料理中。加济安泰普镇，以其出产的优质食物而闻名。镇子的周围种植着杏仁和开心果的果园。胡椒和辣椒晒干后，这种酱料可以在家制作。你也可以在中东的商店里买到罐装的辣酱。如果你有足够的时间去晒干胡椒和辣椒，你也可以自己制作这种辣酱。

3根红辣椒

6根长红辣椒

1个柠檬，挤汁

1茶匙新鲜黑胡椒粉

2茶匙海盐

将胡椒和辣椒烤制一下，或者放在烤箱中，温度设为200°C，烘烤15～20分钟，并根据情况转动辣椒。当辣椒皮烤焦时，将它们拿出放在密封袋或带盖子的碗中冷却，这会使后面的去皮步骤变得简单一些。

将胡椒皮剥掉。如果辣椒皮不好剥，那就用一把较为锋利的刀将辣椒果肉从皮上刮下来。去掉辣椒中的薄膜和籽，将辣椒果肉切成条状并捣成辣椒泥。

加一些柠檬汁、胡椒和盐，尝一尝味道。将酱料放在密封罐中储存在冰箱中。这种酱料可以用在肉类料理、腌制品、小麦和豆类料理中，或是作为调味品使用。

叶门综合香料（Yemeni hawaij）

这种香料特别推荐用于汤品、铁架烤肉以及蔬菜料理。

1汤匙黑胡椒粒

1茶匙番红花丝

1汤匙葛缕子的籽粒

2茶匙姜黄

1茶匙青小豆蔻籽

将所有材料倒入电动搅拌器，全部均匀打成粉末状。装入密封罐或密封袋中，放入冷藏室可以保存2个月。

也门葫芦巴酱（Yemeni hilbeh）

2汤匙磨碎的葫芦巴籽

3～4颗小豆蔻豆荚，压碎

1大束带叶的胡荽嫩枝

1/4茶匙葛缕子的籽粒

4瓣大蒜，切碎

2～4根青辣椒，去籽切碎

适量海盐和现磨的黑胡椒

1～2颗柠檬，榨汁备用

将磨碎的葫芦巴放在热水中浸泡一夜，或者8小时以上。泡好的葫芦巴水会分为两层，上层是清澈的液体，下层则是沉淀在碗底的胶状混合物。将液体倒掉后放在一旁备用。

将胡荽、大蒜以及其他所有的材料与整颗柠檬压榨出的柠檬汁混合，搅拌均匀。再将刚刚泡好的葫芦巴籽（胶状混合物）倒进去，再搅拌一次。尝尝看味道，如果味道不够，可以再加一点柠檬汁或盐调味。这道配方做出来的香料应该呈柔软的泥状，如果太干的话，可以倒一点水进去搅拌。因为加了葫芦巴的关系，这道酱料的质地应该会有点泡沫状，尝起来应该会辣辣的，有点苦味。

也门葫芦巴酱可以在炖菜快出锅前加到里面，也可以在室温下当作蘸用的调料，或是在吃中东扁面包的时候抹着吃。有时这种酱料会加入切碎的番茄。在印度加尔各答的犹太社区里，很盛行这种酱料，他们会在酱料中加入一点鲜姜。这种酱料可以在冰箱中冷藏保存1个星期。

葫芦巴种子

也门辣酱（Yemeni zhug）

这种酱的主要材料为大蒜和胡椒，其他材料可依厨师喜好而自行挑选。这种香料酱当初由住在也门的犹太人引进以色列，后来传开了，反而在以色列风行起来。这种酱料有两种不同口味。一种是红色的酱料，就是这里示范的配方，还有一种则是绿色的酱料。绿色的酱料用了更多的胡荽叶，并用荷兰芹来代替胡椒。

2根味道温和的红胡椒，挑小的即可

2茶匙胡荽籽

2根红辣椒

1茶匙小茴香籽

8瓣大蒜

6颗青小豆蔻，仅取籽使用

1把带叶的胡荽嫩茎

将胡椒和红辣椒的籽都去掉，切成段。大蒜略切。把所有的材料倒进食物料理机里，打成泥状。将酱料倒入瓶子里，覆盖一层油保持风味，再将盖子拧紧，放进冰箱冷藏，可保存1~2星期。

这种也门辣酱多半用来当作餐桌上蘸用的佐料。也可以当作铁架烤鱼或炭火烤肉的酱料，或是在上菜前加进汤品或炖菜里的调味料。可以挖1~2汤匙的也门辣酱，添进也门葫芦巴酱里。

叙利亚阿勒波综合香料

（Aleppo blend）

这道香料配方，适用于以一般烤肉方式或利用炭火铁架烤肉的方式，所烤出的鸡肉和小羊肉上。也可以用来制作土耳其汉堡和油炸碎肉料理。

1汤匙黑胡椒粒

1茶匙小茴香籽

1汤匙甜胡椒

1汤匙肉桂粉

5颗青小豆蔻，仅取籽使用

1汤匙土耳其或阿勒波红辣椒碎片（或用红椒分代替）

1/2颗肉豆蔻

1茶匙盐肤木

1茶匙胡荽籽

将所有颗粒完整的香料完全都磨成粉，然后跟肉桂、红椒粉以及盐肤木混合均匀。须用密封罐储存，保存期限为2~3个月。

肉桂

埃及榛果香料（Dukka）

这是一种混合了坚果和香料的埃及综合香料配方，会随着每个家庭的口味喜好而变化。这道配方也可以直接当作早餐，或是稍晚当作点心吃也不错。现在澳洲，很流行将这种埃及榛果香料当作配酒的小菜或是开胃菜吃。你也可以在各地的烤面包片、烤蔬菜、烤鱼上见到这种香料的踪影。我最喜欢把它撒在烤羊肉上。

120克芝麻籽

盐，酌量

90克榛果

橄榄油，上菜时一起端出蘸用

60克胡荽籽

30克小茴香籽

将所有的材料分别烤干，等到芝麻变成金色的、榛果开始皱缩脱皮、胡荽和小茴香的色泽都转深并开始散发出香味时，就好了。如果量很多的话，不妨用烤箱来烘烤。将烤箱温度设为250℃即可。烤好后放凉。

再将榛果松脱的表皮剥掉。并将所有的材料倒入食物料理机打成粗糙的粉末。注意不要打太久，否则坚果和芝麻内含的油脂会渗出，储存在密封罐中。这种香料适合在室温下，和中东面包、橄榄油一同食用，食用时先拿面包蘸橄榄油再蘸这种香料。

摩洛哥什锦香料（Ras el hanout）

这是摩洛哥一种著名的综合香料配方，混合了20种以上的材料。同样的，每个人的口味都不同，所以这种香料配方也有许多不同版本。最常见的配方有甜胡椒、白杨浆果、灰浆果、黑小豆蔻与青小豆蔻、中国肉桂、坚果、肉桂、丁香、荜澄茄、芦苇姜、姜、天堂籽、薰衣草、豆蔻皮、和尚胡椒（monk's pepper）、黑种草、肉豆蔻、鸢尾根、黑胡椒、长胡椒、玫瑰花苞、姜黄粉以及具有潜在危险性的材料——颠茄和干斑蝥粉（cantharides，也称西班牙苍蝇丸）。市面上有商人进口已经研磨成粉末状摩洛哥什锦香料，这种粉末味道通常没有那么强的异国风情。在突尼斯，当地的摩洛哥什锦香料配方，材料变得比较简单，通常会包括玫瑰花苞、黑胡椒、荜澄茄、丁香、肉桂。

通常市面上所贩售的摩洛哥什锦香料，材料都是选颗粒完整的香料。等到要用时，再磨成粉。这种香料适合在野味、小羊肉、北非小米肉饭料理和米饭中使用。

北非芝盐香料（Za'atar）

Za'atar其实是一种概称，泛指有百里香、香薄荷、牛至香气的香草（p.98），但是，这里指的是在中东地区十分盛行的一种综合香料，可以淋在肉丸子、印度烤肉串以及蔬菜上，或是淋在菜肴上的调味汁。如果再加上橄榄油，就可以调成泥状的酱料，也可以在烘焙前先将这种酱料涂在面包上增添风味。

60克芝麻籽

30克盐肤木粉

30克干燥的中东百里香粉末

将芝麻干烤几分钟，烘烤过程中要不时地搅拌，放凉后再跟盐肤木粉和中东百里香粉（或用一般百里香粉代替）一起混合均匀，倒入密封罐内保存，可以储存2~3个月。

摩洛哥五香粉（La kama）

这是一种摩洛哥综合香料配方，可以称作鸡肉的调味料，用在炖菜或是一种称作"harira"（在回教斋戒月结束时食用的汤品）中。

1汤匙黑胡椒粉

1茶匙肉豆蔻粉

1汤匙姜粉

2茶匙小茴香粉

1汤匙姜黄

将所有的香料混合均匀即可。用密封罐保存，保存期限为1~2个月。

中东大蒜胡荽酱（Taklia）

这道综合香料的主要材料为大蒜和胡荽，在汤品和炖菜出锅前，可以加一点这种酱料进去提味。这道香料在整个阿拉伯世界都非常受欢迎，在埃及最常见的烹饪做法，就是拿来当作melokhia的调味料。Melokhia是埃及的一道汤品名称，这道汤在埃及可说是无人不知，甚至用"国汤"来形容也不为过。

3瓣大蒜

1汤匙胡荽粉

盐

1/2茶匙法式红椒粉

2汤匙葵花油

将大蒜压碎，然后加一点盐，用油煎到变成金黄色为止。再加进胡荽和法式红椒粉，搅拌均匀，拌成泥状后，再煎一次，边煎边搅动，大约煎2分钟。做好的酱料必须一次用完。

突尼斯综合香料
（Tunisian bharat）

这种突尼斯风味的综合香料做法很简单，只要混合1:1的肉桂粉以及干燥玫瑰花蕾粉末即可。有些人则喜欢另外再加一些黑胡椒进去。这种香料配方适合于鱼类料理、一般烤肉或炭火铁架烤肉、北非小米肉饭料理以及北非陶锅炖菜。

肉桂粉

卡拉特香料（Qâlat daqqa）

这也是来自突尼斯的一种配方，使用了5种香料。当地人主要将这道香料用在小羊肉和蔬菜料理中。特别是配上南瓜之类的南瓜属植物、茄子、菠菜以及杂豆和其他豆类时，味道可口。

2茶匙黑胡椒粒

1茶匙肉桂粉

2茶匙丁香

3茶匙肉豆蔻粉

1茶匙天堂籽

将颗粒完整的香料磨成粉后，和肉桂粉及肉豆蔻粉混合均匀。用密封罐储存，保存期限大约2~3个月。

胡荽综合香料（Tabil）

"Tabil"在突尼斯文中意指胡荽，除此之外，后来它也引申成一种到目前为止，只有在突尼斯地区才使用的综合香料配方的名称。

3大匙胡荽籽

2瓣大蒜，去皮压碎

1汤匙葛缕子的籽粒

2茶匙辣椒粉

将所有的材料粗略地捣碎，接下来，如果住的地方很热，可以将材料放在日光底下晒，或是用调成低温的烤箱，以130℃烤30~45分钟。等到干燥得很彻底时，放凉，磨成细粉。
突尼斯胡荽风味香料用于炖菜以及牛肉料理，除此之外，做馅饼时，在调制需要事先略炒的蔬菜馅时，也可以用这种胡荽味香料调味，用密封罐保存，可存放1~2个月。

非洲

从非洲东北部称为"非洲之角"的地带，一直延伸到东方海岸的这段地区，当地人的调味风格，长久以来，一直都是偏向东方口味。在西非，当地人的调味则变成以辣椒为重心，辅以当地盛产的香草和香料。至于南非，当地有许多印度和马来西亚的移民社区，所以咖喱、印尼辣酱、马来西亚酸甜调味汁等，对当地的饮食习惯影响很大。

西非胡椒口味综合香料
（West African pepper blend）

这种以胡椒风味为基调的综合香料可用来当作鱼类、肉类和蔬菜的调味料。这种香料可以直接以干燥的状态使用，或是先加入洋葱、大蒜、番茄、红色甜椒、虾米以及棕榈油后，调成泥状的酱料再使用。

2汤匙黑胡椒粒

2茶匙天堂籽

2汤匙白胡椒粒

2茶匙姜粉

1汤匙荜澄茄

1汤匙辣椒碎片

1汤匙甜胡椒

将完整颗粒的香料磨成粉后，跟姜粉和辣椒片混合均匀。用密封罐储存，可冷藏保存2~3个月。

南非咖喱粉
（South African curry powder）

这是南非开普敦的香料配方。把姜和大蒜撒上盐后，捣成泥，再加入这种咖喱粉一起使用。也可以加入2茶匙的姜黄。

2茶匙茴香籽

1小片肉桂

2茶匙胡荽籽

5颗小豆蔻籽

2茶匙小茴香

将所有的材料全都磨碎，然后倒入密封罐保存。冷藏保存期限为2~3个月。

小豆蔻

柏柏尔综合香料（Berbere）

这是来自埃塞俄比亚和厄立特里亚的火辣综合香料配方。有点像是印度综合香料（p.275）。它的配方也同样复杂，可以根据料理的需要和厨师的个人风格作适当的调整。这种香料主要用来帮当地人称作"wats"的炖煮料理调味。一般来说，"wats"炖菜的材料包括肉类、蔬菜或是兵豆。不过，除此之外，也可以在食物要拿去炸或以炭火铁架炙烤时，先裹在食物的外面当作香料外衣。另外，也可以当作下酒菜。这道综合配方中，最重要的材料是辣椒、姜和丁香。其他的材料则不太一定，其中有些材料只能在当地看到。

15~20根干燥的红辣椒

8粒丁香

1茶匙胡荽籽

1/2根肉桂棒，压碎

6颗青小豆蔻，仅取籽使用

1/2茶匙独活草

12颗甜胡椒浆果

1茶匙黑胡椒粒

1茶匙小茴香籽

1茶匙姜粉

1茶匙葫芦巴籽

准备一个大型炒菜锅，预热，放入辣椒烘烤2~3分钟，烘烤时要记得搅拌，以免烧焦。再将其他完整颗粒的香料倒进去，继续烘烤约5~6分钟。同样不停地搅拌，等到全部的香料都烤成深色时即可。

将烤好的材料放凉，然后连同姜粉一起磨成粉末状。将做好的粉末倒入密封罐后，可在冰箱中保存2~3个月。

非洲炖煮用香料（Wat spices）

这个配方非常简单，而且不需要花太多时间，一下子就可以完成了。

3根长胡椒
2汤匙辣椒粉
1汤匙黑胡椒粒
2茶匙姜粉
1汤匙丁香
1茶匙肉桂粉
1/2颗肉豆蔻

烘烤胡椒、丁香和肉豆蔻，等放凉后磨成粉。再跟辣椒粉、姜粉、肉桂粉一起搅拌，这样就完成了。烹饪时，等到炖煮的料理（当地人称作wat）快完成时，加一点这种香料配方进去调味，做好的香料若是用密封罐保存，可保存2~3个月。

辣椒综合香料（Mitmita）

1~2茶匙辣椒片
1/2茶匙丁香
1茶匙孜然粉
1茶匙磨碎的香菜
1/2茶匙磨碎的多香果
1茶匙姜
1茶匙黑胡椒粉
1/4茶匙姜黄
1茶匙盐

将所有成分混合并存放在密闭的容器中。与柏柏尔综合香料用法一致。

辣椒

欧洲

早期欧洲有钱人家的食物主要是用胡椒、肉桂、丁香、姜与蜂蜜来调味，或更晚期一点用糖来增添甜味，还用醋来润泽菜肴、增添湿度。到了16世纪时，料理渐渐地不再强调甜味，糖的使用分量减少。等到17、18世纪时，由于香料越来越普及，所以料理时，香料的用量也越来越奢侈。19世纪的食谱才开始有咖喱粉的记载（根据殖民地官员寄回家中的食谱），并且还记载了当时称作"家庭胡椒调粉"的香料配方。时至今日，现代的欧洲人已经不再拘泥于传统的香料的范围，不过某些传统的欧洲香料配方仍继续流传着。

法式四味香料（Quatre épices）

这是非常经典的标准法式综合配方，主要用来帮火腿、香肠等猪肉熟食或其他肉类制品调味。这种法式四味配方就是制作火腿糖汁时的最佳调味料。除此之外，也可以在烹煮猪肉前，用法式四味香料先帮新鲜猪肉调味。

6茶匙黑胡椒粒或白胡椒粒
2茶匙肉豆蔻粉
1茶匙丁香
1茶匙姜粉

将胡椒粒和丁香磨成很细的粉末后，跟肉豆蔻和姜粉混合均匀，然后倒入密封罐内储存，可保存1~2个月。
有时候可以用肉桂代替姜，也有人用甜胡椒代替丁香，用豆蔻代替肉豆蔻。

意大利综合香料

（Italian spice mixture）

这道香料配方非常适合撒在要送去烘烤或炭火铁架炙烤的鸡肉或猪排上，也很适合帮猪腰肉调味，调好味的猪腰肉可以用来当作填充的馅料，或是直接烧烤食用。除此之外，也可以将这道香料抹在羊肩肉上面，然后配上杏子皮或其他干果，以锡箔纸包裹，再慢火烤透入味。

3茶匙黑胡椒粒或白胡椒粒
1茶匙杜松子
1/2颗肉豆蔻
1/4茶匙丁香

用电动研磨机将所有的香料都磨成粉末，可以事先用擀面棍将肉豆蔻压碎，这样研磨的过程会变得更顺畅。然后将打好的粉末倒进密封罐里储存，这道香料可以保存3~4个月。

杜松子

烘烤或布丁香料
（Baking or pudding spice）

这种英式混合物也以混合香料的形式出售，用于制作饼干、水果蛋糕、肉饼和烘烤或蒸的布丁。香料的选择和比例根据个人口味而有所不同；一些厨师加入姜，但我喜欢下面这个配方。

1/2根肉桂

1汤匙多香果

1汤匙香菜籽

2茶匙丁香

4片肉豆蔻干皮

2茶匙磨碎的肉豆蔻

将所有香料磨成细粉，并与肉豆蔻混合。存放在密闭的容器中或在保鲜袋中，可冷藏存放2~3个月。

英式腌渍香料（Pickling spice）

这也是传统的英式调味料，材料选用的都是颗粒完整的香料。用醋来腌渍水果和蔬菜时，可以用这种香料配方来调味。

2汤匙干姜片

2汤匙黑胡椒粒

1.5汤匙黄芥末籽

2.5汤匙丁香

2汤匙豆蔻皮

2汤匙胡荽籽

3汤匙甜胡椒

将所有的香料都混合均匀，浸到准备用来腌渍食物的醋中，可以直接将香料倒进醋里，或是将香料装进棉袋，再丢进醋里，两者都能入味，不过若是想等到腌渍完成时，将用过的香料捞出来丢弃，还是用棉袋包装会比较方便。

肉豆蔻干皮

美洲

美洲的饮食习惯对现代烹饪有很深远的影响。在美国和加拿大，北部的调味主要还是英式或是法式传统调味法，不过现在墨西哥、加勒比海和非洲风味的调味法也越来越流行。从加勒比海列岛的烹饪发展来看，带有许多的殖民色彩（如西班牙、法国、英国），同时还可以看出当地移民的习惯，最明显的是有非洲、印度、斯里兰卡和中国移民的料理色彩。墨西哥则还保留着很强烈的哥伦布时代前的料理风格。南美洲的料理风格，大多数者还存有西班牙或葡萄牙式的影子。但是来自安第斯山脉的印第安风格，以及巴西当地的非洲传统也都已经融进南美洲的饮食习惯中。

玻利维亚辣椒大蒜酱（Ají paste）

这道酱料来自玻利维亚，主要的材料为辣椒跟大蒜。在玻利维亚，这道酱料是炖菜或是浓汤的基本调味品。当地人习惯在上菜前，再于料理中加上一点新鲜香草，如胡荽或印第安盖楚瓦香草、罗勒或牛至等。

60克干辣椒，去籽

1/2茶匙盐

4瓣大蒜

5~6汤匙水

3汤匙葵花籽油或橄榄油

先将干辣椒用热水泡30分钟，沥干后撕成碎片。再加入在盐中压碎的大蒜。
加水一起打成光滑的泥状，放进冰箱，并在上面覆盖上一层油，可冷藏保存2周。

辣椒

BBQ烧烤香料（Barbecue spice）

这道香料会辣，不过程度只能算是中辣，在烤肉前，先将这种香料抹到肉上面让它入味。

1茶匙黑胡椒粒

2茶匙红椒粉

1/2茶匙小茴香籽

1茶匙芥末粉

1/2茶匙干燥百里香

1/2茶匙盐

1/2茶匙干燥马郁兰

1汤匙松软的红糖

1/2茶匙法式红椒粉

将胡椒粒和小茴香都磨成粉。假如有需要，将这些干燥香草也磨碎或压碎，然后将所有的材料混合均匀。烤肉前，将这种香料撒在肉上面，并且放置2~3小时，以便入味。

法裔路易斯安那风味调味料

（Cajun seasoning）

在美国路易斯安那州，当地的招牌料理，即为法裔路易斯安那风味，克里奥耳式料理。其中最有名的秋葵杂烩和杂烩什锦饭、焦香烤鱼、炭火铁架烤肉等，都是以香气浓郁的香草、辣椒和其他香料来调味的。市面上贩售的现成法裔路易斯安那风味调味料，用的是干燥大蒜和洋葱。所以为了避免味道太人工化，像化学合成的香料一样，我自己会改用新鲜的大蒜和洋葱，做法相同，都是将干燥的材料混合均匀后再加入大蒜和洋葱。

1茶匙红椒粉

1茶匙干燥百里香

1/2茶匙黑胡椒粉

1茶匙干燥牛至

1茶匙茴香籽粉

1/2茶匙干燥鼠尾草

1/2茶匙小茴香粉

1/2盐

1/2茶匙芥末粉

1~2瓣大蒜

1茶匙法式红椒粉

1/2颗小洋葱

将所有干燥的材料都混合均匀。再用研钵将大蒜和洋葱捣烂，加入刚刚混合好的干燥材料。

将混合好的法裔路易斯安那风味调味料，涂到肉类或鱼类上，放置1小时让香料能渗进肉里入味。之后再拿来放在铁架上用炭火炙烤或是油炸，外皮会变得酥脆。还有一种做法，可以在米饭料理或是秋葵杂烩加上一点法裔路易斯安那风味调味料再加以搅拌。

维京群岛调味盐

（Virgin Islands spiced salt）

维京群岛一度是美国阻拦英国海军的重要据点，盐是岛上居民所使用的基本调味料和烹制方式，尽管附近的盐岛已不再产盐。

3汤匙海盐

1/4茶匙干燥百里香

2茶匙黑胡椒粒

2瓣大蒜，压碎

1/4茶匙丁香

1/2颗小洋葱，切碎

1/2茶匙肉豆蔻粉

2枝带叶的荷兰芹嫩枝

用研钵或是食物料理机将所有的材料都磨成粉，成品须放在冰箱里保鲜。在户外炭火铁架烤肉或是要烤鸡之前，就可以将这种调味盐抹在鱼、牛排或鸡肉上面。

如果想做出没有水分的干燥调味盐，就不要放大蒜、洋葱或是荷兰芹，改成压碎的干燥月桂叶以及1/4茶匙干燥迷迭香，一样搅拌均匀即可。将成品倒入密封罐储存的话，可以保存2~3个月。

西印度群岛科伦坡咖喱粉

（Poudre de Colombo）

科伦坡是一种在法属加勒比海岛上使用的咖喱，最早由从斯里兰卡到此工作的人发明。这种咖喱粉不会像其他西印度群岛上的咖喱粉那么辣，味道反而比较近于传统的斯里兰卡咖喱粉（p.278）。

1汤匙生米

1茶匙葫芦巴籽

1汤匙小茴香籽

1茶匙黑芥末籽

1汤匙胡荽籽

4粒丁香

1茶匙黑胡椒粒

1.5汤匙姜黄粉

首先，烘烤生米，直到生米变成棕黄色，要记得常常搅动以免烧焦。之后将生米置于一旁放凉，再将其他颗粒完整的香料倒进平底锅里烘烤。等到香料开始散发出香味，并且颜色变深时，就可以将香料倒出来放凉。

用电动研磨机将米和香料都磨成粉末，然后倒进姜黄粉里搅拌均匀。成品须装进密封罐，可冷藏保存2~3个月。

西印度群岛综合香料
（West Indian masala）

正如来这里工作的斯里兰卡人将科伦坡咖喱粉引进到工作地点——法属群岛一样，来自次大陆的印度人也将故乡的印度综合香料配方带到千里达托贝哥去。下面所列出的配方就是来自千里达的版本。

3汤匙胡荽籽

1茶匙黑芥末籽

1茶匙大茴香

1茶匙姜黄粉

1茶匙丁香

辣椒粉适量，依照个人口味调整

1茶匙小茴香籽

3瓣大蒜，压碎

1茶匙葫芦巴籽

1颗中型洋葱，切碎

1茶匙黑胡椒粒

将颗粒完整的香料倒入锅中烘烤，然后放凉。再将这些香料仔细地磨成细致的粉末与姜黄混合均匀。如果你喜欢辣椒的话，就再酌量加入辣椒粉。

将上述材料加上大蒜和洋葱一起捣碎，或是用食物料理机打碎也可以，一直打到变成光滑的泥状酱料为止。可以视情形酌量加入水、罗望子水或是柠檬汁来调整稠度。完成的酱料须在冰箱冷藏，可以保存3~4天。

南墨西哥牛排酱（Steak recado）

墨西哥南部的犹太加敦半岛上，当地料理的主要调味酱就叫作"recado"，这是一种从玛雅文明时期流传至今的历史悠久的调味酱。在当地的市集上，许多摊贩都堆满了像小丘一样高的碗，碗里面分别装有红色、黑色或是卡其色等不同的调味酱。在古巴也可以看到类似的调味酱。这里提供的是卡其色的调味酱配方。

8瓣大蒜

1茶匙胡荽籽

1茶匙甜胡椒

4粒丁香

1茶匙黑胡椒粒

2茶匙干燥牛至

1/4茶匙小茴香籽

1/2茶匙盐

1/2根肉桂棒

1汤匙苹果醋或葡萄酒醋

将大蒜压碎后，与其他材料一起倒入食物料理机，打成泥状。做好的调味酱须冷藏。这种调味酱做好之后，放置一段时间，就能让所有的材料味道融合得更加美味，所以建议在烹饪的前一天先做好备用。这种牛排酱可以保存好几个星期。

原本南墨西哥牛排酱的用途，是在烤牛排或煎牛排前，抹在牛排上调味。不过现在也经常用在鸡肉，以及其他称作"escabeche"的清淡调味腌渍物里。

胭脂红酱
（Recado rojo: red annatto paste）

1.5汤匙胭脂籽

2茶匙干燥牛至

1/2汤匙胡荽籽

1.5汤匙黑胡椒籽

1/2茶匙小茴香籽

1~2汤匙葡萄酒醋或西班牙苦橙汁

5瓣大蒜

1茶匙盐

用电动咖啡研磨机或是香料研磨机，将前六种材料磨成粉末。因为胭脂籽很硬，所以可能会花上一段时间。大蒜和盐一起用研钵捣碎，然后一点点、慢慢地倒进磨好的香料粉末中搅拌均匀。如果喜欢红辣椒的风味，可以将红辣椒与大

干牛至叶

蒜一起捣碎混合。混匀好的香料要边搅拌边倒入醋或苦橙汁，直到调出光滑的泥状酱料为止。

将做好的调味酱压成片状或捏成小球，放置干燥，或将调味酱倒入密封罐保存。不管是干燥的还是用密封罐保存的，只要冷藏，这种调味酱都可以保存好几个月。

使用时，先倒一些西班牙苦橙汁将调味酱和开，当地的名产料理——pollo pibil，是用香蕉叶将鸡肉包起来后，再加以蒸煮或烘烤。这道料理的主要调味料就是这种胭脂红酱。其他诸如鱼类或猪肉，也都可以用同样的方式来烹调。除此之外，在汤品和炖菜里加一些胭脂红酱，可以让整体味道更有深度。

调味酱与佐料

世界上大多数的地区，都发展出深受当地喜好的特殊酱料。酱料可以当作一般蘸酱使用，或搭配菜肴一起端上桌食用，也可以直接用在烹饪过程中。后来由于欧洲帝国殖民扩张的缘故，一些酱料从此流传到世界各地，变得举世皆知。用香草和香料所调配出的调味酱和佐料，更是抢在所有食物之前，最早开始大量商业化制造的产品。

莎莎酱（Salsa Verde）

2把带叶的荷兰芹嫩枝，切碎

1大匙酸豆，切碎

1些带叶的薄荷或罗勒嫩枝，切碎

4片鳀鱼鱼片，切碎

1瓣大蒜，压碎

约150毫升的特级冷压初榨橄榄油

盐和现磨的胡椒

将香草、大蒜、酸豆和鳀鱼放进食物料理机中打成粗泥。将机壁上的泥刮下来，从料理机的注入口倒入橄榄油，搅拌制成光滑的泥状。再根据个人口味来调味。莎莎酱可以与以下食材进行搭配：水煮或烤制的鱼类、烤肉、朝鲜蓟、花椰菜、西蓝花。

罗勒

荷兰芹柠檬酱
（Parsley and lemon sauce）

1汤匙法式第戎芥末酱

盐和现磨胡椒

1颗柠檬，榨汁备用

90克荷兰芹，剁细

150毫升特级冷压初榨橄榄油

2棵青葱，剁细

将芥末酱加入柠檬汁里快速搅拌，再加入油，稍加调味，然后倒入荷兰芹和青葱搅拌。这道酱料适合配上铁架烤鱼、海鲜或是鸡肉。

香蒜酱（Pesto）

这原先是热那亚地区的意大利面酱料，不过这种酱也很适合配上蔬菜一起食用。除此之外，意大利有一种开胃小菜称作"bruschetta"，意指香蒜烤面包，就是指添加了香蒜酱刚烤的吐司或法国面包切片。若将香蒜酱调得稀一点，就变成搭配鱼肉食用时非常美味的酱料。

4把罗勒叶

30克帕玛森乳酪或波特雷诺乳酪，将乳酪先用乳酪刨丝板刨好

1大瓣大蒜，剥皮磨碎

30克松子

5~6汤匙特级冷压初榨橄榄油

除橄榄油外，将所有的材料都倒进食物料理机里搅拌。再将食物料理机瓶壁上的酱料都刮下来加进酱料里，然后延着食物料理机的注入口，慢慢地将橄榄油滴进去，搅拌成浓厚稠滑的绿色酱料。如果希望质地不要那么浓稠，可以加入更多的橄榄油。如果没有食物料理机，就准备一个大的研钵，用研杵将罗勒和大蒜都捣烂。之后再加入松子，一次一点慢慢地加，再轮流放入乳酪或橄榄油。直到酱料变得很浓稠为止，可以根据个人的喜好，倒入不同分量的橄榄油来调整香蒜酱的浓度。

香蒜酱的变化
胡荽香蒜酱
用胡荽叶取代罗勒叶，用胡桃取代松子。

荷兰芹香蒜酱
用荷兰芹代替罗勒，还可以配上松子，或是用热水烫过的去皮杏仁代替亦可。

芝麻菜香蒜酱
用芝麻菜取代罗勒，配上松子或胡桃皆可。

胡荽叶

罗勒薄荷红椒酱

（Basil, mint, and red pepper sauce）

3~4柄带叶的嫩枝薄荷

盐和现磨胡椒

1大把罗勒叶

2汤匙红葡萄酒醋

1颗红色甜椒

3汤匙橄榄油

1小瓣大蒜，剁细

将从嫩枝摘下的薄荷叶跟罗勒叶一起剁成细末待用。再将红椒直接在瓦斯炉上烤一烤，或者像烤肉一样，放在铁制烤肉架上烧烤，烤到整颗红椒的外皮颜色变黑为止。将烤好的红椒放进保鲜袋，放凉，再把红椒表皮搓掉，去籽与薄膜后稍加冲洗，然后拍干，最后再将红椒肉剁细。

将大蒜和调味料都倒进红葡萄酒醋里，混合均匀后再加入橄榄油，最后再倒进香草和红椒搅拌。这种酱料跟鱼肉冷盘，例如，水煮大比目鱼或是鲑鱼都很搭，一起食用味道非常好。

薄荷

辣根苹果酱

（Horseradish and apple sauce）

这是澳洲的调味酱，当地人称作"Apfelkren"，是由传统的辣根奶油酱所衍生出的变化。辣根苹果酱适用于牛肉、烟熏肉类和香肠以及烟熏鳗鱼和鳟鱼。如果想要调出口味比较清淡的酱料，鲜奶油的分量就多放一些，或是加一点新鲜面包屑进去。

2汤匙柠檬汁

1个大的烹饪用苹果

适量的盐和细砂糖，依照个人口味调整

60克辣根粉

100毫升高脂鲜奶油

先将1汤匙的柠檬汁到辣根粉里，这样可以避免辣根变色。并将削皮、去核、磨碎的苹果与剩下的柠檬汁一起加进辣根里。再用一点盐和糖来调味，并放置15分钟让味道融合。然后轻轻地倒入鲜奶油，并且加以快速搅拌，让高脂鲜奶油能完全融合进辣根酱里面。

海鲜塔塔酱（Tartare sauce）

300毫升的美乃滋，加入切碎的荷兰芹、青葱、酸豆、嫩小黄瓜（腌渍用）和青橄榄各1茶匙。这道风味酱料很适合各式各样的鱼贝海鲜类，冷盘热食都可以使用。

雷莫拉蛋黄酱（Remoulade sauce）

准备1茶匙法式第戎芥末酱和一份捣烂的鳀鱼泥，将这些材料加进300毫升的美乃滋中。再加入切碎的荷兰芹、茴芹、龙蒿、酸豆、嫩小黄瓜（各2茶匙）混合，这种调味汁与龙虾和其他海鲜料理很搭。

雷毕哥油醋酱（Ravigote sauce）

准备150毫升的油醋调味汁，然后加入1汤匙切碎的酸豆、1汤匙切碎的青葱、2~3汤匙切碎的香草（材料选择包括荷兰芹、细香葱、茴芹、龙蒿，任选）。这道油醋酱非常适合配上土豆沙拉和铁架烤鱼。

酸模酱（Sorrel sauce）

酸模酱是道制作过程迅速简便的酱料，适合配上鱼类或蛋类一起食用。如果调得浓一点的话，也很适合蘸着小羊排吃。

200克酸模叶

约100毫升的稀释鲜奶油，或是高脂奶油

15克奶油

盐和现磨的胡椒

将酸模叶里面较老、较粗的茎都挑掉，然后将酸模叶跟奶油一起慢慢烹煮至烂。分多次慢慢加入少量鲜奶油搅拌，因为酸模的味道偏酸，制作酱料时，稍微尝味道，再慢慢用盐和胡椒调成自己喜欢的口味。

罗梅可火焰酱（Romesco sauce）

这是一道非常有名的西班牙加泰罗尼亚地方风味酱料，在西班牙北部的塔拉戈纳省特别受欢迎。适合配上鱼类、鸡肉和烧烤蔬菜食用。

2根西班牙诺拉品种辣椒

1根小而辣的干燥辣椒

2根piquillo品种辣椒，或1根红钟型辣椒：烘烤、去皮，然后切成小块

2汤匙烫过去皮的杏仁

2茶匙煮熟过滤而成的番茄泥

2汤匙榛果

1颗中型熟透的番茄，去皮、去籽，并切碎

6汤匙橄榄油

2汤匙白葡萄酒醋

3瓣大蒜

盐和现磨的胡椒

1大片白面包，去掉面包边

将辣椒剥开，去籽，然后将辣椒的果肉部分浸到热水中，浸泡约30分钟。

先烘烤杏仁，再烘烤榛果。烤好的榛果用布包起来，轻轻搓掉它的果皮薄膜。

在锅内加入2汤匙橄榄油，热锅，然后再加入2瓣完整的大蒜爆香，煎到大蒜表面稍微变色即可捞出，然后用爆香过大蒜的油继续煎面包片。等到面包片变成有点黄褐色时，就可以了。

将滤干的辣椒，与所有的大蒜、面包、坚果、烘烤过的胡椒及番茄泥，通通倒进食物料理机里搅拌。等到打成光滑泥状的酱料时，再倒到碗里，然后将番茄、剩下的橄榄油还有醋都加进去搅拌。试一下味道并酌情调味。如果酱料看起来太浓，就倒一点橄榄油或是醋、甚至水也可以。最后帮完成的酱料盖上盖子封好，放进冰箱冷藏。做好的酱料可以保存2~3天。

柏奈滋热奶油酱（Béarnaise sauce）

这是一道法式经典牛排酱，通常都是佐以铁架炙烤牛排食用。

150毫升干白葡萄酒

180克无盐黄油

3汤匙白葡萄酒醋或龙蒿香草醋

3个蛋黄

3棵青葱，剁细

盐

5小枝龙蒿嫩枝

1汤匙剁成细末的龙蒿叶，或是将龙蒿和茴芹混合再使用

现磨白胡椒

准备一个小型、够深的锅子，开小火加热，将酒、醋、青葱、龙蒿嫩枝，以及磨成细粉的胡椒全都倒进去。用文火慢慢加热，锅盖不要盖上，一直煨煮到收汁，等到锅内的液体只剩下2~3汤匙的分量。用细网筛来过滤这些酱汁，过滤时用力压青葱和龙蒿，好让它们的精华液能完全流出。再将这些过滤好的汁液倒回锅内。同时准备另一个平底锅放置一旁，加入奶油，使其慢慢熔化。等到冷却成微温的状态时，再将里面清澈的液体倒出来备用，白色的残渣则可丢弃。

将盛了酒和醋混合液的那个平底锅用文火加热，再放进蛋黄，并且加一点盐搅拌。并将之前熔化好的奶油，以一次1汤匙的分量分次加入，中途要一直搅拌。等到确认上一汤匙奶油已经跟其他材料融合以后，才能加入下一汤匙。在加入最后一汤匙奶油前，先熄火，用锅子的余温继续烹煮这道酱料。接着再加入龙蒿，搅拌均匀，尝尝味道，按照个人喜好来调味。

如果想暂时维持这道牛排酱的热度，可以将装有牛排酱的碗放在装有热水（非沸水）的平底锅上保温。

柏奈滋热奶油酱的变化
柏洛伊酱
用薄荷代替龙蒿即可。这道酱料适合佐以水煮鱼肉、铁架炙烤鸡肉，佐小羊肉也很不错。

诺拉辣椒

鲍尔斯薄荷

绿魔酱（Green mojo）

这是来自加那利群岛（Canary Islands）的蘸酱，当地人多半在食用一种称作"papas arrugadas"的香酥皱皮土豆料理时，蘸这种绿魔酱吃。

香酥皱皮土豆的做法如下：将新收成的土豆连皮一起放进平底锅里，注入冷水，直到水面淹过土豆。接着放盐。盐跟土豆的比例为每500克的土豆配上100克的盐。然后加热，到水滚之后，再用小火慢慢煮，大约需要15分钟才能把土豆都煮熟。等到土豆煮熟后，要将水倒掉，滤干再继续用小火慢慢烘烤，此时记得要常摇动锅子以免粘锅。最后，这些土豆的外皮就会变得皱皱咸咸的，但是里面的肉还是松软的。

这道香酥土豆配上绿魔酱吃起来非常美味，让人忍不住一口接一口地吃下去。除此之外，绿魔酱也经常用来搭配鱼类、肉类或是沙拉。

1根甜青椒
1把荷兰芹，仅取叶片使用
3根青辣椒
1茶匙小茴香粉
10瓣大蒜
4汤匙葡萄酒醋
1茶匙粗盐
6汤匙橄榄油

将青椒和辣椒里面的籽和白色筋脉都去掉，切成大块。将大蒜和盐一起压碎。再把所有的材料都倒入食物料理机搅拌成光滑的泥状酱料，当然也可以选用研钵将所有的材料捣烂。亦可依照个人的喜好，加水调整酱的浓度。

最后将成品倒入瓶子，再于其上倒入一层油，放进冰箱冷藏保存，绿魔酱就可以保存2星期。

突尼斯辛辣酱（Harissa）

这道火辣的辣椒酱很容易买到，但是自己做也很简单快捷。你会发现自己可以做出比买到的辣酱更具独特风味的酱料，自己做出的辣酱要更辣些。这种配方在北非使用很广泛，尤其在突尼斯流行。这种酱料通常选择干辣椒，当地的辣椒与墨西哥的瓜希柳辣椒（guajillo）非常像。如果你更偏好用新鲜的辣椒制作酱料，配方可以改用等量的新鲜辣椒，并去掉泡水这一步骤。突尼斯辛辣酱可以用在烹饪过程中，也可以当作蛋类料理、北非小米料理和摩洛哥陶锅炖菜的佐料。

100克干辣椒
1/2茶匙磨碎的胡荽籽
2瓣大蒜，去皮
1茶匙磨碎的小茴香粉
1茶匙磨碎的葛缕子粉
1/2茶匙盐
橄榄油

将干辣椒去籽切成碎片，再将辣椒的果肉浸泡到快沸腾的水中，泡30分钟，直到辣椒软化为止。在浸泡辣椒的同时，可以顺便将大蒜和盐一起压碎。

将泡好的辣椒过滤，跟大蒜和其他香料一起捣烂或用食物料理机打碎。视情况加入1~2大匙或更多的橄榄油，让整个酱料的质地能够更顺滑。将成品装进罐子里，上面再覆上一层橄榄油，可以保存3~4星期。

要稀释突尼斯辛辣酱的话，通常会选用油或柠檬汁稀释，也可以选用所要搭配菜肴的汤汁来稀释，而稀释好的辣椒酱跟做好的菜肴就可以一起端上桌食用。

辣椒

胡荽

摩洛哥盐渍柠檬（Preserved lemons）

盐渍柠檬原本是摩洛哥的特产，但是现在在在北非其他地区也都可以吃到。这道盐渍柠檬的传统上是用来帮肉类、鱼类以及蔬菜类调味。由于摩洛哥盐渍柠檬有一股特殊的淡淡咸味，所以也很适合用来配上沙拉、莎莎酱，或者淋在沙拉上作为沙拉酱使用。

10颗未上蜡的柠檬

粗海盐

取5颗柠檬各纵切成四等份，但是在快切到果蒂时就要停下来，让这些柠檬块的顶端还有一点果皮连在一起。之后轻轻地将柠檬翻开来，在露出来的果肉上淋上大约1汤匙的盐，之后再轻轻地将柠檬块拼回原来的样子，然后放进广口瓶里保存。装瓶时，尽可能将柠檬塞得扎实一些，同时在最上面用重物（可以挑一颗干净的，重一点的石头）压住，然后再旋紧瓶盖即可。

大约2~3天后，柠檬块就会渗出些许柠檬汁来，此时，将剩下5颗柠檬汁倒进瓶子里，让柠檬汁完全淹过柠檬块的表面，摆放1个月。如果中途柠檬片暴露在空气之中，表面上会长出一层白霉，这层白霉对人体无害，只要将这层白霉洗掉，就可以食用。

这种盐渍柠檬可以存放一整年，腌渍得越久，盐渍柠檬的风味就会越发甘醇。但要特别注意一点，这道盐渍柠檬食用的部分其实是果皮，所以使用时，要从罐子里挟出柠檬块，然后去除果肉和小粒种子，再将果皮切碎即可食用。

泰式辣椒汁（Nam prik）

这道泰式酱料的泰文原名为"nam prik"，意思就是指用辣椒做成的水状调味汁，是泰国很常见的一种酱料，通常用来佐以米饭、鱼类，还有生的或是略煮的蔬菜料理。泰国辣椒汁的材料包括虾米、虾酱、辣椒、还有大蒜，再和棕榈糖、鱼露以及青柠汁一起捣烂。另外，青葱、花生、小茄子以及未熟的水果也都有人使用。泰国辣椒汁只需要短短几分钟就可以做好，主要是看个人口味来决定风味。

4根新鲜红辣椒，去籽切碎

1汤匙水

4瓣大蒜，切碎

2汤匙鱼露

2汤匙虾米

青柠汁

1汤匙棕榈糖或砂糖

将辣椒、大蒜、虾米、糖倒进研钵里捣碎，或是倒进食物料理机加一点水打成泥。一边搅拌，一边徐徐地加入鱼露和足量的青柠汁（分量大约3~4汤匙），慢慢地调整这道酱料的浓度。尝试味道，并调整成自己喜欢的口味。将成品倒入罐中密封，然后放进冰箱冷藏，可储存1~2个星期。

泰国辣椒酱（Thai chilli jam）

这是一道泰式调味酱，泰文称作"nam prik"，跟印尼辣椒酱有点像。多半都当作佐料使用，也可倒进汤里搅拌调味，或是用于热炒、米饭料理。

1茶匙虾酱（泰文原名称kapi）

4汤匙虾米

8根大的红辣椒，新鲜或干燥皆可

3汤匙葵花籽油

8瓣大蒜，对切

1汤匙鱼露

8棵青葱，对切

2汤匙棕榈油

2汤匙罗望子露（p.157）

用锡箔纸将虾酱包起来，然后用平底锅烘烤几分钟。也可以用预热到200°C的烤箱来烘烤。

将辣椒的柄去掉，看个人喜好，也可以把籽给去掉。之后用深锅分别烘烤辣椒、大蒜以及青葱。或是将材料放在盘子上，送进预热好的烤箱烘烤也行。但是绝对不要让这些材料烤焦了。等到辣椒、大蒜以及青葱都烘烤得很柔软时，将它们全部倒进食物料理机里，再加上虾酱，一起打均匀。若有必要，将搅拌到食物料理机容器瓶壁上的酱料也刮下来。接着，将虾米捣碎后加到这道酱料里面去。

倒油热锅，然后把酱料倒入，翻炒到香味飘散出来。此时，再加入鱼露、糖以及罗望子露，继续煮到全部都混合均匀，并且有点收汁时即可。放凉，倒进罐子放进冰箱冷藏，可存放2~3星期。

泰国烧烤辛辣酱（Roasted nam prik）

1茶匙罗望子浓缩物液

5根新鲜辣椒

2汤匙花生

薄薄一层虾酱（泰文称作kapi）

5瓣大蒜，剥皮

1汤匙棕榈糖或砂糖

5棵青葱，去皮

用2汤匙热水将罗望子浓缩液稀释开来。准备大型炒锅，快速地烘烤一下花生。将烤好的花生放到一边备用。再放入大蒜和青葱来烘烤，烤到它们的外皮颜色都变成深褐色，内里变得柔软为止。用锡箔纸将辣椒包起来，然后一样也是加以烘烤到柔软为止。与此同时，用锡箔纸将虾酱包裹起来，紧紧合住封口，在每边都加以烘烤1~2分钟，或是烤到锡箔纸变黑为止。

将大蒜和青葱去皮，辣椒去籽。如果你比较喜欢碎口感的话，就将辣椒肉也切碎。之后将所有的材料都用食物料理机或是研钵捣成泥状就完成了。成品倒入密封的罐子，放进冰箱冷藏，保存期限为1~2星期。

甜辣酱（Sweet chilli sauce）

这道酱料简单易做，很适合用来搭配油炸或是铁架炙烤鱼贝海鲜类，跟春卷的味道也很合。

120毫升水

1小片姜，切成细条状

6汤匙糖

5汤匙米醋或苹果醋

4根中型红辣椒，去籽后切成薄片

1汤匙鱼露

2瓣大蒜，剁细

3~4汤匙剁碎的胡荽

将糖加进水中加热溶解并煮成糖浆，熬到浓稠状，再将胡荽以外的其他材料全部加进去，慢慢搅拌。煮至沸腾再转小火煨3分钟。

将煮好的酱料倒进碗里放凉，之后加入胡荽搅拌。尝尝味道看够不够咸，不够的话可以再加一点盐。

薄荷蘸酱（Mint dipping sauce）

这种越南酱很适合搭配春卷，或者用生菜包着烤虾、蔬菜和香草（p.270）蘸食。

少量薄荷叶

2个蒜瓣，切碎

1根朝天椒，去籽并切碎

2汤匙米醋

3汤匙青柠汁

2汤匙鱼酱

2汤匙棕榈糖或红糖

将薄荷、大蒜和辣椒放入食物料理机内打成糊状物。将其他成分与2~3汤匙水混合，搅拌至糖溶解。然后加入糊状物。

越南鱼香蘸酱（Nuoc cham）

越南鱼香蘸酱是每道越南料理都会用到的蘸酱。这种蘸酱随着地方的不同而有许多地域性的差异。在越南的北方，通常只是用鱼露（越南文称作nuoc mam）和水，以及切碎的辣椒简单调制而成。但是到了南方，还会加上大蒜、糖和青柠汁来调味。如果找到朝天椒的话最好，如果找不到这种辣椒，就用其他新鲜辣椒来代替也可以。

2汤匙青柠汁

1根朝天椒，去籽后剁成细末

3汤匙鱼露

1瓣大蒜，剁成细末

2汤匙糖

3汤匙水

先将材料中液体的部分与糖混全，搅拌到糖完全溶解。再加进大蒜和辣椒。

越南鱼香蘸酱的变化

取一小段生姜，去皮并且剁成细末后加进酱料里。并用酱油代替鱼露，至于糖的分量，则减成1汤匙。

黑色薄荷

印尼参巴酱（Sambals）

　　与咖喱酱、马萨拉、印度尼西亚本地酱和辣酱不同的是，这道酱是每道菜都必备的调味品。通常这种配方都是以洋葱或大蒜为基础，再配上胡荽、小茴香、酱油以及罗望子或青柠汁。然后再根据每道料理的味道，斟酌加上其他的香草和香料。印尼人另外还用辣椒调配了一种香气四溢的酱料，放在餐桌上供人吃饭时自行取用。这种餐桌上常见的酱料就叫做"sambal"，也就是这里介绍的各式各样的、以辣椒为基础调出的印尼辣椒酱。而有些印尼的辣椒酱的味道非常辣。

虾味辛辣酱（Sambal bajak）

　　这道酱料用到的是大辣椒，因为还加了青葱、大蒜以及椰奶，所以口感相当温和。这道酱料适用于米饭料理中，如称作"nasi goreng"的印尼炒饭。

10根大型红辣椒

2片亚洲青柠叶，切丝

8棵青葱，切碎

2汤匙葵花籽油

5瓣大蒜，切碎

1茶匙盐

1茶匙虾酱

2茶匙棕榈糖

5颗石栗果实

250毫升椰奶

1茶匙罗望子浓缩液

1/2茶匙芦苇姜粉

将辣椒的柄和蒂都去掉，再将果肉切成大块，视个人喜好决定要不要顺便也把辣椒籽去掉。将辣椒、青葱、大蒜、虾酱、石栗果实、罗望子、芦苇姜以及青柠叶全部都倒进食物料理机里打成泥状酱料。

倒油、热锅，将刚打好的泥状酱料翻炒10分钟。再将剩下材料全部倒进去，用小火煮20~25分钟。煮至变成浓稠状，表面明显浮出一层油时关火。搅拌整道酱料，让浮出的油跟其他材料混合均匀，然后倒入罐子，放进冰箱冷藏，可保存2~3星期。

青柠叶

印尼辣椒酱（Sambal ulek）

　　这道简单的印尼辣椒酱，所使用的辣椒品种为"lombok"，不过你也可以用其他新鲜的红辣椒代替。因为这种酱料可以保存得比较久，所以可以一次做多一点储存备用。只要倒入罐中密封，冷藏可以保鲜2~3星期；也可以分装入小罐子中再冷冻起来。

500克红辣椒

1汤匙柠檬汁

2茶匙盐

将辣椒的蒂去掉，然后烘烤到变软，但不要烤焦了。烤好后，放凉，再依个人喜好，决定是否去籽。将辣椒、盐和柠檬汁倒入食物料理机，打成泥状酱料即可。

印尼辣椒酱的变化

石栗果实辣椒酱

将上述印尼辣椒酱分量减半。然后烘烤10颗石栗果实，将烤好的果实磨碎，然后加进去一起打成泥状酱料即可。

石栗甘味辣椒酱

取上述石栗果实辣椒酱，分量减半，加入2茶匙棕榈糖。

韩式蘸酱（Korean dipping sauces）

　　韩国有许多蘸酱，都是以芝麻、辣椒、醋、酱油为基础调配出来的。蘸酱的用途广泛，从饺子、韩式煎饼、生鱼饼、蔬菜到韩式烤肉都可以蘸用。

蘸酱（Jon Dip）

1茶匙糖

2茶匙烤过的芝麻籽

4汤匙酱油

1棵大葱，切成细条状

2茶匙米醋或苹果醋

1/2茶匙辛辣辣椒粉

1茶匙麻油

糖、酱油和醋一起倒入搅拌。等到糖溶解后，再将其他材料全都加进去。这道蘸酱要放在冰箱冷藏，只能保存几天。

红辣椒酱
（Kochujang red pepper sauce）

这个食谱来自Mark 和Kim Millon所编写的《韩国味道》（Flavours of Korea）一书。Kochujang是韩国厨房中必备的一道酱料，是由捣碎的辣椒和糯米一同制成的发酵糊。这种酱可以在亚洲商店和超市中买到，Millon将这种酱料作为调制味道更丰富的酱料的基底。

将所有配料混合在一起，盛在碟子里上桌，作为蘸料可与烤肉、生鱼和蔬菜搭配食用。

2汤匙kochujang辣椒酱

2瓣大蒜，切碎

1汤匙米醋或苹果醋

1汤匙酱油

1茶匙芝麻油

2茶匙烤芝麻

2个洋葱，切碎

2茶匙糖

柚子·辣椒酱（Yuzukosho）

这种日本调味料来自九州岛，这种酱混合了柚子皮、辣椒（通常是绿色辣椒）和盐并发酵制成。最初这种酱料只是自制的，现在也进行了规模化生产。如果你可以找到应季的柚子，你需要4个柚子，2根辣椒，0.5～1茶匙盐。将柚子皮磨碎，辣椒去籽并切碎，将两者放入研钵，加入盐后捣成糊状即可。这种酱在冰箱中可冷藏保存2星期。

传统上，这种酱料会与日式火锅（煨菜）搭配使用。如今会与拉面、乌冬面、刺身、天妇罗、烤鸡一起食用，或是当作沙拉酱或是意大利面酱。

橙子醋（Ponzu）

这种醋酱汁广泛用于日本厨房，其制作首先从煨制汤汁开始，将米醋、味淋、酱油、鲣鱼干薄片和海带一起熬制，然后过滤并冷却。然后加入柚子或苦橙汁调味。这种酱汁会很稀，但也会有沉淀物。如果你想自己制作，材料配比如下：2.5汤匙米醋、3汤匙味淋、1汤匙酱油、1.5汤匙鲣鱼干薄片，再加上柑橘汁，尝味后进行过滤和冷却。

橙子醋酱汁可以作为蘸料与寿喜锅、烤鱼和刺身一同食用。

生姜酱油蘸酱
（Ginger-soy dipping sauce）

这种中国酱汁可以和饺子、油炸海鲜以及烤鸡一起食用。如果你愿意，可以加一点辣椒酱。

3汤匙淡酱油

3汤匙米醋

1茶匙碎姜

1根葱，细切

少量香菜，切碎

酱油和醋混合，并加入其他成分一起搅拌。

姜汁

青柠辣椒酱
（Lime and chilli sauce）

这是一道源自于加勒比海的酱料，在当地有许多不同口味的版本。下面所列的是来自于西印度群岛东部的哥德洛普岛（Guadeloupe）配方。

2根新鲜红辣椒

250毫升青柠汁

1汤匙海盐

将辣椒去籽后切成薄片。将盐倒进青柠汁里，加以搅拌让盐溶解。将辣椒塞进罐子里，然后再倒入青柠汁。完成2~3天的时候这道酱料风味最佳。这道酱料的保存期限约1个月。适合佐以鱼类或铁架烧烤的蔬菜料理。

波多黎各红香酱（Ajilimójili）

这道波多黎各的酱料，是用一种叫作"ají dulce"的味道温和的辣椒所制成的。这道酱料主要是当作当地称为"tostones"的一种绿色车前草热炒料理的佐料。不过，它也很适合配上煎炒或是用铁架炙烤的鱼类或肉类。下面所列出的配方出自于Elisabeth Lambert Ortiz所著的《加勒比海料理大全》（The Complete book of Caribbean Cooking）。

3根新鲜红辣椒

150毫升青柠汁

3个红甜椒

150毫升橄榄油

4颗胡椒粒

4瓣大蒜，压碎

2茶匙盐

将辣椒和甜椒的籽和果肉中的白色脉络都挖干净，然后将剩下的果肉切成大块。将切好的辣椒和甜椒，以及胡椒粒、大蒜和盐都倒进食物料理机里，打成颗粒还很粗的泥状酱料。

然后再加入青柠汁和橄榄油，调成高速打成光滑的泥状酱料。将成品倒入瓶子里密封，再放进冰箱冷藏，可保鲜3~4星期。

墨西哥香辣酱（Mole verde）

在墨西哥文中，"Mole"是指经过加热烹煮的一种酱料名称，主要是用辣椒和香草来提味。绿色的香辣酱非常适合配上水煮鸡胸肉和嫩煎鸭胸肉。

100克南瓜籽

3汤匙切碎的胡荽

6颗墨西哥绿番茄，新鲜或是罐头皆可

准备3枝新鲜带叶的土荆芥嫩枝，只取叶子使用，或是用1大匙干燥叶子代替

4根墨西哥serrano品种辣椒，去籽切碎

2瓣大蒜，压碎

1/4茶匙小茴香粉

1颗小洋葱，切碎

2汤匙葵花籽油

10片长叶莴苣的菜叶，撕碎

250毫升鸡肉高汤

将南瓜籽拿去烘烤，烘烤时稍微搅拌一下以免烤焦。烤好后放凉再磨碎待用。将墨西哥绿番茄、蔬菜、香草、香料等混合均匀。注意，如果你准备的材料是新鲜的话，就要记得先去壳去皮，再把果肉切碎。之后倒油热锅，然后将混合好的材料倒进去炒，要不断搅拌以免烧焦粘锅。再用大火煮约5分钟，让酱料收汁变成浓稠状。将煮好的酱料放到一旁备用。

这时要先将磨碎的南瓜籽倒进鸡汤里，搅拌均匀后再倒进煮好的酱料理。用文火慢慢炖煮，绝对不能烧焦，否则会使酱料的颜色改变。大约煨15分钟，中途要不时地去搅拌。

莎莎酱（Salsa fresca）

这是墨西哥使用的标准莎莎酱。

4个番茄，去皮去籽，切碎

1个红洋葱，切碎

4根腌制的辣椒，切成薄薄的圆环

5汤匙切碎的香菜叶

5汤匙柠檬汁或雪利酒醋

盐

将所有材料混合在一起，并放置一旁进行融合，至少在使用前30分钟制作。

墨西哥辣椒

古巴橙香酱（Cuban mojo）

"Mojo"是摆在餐桌上供人取用的调味酱，跟墨西哥的莎莎酱很像。里面最常看到的材料是西班牙苦橙汁（Seville，一种味道酸酸苦苦的橙子）。如果找不到的话，可以用青柠汁混合一点橙汁来代替。

4汤匙橄榄油

1茶匙小茴香粉

2瓣大蒜，剁碎

100毫升西班牙苦橙汁，或是混合1/3的橙汁配上2/3青柠汁来代替

1颗青葱，剁碎

1/2茶匙盐

3汤匙切碎的胡荽叶

1茶匙干燥牛至

倒油热锅，然后用小火来爆香大蒜和青葱，炒到这两样材料的表面都变成淡淡的褐色为止。熄火，然后再加入盐、牛至、小茴香以及橙汁。搅拌均匀，放凉。

将放凉的酱汁倒进碗里，撒入胡荽一起搅拌。这道酱料可以用罐子或瓶子盛装，然后放进冰箱冷藏保鲜，大概可以放2~3个星期。不过越早食用越好，新鲜的酱料味道最好。适合佐以牛排、鸡肉以及蔬菜。

完整的孜然籽

杧果木瓜酱

（Mango and papaya mojo）

1粒成熟的杧果

2汤匙切碎的薄荷叶

1颗成熟的木瓜

100毫升青柠汁

2颗大葱，切成细条状

1小片生姜，剁成细末

将杧果和木瓜的果肉都切成小丁，跟其他材料一起混合均匀。这道酱料适合搭配炭火铁架炙烤的鱼肉、海鲜以及鸡肉。

超辣莎莎酱（Xni-pec）

这种超级辣的莎莎酱来自墨西哥南部的尤卡坦。

2~3哈瓦那辣椒

4个成熟的西红柿，切碎

1个洋葱，切碎

大量芫荽叶，切碎

4汤匙苦橙汁或酸橙汁

将哈瓦那辣椒烤一下，剥皮并去籽，将辣椒肉切碎并与切碎的番茄和洋葱混合在一起。再加入芫荽和苦橙汁。如果没有苦橙，可用青柠汁代替。加盐进行调味，并在室温下腌制1个小时。

在尤卡坦，人们的餐桌上经常放着这种酱，并与烤肉、鱼肉及海鲜一同食用，拿玉米片蘸这种酱一起吃味道也很棒。这种酱最好是现吃现做。

智利特色辣椒酱（Pebre）

这是智利最受欢迎的酱汁，而配方在不同的地区有不同的特点，不同厨师在制作时也有些许不同。

1个洋葱，切碎

1~2蒜瓣，切碎

大卷香菜

3个成熟的西红柿，切碎（可选）

1~2汤匙酱油（见p.286）或1~2新鲜辣椒

2汤匙红葡萄酒醋

3汤匙橄榄油

盐

将洋葱和大蒜放到一个大碗里混合。将香菜切碎。如果使用食物料理机来处理香菜，要注意别把香菜打成泥。将香菜碎加入洋葱大蒜混合物中。加入番茄，再加入Aji酱，如果使用的是新鲜的辣椒，需要将辣椒去籽并切碎再使用。再混入醋和橄榄油，尝一尝是否符合你的口味，可加少许盐进行调味。

在使用前，要放置3~4个小时让酱料充分融合。这道酱料可以和冷肉、海鲜以及烤蔬菜一同食用。

阿根廷莎莎酱
（Argentine salsa criolla）

这是烤肉的优秀伴侣。

1个红洋葱，切碎

1个红辣椒，切碎

2个番茄，去籽并切碎

1瓣蒜瓣，切碎

少量切碎的欧芹

1汤匙酸橙汁

2汤匙淡味橄榄油

盐和新鲜研磨的黑胡椒

将所有原料混合在一个碗中，盖上并静置1～2小时，使味道充分融合。可用作鱼、肉和家禽的调味品。

阿根廷香草酱（Chimichurri）

阿根廷香草酱适合佐以铁架烤肉食用。这道酱料的味道与馅饼、蔬菜都很搭，也可以加进汤里搅拌调味。

4瓣大蒜，剁碎

1大把荷兰芹枝叶，剁细

1茶匙黑胡椒粉

100毫升橄榄油

1/2茶匙辣椒碎片

5汤匙红葡萄酒醋

1茶匙红辣椒粉

依个人口味酌酌的加盐

2茶匙牛至叶，剁成细末

将所有的材料倒进罐子里，然后好好地摇到混合均匀为止，要让酱料入味3~4小时后才能使用。

秘鲁莎莎酱
（Peruvian salsa criolla）

如果找不到aji Amarillo辣椒，可以使用苏格兰的伯纳特辣椒，或是更温和一些的jalapeno辣椒。

1个红洋葱，切薄片

1个aji amarillo，去籽并切碎

少许切碎的香菜叶

2个番茄，去籽并切丁（可选）

3汤匙青柠汁

2汤匙淡味橄榄油

盐

把洋葱片放在一碗冷水中浸泡15分钟，沥干后与其他原料混合在一起。让这道酱料腌制1～2个小时，使味道充分融合。可以与鱼肉、猪肉和家禽料理一同搭配食用。

秘鲁荷兰芹莎莎酱
（Peruvian parsley salsa）

这种莎莎酱适合搭配玉米、土豆以及肉类料理食用。

1颗小洋葱，剁细

红葡萄酒醋

1茶匙牛至

3把荷兰芹叶片

盐和现磨的黑胡椒

1个番茄

将洋葱和牛至倒进碗里，调味，再倒入足量的红葡萄酒醋。让材料浸泡30分钟入味，然后再将醋倒掉沥干。用食物料理机将荷兰芹叶片打成泥状，然后将打好的荷兰芹酱倒入洋葱和牛至里面。

将番茄放进沸水里烫一下，取出去皮，然后将果肉磨碎，或是剁到很细后，加进刚刚做好的酱料中。然后将所有材料混合均匀即可。

红辣椒

牛至叶

青杞果开胃酱（Green mango relish）

1颗大的青杞果，重约500克

1/2茶匙盐

1瓣大蒜，剁细

1汤匙橄榄油

1根小型青辣椒，剁细

1把荷兰芹叶或薄荷叶，切碎

将青杞果切得很碎后，跟其他材料混合均匀。再倒入密封罐内，上面倒入一层油保存，放冰箱冷藏可保存2~3天。

尼泊尔薄荷酸甜酱
（Nepali mint chutney）

1把薄荷叶，剁细

1颗柠檬，榨汁

2瓣大蒜，剁细

2汤匙芥末油或葵花籽油

1/4茶匙辣椒粉

1/2茶匙葫芦巴籽

1/2茶匙盐

1/2茶匙姜黄粉

将薄荷、大蒜、辣椒粉、盐以及柠檬汁混合均匀，放置一旁备用。倒油热锅，然后翻炒到葫芦巴籽的颜色变得很深为止。此时再加入姜黄继续搅拌一会儿。放凉，然后再将刚刚做好的薄荷等材料倒进去一起搅拌。这道酱料适合用来搭配米饭、面包，或是印度一种包有菜馅的炸面糊。

苹果薄荷

薄荷调味（Mint relish）

100克新鲜薄荷叶

1瓣大蒜，切碎

2~4根新鲜绿辣椒

2~4根小的新鲜的绿色辣椒，去籽并切块

1/2茶匙盐

1个青柠的汁

1~2茶匙植物油

少许白糖（可选）

90毫升酸奶（可选）

将薄荷叶、大蒜、辣椒、盐和柠檬汁在食品加工机中混合，并根据需要加入植物油。如果太酸，加糖。这道酱适合所有种类的烤肉，如果搭配米饭食用，可以加入酸奶。

新鲜的番茄酸辣酱
（Fresh tomato chutney）

这个食谱和前一个食谱都来自缅甸，并且基于Robert Carmack和Morrison Polkinghorne的《缅甸菜谱》中的食谱。它们可以搭配咖喱，也可以在烤肉或烤鸡时刷在上面。与亚洲其他地区相比，缅甸的辣椒比较温和，所以使用辣椒粉或温和的辣椒片可以得到与当地相似的味道。

这种番茄酸辣酱可以很快就制作好，所以最好现吃现做。制作酱料时，绿番茄或成熟的红番茄均可以使用。但是如果用绿色的番茄，就不要去皮去籽了，并调整糖的用量。

500克番茄，去皮去籽，切碎

1个小洋葱，切碎

1茶匙辣椒

辣椒片

2茶匙白糖

1汤匙米醋

1/2茶匙盐

将所有材料混合并轻轻搅拌，冷藏至准备食用时。

黄瓜辣椒酱（Cucumber sambal）

在印尼、马来西亚等地，印尼辣椒酱是很常见的调味品。它除了辣的味道，又带点酸甜味。下面所列的这个配方，适合搭配沙嗲烤鸡肉、铁架炙烤鱼或是蔬菜料理。

1根黄瓜

1/2茶匙茴香籽粉

1汤匙剁得很细的洋葱

1茶匙糖

1根小型红辣椒，去籽后切丝

盐和现磨的黑胡椒

1汤匙切碎的荷兰芹或胡荽

2~3大匙柠檬汁

2汤匙葵花籽油

黄瓜去籽，然后将果肉切成短短薄薄的小段，再跟洋葱、荷兰芹（或胡荽）一起搅拌均匀。再将调味料加入柠檬汁，等到溶解后，倒入葵花籽油搅拌，并将黄瓜拌进去。

番茄辣椒酱（Tomato sambal）

4棵青葱，切成薄片

3汤匙薄荷或罗勒，切碎

3根辣椒，去籽后切成薄片

1颗柠檬或青柠，榨汁

3颗大番茄，切碎

依个人口味加盐调味

将所有的材料都混合均匀即可。这道酱料适合在室温下配上沙嗲烤鸡肉或是猪肉食用。

印度酱（Kachumbar）

这种调味料的加入会使很多印度菜肴变得更美味。如果你喜欢更温和的口感，可以减少辣椒的数量，或是不加辣椒。

盐

2个洋葱，切碎

1汤匙棕榈糖或红糖

1汤匙罗望子酱

4个番茄，切丁

1个小黄瓜，去籽并切成厚片

2~3个红色或绿色的辣椒，切薄片

1汤匙细切姜

薄荷叶装饰

将盐撒在洋葱上，放置1个小时。将罗望子酱用水化开，并加入糖进行搅拌。如果质地很浓稠就再加些水。加入蔬菜、辣椒和姜并混合均匀。冷藏后用薄荷叶做装饰即可食用。

西非霹雳辣酱（Pili pili sauce）

这是西非居民餐桌上常见的一种佐料。

250克新鲜红辣椒

1瓣大蒜

1颗小洋葱

1颗柠檬，榨汁

将辣椒去蒂去柄，也可以视个人喜好决定要不要去籽。然后将所有的材料混合均匀。

胡荽酸甜酱（Coriander chutney）

这道酸甜酱可以搭配印度烤肉串、印度咖喱饺（samosas）、包有蔬菜馅的炸面圈，以及煎炒或是铁架炙烤的蔬菜料理。可以根据个人喜好来增减辣椒的分量。

60克芝麻籽

2~6根青辣椒，去籽切碎

1茶匙小茴香籽

1汤匙切碎的生姜

250克胡荽嫩茎与叶片

盐

1颗柠檬，榨汁

将芝麻和小茴香籽分别加以烘烤。然后将除盐和柠檬汁以外的所有材料都放进食物料理机内，打成泥状。

看看食物料理机的容器内，是否有刚刚打酱料时四溅在瓶壁上的酱料，有的话，可以把酱料刮下来加回去。再根据个人口味酌量用盐调味，并且用柠檬汁调整酱料的浓度，让它不要过于浓稠。不过，还是要维持一定的浓稠感。然后将成品倒入罐内密封，放进冰箱冷藏，可保鲜1星期。

大蒜浓酱（Garlic purée）

6颗青蒜头

一小撮盐

6-8汤匙橄榄油

将6颗青蒜头，放进平底锅，然后倒入滚烫的沸水，淹没蒜头。就这样焖15~20分钟，让蒜头软化。将水倒出，让蒜头沥干，放凉，然后去皮。将蒜头还有少许盐加到食物料理机内打匀。

再加入4~6汤匙果香橄榄油搅拌均匀即可。将成品倒入罐子，淋上一层橄榄油，密封后冷藏储存。每次取用大蒜酱之后，都要再倒入橄榄油以防变质。这道大蒜浓酱可保存2星期。

辣椒

卤汁

　　预先用卤汁浸泡的食物口感更柔嫩，风味更香醇。除此之外，浸泡在卤汁中的食物，也可以保存得比较久。不管是要用铁架烧烤、烘烤，还是要煎炒，卤汁都是事先处理鱼肉、肉类或家禽类时的好帮手。首先要准备一个不会跟酸起化学反应的容器（建议选用玻璃或陶器等材质），然后将所有的卤汁材料倒进去混合均匀。再将食物浸泡到卤汁中，不时地翻动一下。之后放到冰箱冷藏储存，使用前，从冰箱中取出，恢复到常温才能使用。卤的时间，鱼类需要1~2小时，贝类最多只要1小时。肉片或鸡肉大概要3~4小时，如果是较厚、较大块的肉或是全鸡，就需要更久一点或卤过夜。卤汁也可以在烧烤时涂抹在食物上，一方面润滑，一方面增味。但是用过的卤汁，绝对不可以再拿来重复使用。某些综合香料配方也可以充当卤汁使用，例如古巴卤汁和智利调味粉（p.267）、加勒比海风味调味酱（p.269）、鱼类料理用印度综合香料（p.276）以及烧烤香料和法裔路易斯安那风味调味料（p.287）。

姜与青柠卤汁
（Ginger and lime marinade）

　　这种口味的卤汁适合用于鲑鱼、剑鱼这种肉质肥厚的鱼类。

1小片生姜，剁成细末
4汤匙青柠汁
2瓣大蒜，压碎
2汤匙酱油
1颗表皮未上蜡的青柠，将果皮刨下来备用
1汤匙不甜的雪利酒
1汤匙芝麻油

酸奶卤汁（Yogurt marinade）

　　用来卤制小羊肉或鸡肉。

200毫升原味酸奶
2-3茶匙唐杜里炭烤用香料（p.276），或是毛里求斯群岛香料（p.277）亦可
1瓣大蒜，压碎
2大匙切碎的薄荷

法国佩诺茴香酒卤汁
（Pernod marinade）

　　用来卤制鱼贝海鲜类。

3汤匙柠檬汁
1小杯干白葡萄酒
1汤匙茴香籽或1把新鲜的茴香叶
3汤匙法国佩诺茴香酒，或是其他以大茴香为基础所酿出的香草酒
4茶匙橄榄油

红葡萄酒卤汁（Red wine marinade）

　　用来卤制大块的牛肉、鹿肉和野兔肉。

1/2瓶红酒
1株带叶的迷迭香嫩枝
2汤匙橄榄油或葵花籽油
2株带叶的百里香嫩枝
1颗洋葱，切成薄片
8颗压碎的黑胡椒粒
1枝芹菜的茎，切成薄片
4颗压碎的甜胡椒浆果
2片月桂叶

月桂叶

烤肉卤汁（Barbecue marinade）

　　适用于牛排、猪排以及肋排。

2棵青葱，切碎
1汤匙蜂蜜
1/4茶匙丁香粉
2汤匙酱油
1/4茶匙甜胡椒粉
3汤匙不甜的雪利酒
3汤匙葵花籽油

东方腌料（Oriental marinade）

用于排骨、家禽或鱼。

2颗青葱，去皮并切碎

1小块姜，切碎

1块辣椒，切片

2茶匙糖

4汤匙切碎的香菜（根，叶和茎都要）

4汤匙青柠汁

2汤匙鱼酱

5汤匙米醋

智利猪肉卤汁（Adobo for pork）

这道源自智利的卤汁，适合用来卤制猪腰肉。我们也可以选带骨或是整块肋骨排的肉，在烹饪前将馅料填进去然后卷起来，将这道卤汁均匀抹在肉的表面上。

3～4汤匙红葡萄酒醋

1汤匙（或按照个人口味酌量增减）玻利维亚辣椒大蒜酱（p.286）

3～4汤匙橄榄油或葵花籽油

2茶匙压碎的牛至

4茶匙西班牙红椒粉

1茶匙小茴香粉

1/2茶匙盐

干卤汁粉（Dry adobo）

这种干燥的涂抹式卤料，在西班牙的加勒比海岛很常见。

2汤匙小茴香籽

1/2汤匙黑胡椒粒

4汤匙粗海盐

2汤匙辣椒碎片

1汤匙茴香籽

1汤匙干燥牛至

烘烤小茴香，直到小茴香的表面略微变色。放凉，再跟盐、茴香、胡椒粒一起磨碎，然后跟辣椒和牛至混合均匀。

要用铁架烧烤的肉或家禽肉，可以先用这种干燥粉末在肉的外面薄薄裹上一层。这种干卤汁粉应该要装入密封罐储存，可保存3～4个月。

墨西哥卤汁（Mexican marinade）

这种卤汁适用于铁架烧烤的肉类。

3根pasilla品种的辣椒

1/2颗小洋葱，切片

1/2茶匙小茴香粉

2瓣大蒜

3茶匙干燥牛至

4汤匙橄榄油

3茶匙干燥百里香

1颗柠檬和半颗橙子，榨汁

辣椒去籽。用一个深的、预热好的炒菜锅，将辣椒放进去烘烤1~2分钟。之后将烤好的辣椒倒进碗里，倒入滚烫的沸水淹没辣椒表面，浸泡30分钟备用。将其他材料倒进食物料理机内，拌匀，再加入泡过热水的辣椒与适量刚刚浸泡辣椒的辣椒水，继续搅拌，直到调制出用汤匙蘸取也不会滴落的稠度为止。

杜松和酒卤汁（Juniper and wine marinade）

用于鸭子和野禽。

10颗杜松浆果，稍微压碎

3汤匙白兰地

1颗胡椒粒，压碎

3汤匙橄榄油

1枝带叶的迷迭香嫩枝

250毫升红葡萄酒或白葡萄酒

地中海腌料（Mediterranean marinade）

用于羊肉，鸡肉或猪肉。您可以用普罗旺斯地区的1汤匙普罗旺斯复方香草（p.267）替代香草嫩枝，用1茶匙意大利香料混合物（p.285）代替黑胡椒。

1瓣大蒜，粉碎

2～3枝百里香或柠檬百里香

3～4枝薰衣草或迷迭香

1茶匙捣碎的黑胡椒粒

2个橘子，榨汁

1个柠檬，榨汁

柠檬百里香

汤品、清淡小菜和沙拉

五香南瓜汤（Spiced pumpkin soup）

一旦把南瓜清洗干净了，这道汤很快就煮好了。南瓜温和、甜美的味道与椰奶结合得很好，两者均被香料融合。在汤里，柠檬草和香菜结合的柑橘味也会使姜和辣椒的味道呈现出来，颜色是土质姜黄。

4～6人份

2汤匙葵花籽油

1/2茶匙香菜籽

1/2茶匙茴香籽

1茶匙姜黄

1颗大洋葱，切碎

2厘米新鲜姜片，切碎

2瓣大蒜，切碎

1千克南瓜，去皮断匀切小块

2个干辣椒

2根香茅

盐

600毫升蔬菜原料

400毫升椰奶酸橙汁（可选）

在大的平底锅中加热油，将香菜、茴香和姜黄炒至香味释放，加入洋葱、生姜和大蒜，再炒几分钟；然后加入南瓜、辣椒和香茅。好好搅拌，加点盐调味，然后淋在汤上。盖上锅盖，煨至南瓜变软，再加入椰奶，不要把锅盖上，否则椰奶会凝结。

把汤放回炖锅里，煮到南瓜变软，用木勺压碎，扔掉辣椒和柠檬草，并过滤汤，品尝一下，如果你想要丰富一点的味道，加点酸橙汁，和面包一起食用。

酸辣汤（Hot and sour soup）

在东南亚各地都有酸辣汤，这个汤因它的酸辣味相平衡而受人们欢迎。可以用鸡肉替代猪肉，或者用更多的蔬菜替代肉类，作为素食汤。如果有的话，中国黑醋放在这汤里很好。

4人份

4块香菇或少量新鲜切片

750毫升鸡肉或蔬菜原料

1小块姜，切细片

1～2个红辣椒，切碎

100克笋，切断

100克瘦猪肉，切条

100克豆腐，切碎或切块

1汤匙酱油

盐（依个人口味增减）

1～2汤匙米醋

1汤匙玉米粉

1个鸡蛋

1茶匙芝麻油

2个洋葱，细切

将干燥的香菇在温水中浸泡约30分钟。沥干，切断茎，细细切片。将原料放入锅中，加入姜，辣椒，蘑菇，竹笋和猪肉。盖上并炖10分钟。加入豆腐，酱油，盐和醋。品尝以确保辣椒和醋二者的味道相融合。

将玉米粉与2汤匙水混合成糊状物，当汤开始冒泡时，再搅拌出一半。低温炖汤，并根据需要添加适量的玉米粉，但不要让它变成胶状液体。将鸡蛋通过过滤器或叉子倒入汤中，加入芝麻油和洋葱并搅拌，并尽快盛出品尝。

茴香

石榴香草汤（Pomegranate and herb soup）

伊朗食谱中使用石榴糖蜜给冬季汤提供果味甜美的味道。可以添加小肉丸，用于做更多不同的汤。

6人份

120克黄色豌豆

120克巴斯米饭

3汤匙葵花籽油

2颗洋葱，切片

1/2茶匙姜黄

1/2茶匙肉桂

肉丸（可选）

150克平叶荷兰芹

100克薄荷

100克洋葱

盐和新鲜黑胡椒

3汤匙石榴糖蜜

柠檬汁（可选）

1茶匙干薄荷

将豌豆和米分别在足量的水中浸泡至少4小时。在大锅中加热2汤匙油，轻轻翻炒洋葱，直至柔软着色。在香料中搅拌沥干的豌豆和米饭，并加入1.5升水的锅中。煮沸，盖上锅盖炖约1小时。不时地搅拌，以确保没有任何东西粘在锅的底部。如果你想添加小肉丸此时可以添加。

将香草较大的茎秆去除并将洋葱去皮，在食物加工器中切碎。将其搅拌至汤中再煮30分钟。如果有必要需添加更多的水，偶尔搅拌，以确保所有的材料混合均匀。用盐和胡椒粉调味。在石榴糖蜜中搅拌，如果需要，加入更多的调味剂，如果汤缺乏清新度，加入一点柠檬汁。

将干薄荷在剩余的油中炸一下，倒入汤锅，盛出即可食用。

香菜汤（Coriander soup）

这道汤是根据在泰米尔纳德邦的一个奇特的小镇，Karaikudi的Visalam酒店的厨师给的食谱做的。

4～6人份

80克新鲜香菜的叶和小茎

2汤匙花生油或葵花籽油

1汤匙孜然籽

1/2茶匙黑芥末籽

1/2茶匙姜黄

1个洋葱，切碎

5瓣大蒜，切碎

1个绿辣椒，切碎

约4~5汤匙椰奶

1茶匙盐

切碎香菜，将平底锅中的油加热，放入孜然和芥末籽，摇动锅直到芥末籽柔软。加入姜黄，洋葱和大蒜，轻轻煎炸，搅拌，以确保上色，但不要大火。放入切碎的香菜和辣椒，搅拌均匀，继续炒，直到柔软。冷却后，用椰奶将其混合成糊状物。

擦拭锅，将香菜混合物重新放入，并加入约1升水。煮沸，品尝，搅拌均匀，并搭配面包一起食用。

芥末籽

糖蜜

冰甜菜根和酸奶汤

（Chilled beetroot and yogurt soup）

这种口感清爽、浓郁的紫色汤适合夏天饮用，而且容易制作。

4~6人份

500克小甜菜根

1根黄瓜，去皮

少量的莳萝，茎秆去掉

1瓣大蒜，切碎

1茶匙孜然

500毫升全脂酸奶

盐和新鲜的黑胡椒

柠檬汁（可选）

把甜菜根放在锅里，放入水，盖上锅盖煮开。大约煮30~40分钟，取决于甜菜的大小和老嫩程度。沥干，用冷水冲洗，然后冷却。根据甜菜的嫩熟度，把黄瓜纵向切开，然后取出种子。把一半切成中等大小的方块，剩下的切成小方块。

将甜菜根放入食品加工机中，加入莳萝，留出一些小枝备用。然后加入适量的黄瓜，大蒜，孜然，酸奶以及盐和胡椒调味。进行搅拌，加上小方块的黄瓜搅拌。品尝并调整调味料，如果你喜欢更香的味道，加一点柠檬汁。

在冰箱里冷藏至少1个小时。把剩下的莳萝剁碎，撒在上面。

沙索汁（Sassoun）

这是来自普罗旺斯的罗克伦的古老国菜。旧的普罗旺斯菜谱称之为酱汁，但它更像是厚厚的蛋黄酱，并且将原汁原味的新鲜调味品浸泡在布鲁斯塔（bruschetta）上，或抹在薄饼面包上作为午餐小吃。

4人份

5~6片鳀鱼鱼片

100克去皮杏仁

4片薄荷叶

1小枝茴香

3~4汤匙橄榄油

盐

柠檬汁（可选）

冲洗鳀鱼鱼片以除去多余的盐，放置一边备用。将杏仁放入食品加工机中，或用研杵将它们磨碎成碎片。加入鳀鱼鱼片，茴香和薄荷叶，研磨成粗糙的糊状物。慢慢地加入足够的油和4~6汤匙水，使酱汁光滑并具有厚实的质感。品尝并添加一点盐，如果需要加一点柠檬汁。

橄榄酱（Tapenade）

Tapenade通常是用黑橄榄做的，但是绿橄榄，如picholine，也是一个不错的选择。

6~8人份

6~8瓣大蒜

盐

250克大的黑橄榄

4片鳀鱼鱼片

2汤匙酸豆

1茶匙切碎的新鲜香叶，或少量的卡宴辣椒

3~4汤匙橄榄油

用少许盐把大蒜捣碎成糊状。把除油以外的所有原料放入食品加工机中加工成粗糙的泥状物。加入橄榄油，一次一点，直到混合物完全混合。放在一个有盖子的容器中并在冰箱里储存，涂抹在面包片上，作为蘸料，或者配上烤鱼食用。

干大蒜

薄荷坚果烤切片茄子（Grilled, sliced aubergines with ricotta, mint, and pine nuts）

烤茄子很容易准备，并可以搭配多种口味。

3~4人份

2个大茄子去皮，切1厘米厚

2~3汤匙橄榄油

100克意大利乳清干酪

2汤匙切碎的薄荷

3汤匙干烤松仁

盐

现磨的黑胡椒

把茄子片放在烤盘上并刷上橄榄油，在一个煎锅煎制大约4分钟，直到柔软并呈浅金黄色。把意大利乳清干酪弄碎，把大部分薄荷和松仁混合在一起。把剩下的薄荷和坚果放在茄子切片的每一面上。

变化

配料：

将3汤匙石榴糖蜜与1汤匙红葡萄酒醋，1茶匙辣椒和80克切碎的核桃混合均匀，将香菜叶，绿辣椒和新鲜的姜调成浓厚的天然酸奶。将切碎的鲥鱼，荷兰芹和黑橄榄混合均匀。

拉玛各面包（Lahmacun）

Lahmacun是土耳其很受欢迎的小吃。Lahmacun是烤面包，有点像比萨的风格。根据季节不同，适合在家里制作、食用。番茄和红辣椒是较流行的混合物，另一种则是使用羊肉，核桃和石榴糖蜜，第三种则是使用肉，核桃和绿橄榄。欧芹和红辣椒片也比较常见。

面团

500克高筋面粉，加上7克速溶酵母粉

1茶匙糖

1/2茶匙盐

1汤匙橄榄油

上面的馅

250克剁碎的羊肉

1汤匙橄榄油

1个洋葱，切碎

2个蒜瓣，切碎

1大片平叶荷兰芹，大茎秆去除

2个大番茄，去皮去籽并切丁

1汤匙番茄酱

1茶匙辣椒酱（可选）

1茶匙盐

1茶匙红辣椒片

制作面团，将盐溶解在约300毫升的温水中。把面粉放入一个大碗里，搅拌均匀并放入酵母和糖，倒入水。搅拌均匀，加入橄榄油，用手将面团揉成球。将面团放在碗里，盖10~15分钟。然后，将其放在面板上，揉捏，直至失去黏性，变得光滑有弹性。将面团放回洗净的碗中，盖上保鲜膜或布，然后放置1小时，直至体积翻倍。

至于馅料，将羔羊肉剁碎。将油放入小煎锅中，轻轻翻炒几分钟，加入大蒜，继续炒，直至柔软。放置一旁备用。剁碎香菜，把所有的原料倒入一个大碗中拌匀。使它具有粗糙的糊状稠度。

将烤箱加热至220℃。将面粉轻轻地扑在面团上，将面团揉成长卷，将其切成10等份。将每一个尽可能薄地卷成椭圆形，并将馅料均匀地铺在顶部，包括边缘。将Lahmacun转移到几个烤盘中，并在烤箱中烘烤6~8分钟。如果你愿意，可以加入盐肤木果油和厚厚的酸奶或沙拉。

鳄梨姜汁蟹
(Crab with avocado and ginger)

螃蟹和鳄梨的味道是天生一对，它们都能很好地呼应日本腌生姜的风味。

作为供2人份食用的轻食或作为供4人份食用的配菜

250克白蟹肉，全部脱壳，切碎

2汤匙腌姜，沥干并切碎

1/2颗青柠的皮

1/2~1颗青柠的汁

1个鳄梨

少数的芝麻菜叶子或几枝水田芥

特级初榨橄榄油

磨碎的日本花椒（p.220）

用姜、青柠皮和大部分青柠汁将螃蟹腌制30分钟。切碎鳄梨，并刷上剩余的青柠汁，以防止鳄梨被氧化。用芝麻菜叶和水田芥打底，一边均匀地铺上鳄梨切片，另一边放螃蟹和姜。倒一点橄榄油，撒上日本花椒。

石榴橄榄胡桃沙拉
(Pomegranate, olive, and walnut salad)

这道沙拉是土耳其东南部的加济安泰普市（Gaziantep）当地特有的沙拉。这道沙拉所需要的全部原料，取自生长在城镇周围山丘上的植物。

4人份

2个石榴

125克青橄榄，去核后略切

1束胡荽叶，切碎

2~3棵青葱，切碎

125克核桃，略切

4茶匙柠檬汁

3汤匙橄榄油

1/2茶匙红辣椒碎片

盐

将石榴从顶端切开，用大拇指用力将石榴掰成两半。用木勺敲打石榴皮，将石榴籽敲到碗中。扔掉皮，将汁液倒入杯中备用。将橄榄、胡荽、青葱还有核桃加入碗中。

搭配用的辛辣口味的沙拉酱：将剩下的材料跟刚刚取石榴籽时流出的石榴果汁混合在一起，搅拌均匀。最后将沙拉酱淋到沙拉上，搅拌，然后跟面包一起端上桌。如果吃不完，将沙拉放到冰箱冷藏，可以放上1~2天。

辣椒番茄沙拉（Salad of cooked peppers and tomatoes）

这道味道浓郁的沙拉是上等的第一道菜，非常适合搭配烤鸡或鱼一起食用。

4~6人份

2千克成熟的番茄

6汤匙橄榄油

盐和新鲜黑胡椒

1茶匙辣椒粉

5~6个红辣椒

5~6瓣大蒜

1个带皮的柠檬（p.172）

4汤匙切碎的香菜

加热烤架。将番茄剥皮，切碎，将盐、胡椒粉和辣椒粉轻轻地在橄榄油中翻炒。保持低温，不时搅拌，煮至所有的水都蒸发，直至成为浓稠的酱汁。如果是多汁的番茄，这个过程可能需要30分钟。随后取出。

做番茄饭时，将辣椒和大蒜放在烤架下面，直到辣椒皮的颜色变黑，蒜皮很脆，大蒜将会比辣椒先烤好。将大蒜冷却，用手轻轻揉搓掉蒜皮，并将其拌入番茄中。将辣椒放在保鲜袋中，至冷却。将辣椒去皮、籽和筋，把辣椒肉切丁。将胡椒、柠檬和香菜加入锅中，将其在非常低的温度下放置10~15分钟，经常搅拌以防止粘连。在锅中冷却后食用。

泰国辣椒

黎巴嫩沙拉（Fattoush）

这道黎巴嫩沙拉的基本材料有盐肤木、新鲜香草以及面包。如果找不到马齿苋的话，可以用水芹或是更多的薄荷和荷兰芹来代替。

6人份

1个皮塔饼

1根黄瓜

3颗番茄，切成大块

1把小萝卜，对切

6棵小葱，切薄片

1大把平叶荷兰芹，略切

1大把薄荷，略切

1小束马齿苋，仅使用嫩枝和叶片

1些生菜叶，若太大片的话，撕成小片

1汤匙盐肤木

盐和现磨的胡椒

6汤匙柠檬汁

6汤匙橄榄油

将皮塔饼撕开，放到烤架上烤至颜色金黄，口感酥脆，然后掰成小块。黄瓜切成4条后再切片。将所有的香草和蔬菜都放进碗里，再将面包丁撒在上面。将盐肤木、盐和胡椒加进柠檬汁里，快速搅拌一下，倒入橄榄油再快速搅拌一下，沙拉酱就做好了。将做好的沙拉酱淋到沙拉上，拌一拌，立刻上桌食用，否则面包丁吸收水分后，会受潮使口感变差。

无花果、核桃和山羊奶酪
（Figs with walnuts and goat's cheese）

这道沙拉的成功取决于完全成熟的无花果，新鲜的山羊奶酪，最好的橄榄油和香醋。也可用布拉塔奶酪或马苏里奶酪拉代替山羊奶酪。

4人份

6个成熟的大无花果

1把核桃

250～300克小山羊奶酪

1～2把沙拉叶（可选）

盐和现磨的黑胡椒

1汤匙香醋

2～3汤匙特级初榨橄榄油

少量薄荷和罗勒的嫩叶

把无花果切成四块或六块，把核桃切碎，把山羊奶酪切成小块或用手捏碎。如果使用沙拉叶的话将他们铺在盘底，如果不用就把无花果放在盘子中间，把核桃和奶酪撒在无花果周围。用盐和胡椒调味，淋上醋和橄榄油，撒上薄荷和罗勒叶即可。

菠菜佐芝麻调味汁
（Spinach with sesame dressing）

这款味道清新的日式沙拉很容易制作。

2～4人份

500克菠菜

2汤匙芝麻

2茶匙味淋（或白砂糖）

2茶匙米醋

2～3汤匙酱油

将菠菜中的粗杆挑出去，把叶子洗净后放到一个大锅里。边煮边搅拌，直到菠菜变得柔软，然后在冷水中冲洗。把菠菜中的水挤干，然后切碎。开火，加热煎锅，放入芝麻进行干炒，直至颜色变成棕色。用杵和臼研磨芝麻，直到磨得很细，有一些大颗粒也没关系。但不要一直研磨，那样会变成芝麻糊。将芝麻放入碗中，加入味淋、米醋和酱油，搅拌均匀，调味汁就制成了。把菠菜拌在调味汁里，室温或冰镇食用均可。

鱼类料理

椒盐鱿鱼（Salt and pepper squid）

在鱼贩和超市的鱼类柜台处随处可见清洁好的小鱿鱼，盒装冷冻鱿鱼也可以买到，但新鲜的味道更好。黄瓜咖喱酱（p.300）是很好的蘸酱。

2人份

400克清洁好的小鱿鱼

1/2茶匙四川花椒

1茶匙海盐

新鲜的黑胡椒粉

4汤匙土豆淀粉

用于油炸的葵花籽油

2根葱，切细

1根红辣椒，去籽并切细

1瓣大蒜，切碎

1汤匙酱油

2个青柠

新鲜胡荽

除去鱿鱼的触须，有必要的话剪短，放在一边。沿着鱿鱼身体的一侧切开，打开并在鱿鱼上切菱形的花刀，确保不要切断。将鱿鱼切成菱形的小块看起来最好。把鱿鱼放在厨房用纸上吸干水分。
加热小煎锅，将四川花椒烘烤1分钟左右，直到散发出香气。然后把花椒倒入研钵中，加盐捣成粉末状或者直接使用香料研磨机。拌入少许磨碎的胡椒粉。将土豆淀粉放入宽口的碗中，加入盐和混合好的花椒、胡椒粉。
将油倒入宽口平底锅中，锅要能平铺下鱿鱼，加热到170℃或者达到放入1小片面包能迅速变成棕色的温度。
把鱿鱼放在调好味的淀粉中，均匀地裹上一层淀粉。如果需要可分批油炸至金棕色。炸制的过程中要轻轻搅拌，否则鱿鱼可能会粘在锅的边缘或底部。用笊篱或钳子将鱿鱼取出放在厨房用纸上。
把油从锅中倒出，留一汤勺油在锅中，加葱、辣椒和大蒜，翻炒。把鱿鱼倒入锅中，加入酱油和少许柠檬汁翻炒。
把鱿鱼盛到盘子里，用胡荽枝和青柠角装饰。

酸橘汁腌鱼（Ceviche）

酸橘汁腌鱼是一道秘鲁的传统美食，可追溯到2000多年前居住在秘鲁北部海岸的莫切部落，他们用把鱼腌渍在一种产自安第斯山的百香果汁中的方式来保存鱼。

酸橘汁腌鱼在西班牙人到来后得到了改进，他们加入了一些新的成分——柑橘类水果，用它们的果汁来代替产自安第斯山的百香果汁。关于酸橘汁腌鱼，所有的安第斯沿海城市都有他们自己的配方。秘鲁人的酸橘汁腌鱼用一种叫作"老虎奶"的酱汁腌渍。传统的酱汁通常加入秘鲁玉米（白玉米）和红薯。

4人份

制作"老虎奶"酱汁

6个青柠，榨汁

1/4茶匙盐

1瓣大蒜，捣碎

1个小红洋葱，切细

少量的胡荽叶，切碎

1～2个辣椒去籽切细，或者使用2茶匙辣椒酱

制作鱼

600克非常新鲜坚实的鱼片，如鲷鱼、鲈鱼或者海鲂鱼

1个牛油果，切丁

2个玉米，煮熟，从中间切开（可选择）

1个红薯，烤熟，切片（可选择）

把制作"老虎奶"酱汁所需的原料放在一个大的非金属的碗中，把鱼切丁加到酱汁中腌渍，冷藏10分钟。
把牛油果丁加入鱼中，轻轻地搅拌混合，可根据个人喜好加入玉米和红薯。

辣椒

重料腌三文鱼

（Salmon cured with gin, juniper, and elderflower）

这道菜的做法与腌三文鱼一致，杜松的浓郁气味被细致的接骨木花香气所平衡。

4~6人份

500克三文鱼片（鱼身中间部位）

50克粗海盐

10克细砂糖

1茶匙白胡椒粒

3/4茶匙杜松子

3/4茶匙胡荽籽

4茶匙杜松子酒

4茶匙接骨木花饮

适量莳萝嫩枝

用镊子将三文鱼骨去除。将盐、糖、胡椒粒、杜松子和胡荽籽一起研磨，然后把一半混合香料粉末抹在三文鱼的两面，接着将剩余的香料加入杜松子酒和接骨木花饮中混合搅拌。混匀后倒一半在一个刚好能容纳三文鱼的浅口碗里，把三文鱼鱼皮向下放进碗中，浇入另一半杜松子酒和接骨木花饮的混合液。用保鲜膜封口，并在鱼上压一块有重量的板子。在冰箱中放置48小时，将三文鱼翻面2~3次，直到鱼肉变结实。

将鱼从碗中取出，轻轻冲洗掉香料，用厨房用纸擦干。用锋利的长刀斜切成薄片，装盘，用嫩莳萝枝和黑麦面包装饰。腌制好的三文鱼用保鲜膜裹紧，可在冰箱中保存4~5天。

五香烤鲈鱼

（Baked sea bass with star anise）

4人份

1条鲈鱼，大约1.5千克

1汤匙鲜姜末

2汤匙米酒或干型雪利酒

1茶匙五香粉（p.272）

4根葱，切碎

1汤匙酱油

1茶匙芝麻油，外加动物油脂

盐

3粒八角茴香

胡荽核桃酱烤海鲂鱼（John Dory baked in a coriander and walnut sauce）

这道源自黎巴嫩的菜可以用任何肉质坚实的鱼类制作，如真鳕鱼、无须鳕或者鲷鱼。

4人份

125克核桃

1个柠檬，榨汁

盐

1/2茶匙红辣椒片

200克胡荽叶

3瓣大蒜

1个小洋葱

2汤匙橄榄油

4片海鲂鱼

把核桃放在食品料理机中粗略研磨，加入6汤匙水和柠檬汁，加入一撮盐和辣椒片快速混合。在烤箱中加热至180℃，使酱料有酥脆的质感。

将胡荽、洋葱和蒜切碎混合，这一步也可以在食品料理机中完成。加热油，将胡荽混合物翻炒几分钟，然后加入酱料，搅拌，炖2~3分钟，加入调味料。

在烤盘上抹一点酱，范围要足够大，能让鱼片单层放置。把鱼片放在烤盘中，将剩余的酱料倒在鱼上，烤20~25分钟。

保存前要晾至室温。

柠檬

在鲈鱼的两侧分别斜切两刀。将姜、米酒和五香粉混合，搓在鱼上，腌渍1小时。将烤箱预热至220℃。把葱、酱油和芝麻油混合，并加少许盐，连同八角茴香一起塞入鱼肚子中。

取一块足够包裹鱼的锡箔纸铺在烤盘上，轻轻地刷上油。提起两边的锡箔纸将鱼包裹住，边缘折叠至少两次，捏紧封口。

将鲈鱼烤制35分钟，打开锡箔纸。用刀插在鱼骨附近此时鱼肉呈片状脱离，这时鱼就熟了，连同烤盘中的汤汁一起上桌。

摩洛哥风情烤真鲷（Snapper with chermoula）

4人份

3瓣大蒜

1茶匙盐

1个小洋葱，切末

1小束胡荽，切末

1小束荷兰芹，切末

1茶匙红甜椒粉

1/2茶匙辣椒粉

1/2茶匙小茴香粉

6汤匙橄榄油

1个柠檬，榨汁

2条真鲷，每条各重800克

150克切碎的青橄榄

"Chermoula"是摩洛哥当地的一种鱼类料理用的调味酱。做法是将大蒜加盐捣碎后，加上洋葱、香草和香料，再加入橄榄油和柠檬汁调制成的泥状酱料。

在鱼的两侧各划上2～3刀，然后将刚刚做好的摩洛哥鱼类调味酱均匀地抹上去，在划开的缝里和鱼腹中填进一些调料酱。将处理好的鱼放在盘子中，用保鲜膜封口，放进冰箱冷藏至少2小时，甚至是一整夜，好让调味料能完全渗进鱼肉里，充分入味，烹饪前先将腌好的真鲷取出放置30分钟。

烤箱预热至190℃，再将鱼放在烤盘中，铺上切成薄片的番茄，加一点盐调味。再撒上青橄榄碎片，并将剩下的酱汁用汤匙浇在烤盘里。

用锡箔纸将烤盘封起来，放进烤箱烤35～45分钟。烤制的时间取决于鱼肉的厚度。用刀插进靠近鱼骨的位置，如果鱼肉成片代表鱼已经熟了，直接整盘上桌即可。

盐焗海鲈（Sea bass baked in a salt crust）

这道菜做起来十分容易，只需要一条外观完整、新鲜的鱼和一些粗海盐。鲈鱼是最佳选择，当然，也可以用鲷鱼代替。亚洲风味的盐焗海鲈烤前通常会在鱼腹中加入3～4片青柠叶或者捣碎的香茅草茎，搭配橄榄油与四分之一青柠。

4人份

1条海鲈鱼，大约1.5千克

1.5千克粗海盐

3～4片亚洲青柠叶（可选）

2～3香茅草茎（可选）

烤箱预热至220℃。将鱼取出内脏，修剪鱼鳍但是不要去鳞，鱼鳞能有效地防止盐分过多地渗入鱼肉。取一个足够大的烤盘，在烤盘中铺一层大约1厘米厚的盐，把鱼放在盐上。

用盐把鱼覆盖住，直到变成一个盐堆看不到鱼的痕迹。1千克重的鱼大约烤25分钟，1.5千克重的鱼大约烤35分钟，2千克重的鱼大约烤40分钟，不到1千克重的鱼大约烤20分钟。把鱼从烤箱中取出，小心地揭开盐壳，去掉鱼皮。取出上层的鱼肉，去掉鱼骨，再取出下层的鱼肉。

搭配橄榄油、四分之一青柠、黑胡椒或者欧芹酱（p.289）。

香茅

香茅姜汁贻贝（Mussels with lemon grass and ginger）

4人份

2千克贻贝

2根香茅草茎，取下部的三分之一，切细

2瓣大蒜，去皮切末

4片亚洲青柠叶

1小片姜，去皮切末

现磨黑胡椒粉

200毫升椰奶

3汤匙胡荽末

擦洗贻贝，将贻贝壳上的"胡须"拔掉。挑出有破损和敲击仍然开口的贻贝。准备一个大平底锅（锅不够大的话，可能需要分批煮贻贝），在锅里放入水、香茅、大蒜、青柠叶、姜和胡椒。盖上锅盖，用大火煮，偶尔摇晃一下平底锅，煮到贻贝的壳全部打开为止，大概需要2～3分钟。

准备一个温热的碗，将贻贝夹进去。将此时锅里的汤汁加热煮到原来一半的量，然后倒入椰奶，煮开，让汤汁变浓稠，就可以将汤汁淋到贻贝上，去掉青柠叶，加入胡荽末搅拌，即可食用。

塞舌尔咖喱鱼（Seychelles fish curry）

4人份

1千克真鲷或扁鲨鱼片

现磨的胡椒粉加盐

3汤匙葵花籽油

2个洋葱，切末

2汤匙毛里求斯群岛香料（p.277）

1/2茶匙黄姜粉

2瓣蒜，切末

1小片姜，切末

3汤匙罗望子露（p.157）

2枝百里香嫩枝，取叶片

1/2茶匙大茴香

450毫升鱼高汤，或只用水

将鱼肉切成可一口食用的大小，用盐和胡椒调味，放置一边备用。准备一个较深的平底锅，热锅倒入油，放入洋葱翻炒至洋葱呈金黄色，倒入毛里求斯群岛香料和黄姜粉，稍微翻炒一下，最后将鱼片和其他所有的配料倒入锅内，小火慢慢熬煮10分钟左右。确定鱼片熟了，即可熄火，淋在米饭上享用。

明虾椰奶咖喱（Prawn and coconut curry）

3～4人份

500克中型或大型生明虾，去壳

盐

1/2茶匙芥末籽

1/2茶匙黄姜粉或片姜黄

2茶匙胡荽粉

1茶匙大茴香粉

3汤匙葵花籽油

2汤匙印度翠绿综合香料（p.268）

2个洋葱，切细

400毫升椰奶

将虾挑去虾线，抹上盐，然后放在一旁备用。先快速烘烤一下芥末籽，再加进其他香料一起烘烤。烘烤时，要不时地搅拌香料，并且摇晃平底锅。等到香料烘出香味，即可出锅，置于一旁晾凉。

加热一口较深的平底锅，然后倒入葵花籽油，加入印度翠绿综合香料酱，翻炒2～3分钟，加入洋葱，继续翻炒几分钟，最后加入香料和椰奶。

不用盖锅盖，用小火慢煮8～10分钟，煮熬过程中不时搅动，放入明虾继续熬煮4～6分钟，煮到明虾熟透即可，不要烹煮过长时间，否则会变硬。搭配米饭食用。

茴香

肉类料理

咖喱烩羊肉（Lamb korma）

这是一道莫卧儿料理，其特色在于烩制小羊肉所用的酱料是一种用香料调味过的质地浓厚的酸奶酱，里面加入了杏仁。

6～8人份

450毫升浓稠的酸奶

1小片姜，切末

4个青辣椒，去籽切末

4瓣蒜，切末

2汤匙焯过去皮的杏仁

1小片肉桂

3片肉豆蔻

1/2茶匙小茴香籽或黑小茴香籽

4粒丁香

4粒褐小豆蔻，取籽使用

10粒黑胡椒

3汤匙葵花籽油或印度酥油

1个大洋葱，切片

1千克羔羊肉瘦肉，切成小块

1/4茶匙番红花粉，用1汤匙水泡开

盐

3汤匙切碎的胡荽叶

将酸奶倒入一个网眼很密的筛网，底下放一个碗，静置过滤1小时。碗里会有过滤出的乳清，但是这道酱料制作时不需要乳清，只用过滤后的酸奶。将姜、辣椒、大蒜和3汤匙水混合均匀做成酱。将杏仁和其他香料一起研磨。

准备一个大的深口锅，热锅，倒油，然后加入洋葱，翻炒至洋葱变成金黄色，再将刚刚做好的姜酱和磨好的杏仁香料粉加入锅中，继

续翻炒2～3分钟，放入肉，搅拌，将香料盖在肉上，此时再加入酸奶和番红花，用盐调味，盖上锅盖。

小火慢炖，熬煮1.5～2小时。炖到羊肉肉质变得软嫩时即完成。炖煮的过程中，不时搅拌一下，以免粘锅。如果汤汁太稠，可适当加水，最后用胡荽叶装饰。

埃及榛果香料烤羊排（Roast rack of lamb with dukka）

埃及榛果香料（dukka）经常作为蘸酱同浸在橄榄油中的热皮塔面包一起上桌食用。也可以撒在米饭或汤里，能够很好地包裹住羊肉。

2人份

2～3汤匙埃及榛果香料（p.282）

1根羊排

橄榄油

将烤箱加热至220℃。用橄榄油揉搓羊排，将2～3汤匙埃及榛果香料搓在脂肪上。根据个人口味将3汤匙埃及榛果香料浇到羊排上，加橄榄油烤制20分钟左右。食用时搭配五香小扁豆（p.319）和马郁兰拌胡萝卜（p.320）。

五香烤羊腿（Spiced lamb shanks）

羔羊腿准备好，可以炖几个小时，炖出浓郁的汤汁。

4人份

4只羊腿，去掉多余脂肪

2汤匙橄榄油

3/4茶匙肉桂

3/4茶匙姜

1/2茶匙孜然种子

1/4茶匙多香果

1/4茶匙肉豆蔻

1个大洋葱，切碎

400克番茄罐头

调味盐

250毫升高汤

在大平底锅里倒油，将羊腿煎至变色，取出羊腿。放入香料翻炒，接着放入洋葱和香料一起炒3~4分钟，然后把羊腿放回锅里。添加番茄、一点盐以及足够覆盖羊腿的水或高汤。将羊腿在150℃的烤箱中煮沸，盖上盖焖2~3.5小时。

不时检查一下，看到骨头被浸在汤汁中后，小心地抬起骨头，如果骨头上的肉松动，就可以取出。将羊腿放入温好的碗中，大火收汁，制成混合酱汁。将其置于冲洗过的锅中，放回羔羊腿，如有必要，稍加加热。

搭配米饭、软玉米粥或蒸粗麦粉和辣椒橄榄油酱食用。

土豆炖排骨（Pork chops with fennel and potatoes）

这是一道丰盛质朴的菜肴，适合在冬天吃。很快就可以准备好，然后在烤箱里慢慢地炖煮。

4人份

4块猪排

700克土豆

1个洋葱，切片

1茶匙茴香籽，轻轻压碎

1汤匙橄榄油

4瓣大蒜

盐和现磨的黑胡椒粉

100克五花熏咸肉

1杯白葡萄酒

烤箱加热到170℃。去掉排骨上多余的脂肪，把土豆和洋葱切成薄片。把一半的土豆和洋葱放在烤盘里。把排骨铺开一层并调味。把大蒜放在每个排骨的骨头附近。铺上剩下的土豆和洋葱，调味，把熏肉铺在上面，倒上酒。在盖上盖子之前，将两层锡纸或油纸放在上面。在烤箱里烤大约3个小时。因为会有大量的脂肪，所以最好在食用之前把它沥干，搭配橄榄油和柠檬汁的细茴香沙拉是很好的选择。

变化

用2片鼠尾草叶子代替茴香籽，然后把它们压在肉的每一边，搭配水田沙拉食用。

孜然籽

茴香

杜松烤五花肉（Slow roast pork belly with juniper）

五花肉是容易快速备好的食材，将五花肉放置在低温炉上烤几个小时。杜松这种又苦又甜的清新香味能与猪肉完美融合，这种搭配常常用在法式冻糕中，可以有效地解除五花肉中脂肪的油腻感。

4人份

海盐和现磨黑胡椒

1千克五花肉，带皮

6个成熟的小番茄，切成两半

10瓣大蒜，捣碎

2茶匙杜松子，捣碎

2~3片月桂叶

1小枝百里香

在肉皮上抹上盐，把肉放在冰箱里冷藏2小时。烤箱加热到150℃，放入一个小烤盘，加热几分钟。

轻轻将猪肉上的盐洗掉，用厨房用纸擦干。从烤箱中取出烤盘，放入小番茄，用盐和胡椒调味。撒上大蒜、杜松子、月桂叶和百里香。把猪肉放在最上面，皮朝上。将烤盘放回烤箱，慢烤3~3.5小时。

把猪肉取出来，放在上方加热过的烤架下面烤5~6分钟，使皮变脆。用一片锡纸把肉包裹起来或者用盖子盖上猪肉，静置10分钟。之后，把猪肉取出切片。把番茄和大蒜从锅中铲出，把脂肪留在烤盘中。

猪肉搭配大蒜和番茄的酱汁或者土豆泥一起食用。

马来西亚椰浆干烧肉（Malaysian rendang）

8人份

8棵青葱，切碎

4瓣大蒜，捣碎

5个红辣椒，去籽切片

1小片新鲜芦苇姜，切碎

1升椰奶

1千克牛颈肩胛骨处的肉排，切小块

1片萨拉姆叶或1小枝咖喱叶

2汤匙胡荽籽粉

1茶匙小茴香粉

1茶匙黄姜粉，或用1汤匙切碎的新鲜黄姜代替亦可

1根香茅的茎，只取底下1/3的部分，捣碎

2茶匙糖

1茶匙罗望子浓缩液，用温水泡开

首先，先制作辛辣口味的调味酱料。将青葱、大蒜、辣椒、芦苇姜以及2~3汤匙的椰奶混合，搅拌成顺滑的泥状酱料。准备一个炒锅，将刚刚做好的酱料倒进去，再加入牛肉，搅拌均匀，使牛肉能被酱料包裹。

将剩下的香料和准备好的椰奶全部倒进锅里，然后搅拌均匀，煮滚再转成小火，不用盖锅盖，慢慢熬煮1.5小时，直至锅里的水分大都蒸发掉，肉也变得很嫩。

看到椰奶中的油浮出来时，要不断搅拌直至被牛肉吸收。最后再加入糖和罗望子，搅拌过后就熄火。

马来西亚椰浆干烧肉的汤汁很少，可以和米饭一起搭配食用。像大多数炖肉一样，如果提前一天做好并且再次加热味道会更好。

泰式咖喱牛肉（Thai beef curry）

4人份

2汤匙葵花籽油

2汤匙红咖喱酱（p.272）

750克牛里脊肉或牛臀肉，切成条状

750毫升椰奶

2汤匙鱼露

4片亚洲青柠叶

2个红辣椒，去籽切片

1汤匙棕榈糖或红糖

4汤匙烤过的花生，捣碎

2汤匙切碎的胡荽叶

准备炒锅，热锅，倒油，然后将咖喱酱倒进去翻炒，炒出香味。此时再加入牛肉，跟咖喱酱搅拌在一起，煮到牛肉表面变成褐色。再倒入椰奶、鱼露、青柠叶、辣椒，煮到沸腾，再转成小火慢慢熬煮20分钟，直到牛肉变嫩。

加入糖和花生碎搅拌，将锅里的材料倒进待会儿要上菜用的盘子里，然后在上面撒点胡荽装饰，搭配泰国香米食用。

如果没有红咖喱酱的话，可以用另一种印度香料风味的印式泰国咖喱酱（p.273）代替。

埃塞俄比亚炖鸡（Chicken wat）

　　埃塞俄比亚的"wat"是一种用香料调制得很美味的炖菜，通常吃这种炖菜时，当地人会配着扁面包一起吃。不过，不想吃面包的话，搭配米饭或是北非小米饭也是不错的选择。

6人份

1.5～1.8千克鸡肉片，去皮

60克黄油

4颗大洋葱，切碎

3瓣大蒜，剁成细末

1汤匙埃塞俄比亚综合香料（p.284）或非洲炖煮用香料（p.285）

400克番茄罐头，切碎

盐

用一把锋利的刀在每片鸡肉上轻轻地划上几刀，使酱料比较容易地渗入鸡肉。准备一个大型的深口锅，放入黄油，热锅，倒入洋葱，炒至金黄色。再加入大蒜，继续翻炒1～2分钟。然后再倒入综合香料，跟洋葱搅拌均匀，最后放入番茄。

将锅盖盖上，用小火慢慢煨煮15分钟，煮到酱料收汁变成浓稠状。此时将鸡肉放进锅内，调成小火，如果看起来太干太稠的话，可以加一点水进行稀释。盖上盖子，继续炖40～45分钟直到鸡肉变得很嫩为止。尝一下味道，如果想要咸一点，可以再加一点盐。

鸡肉串烧（Chicken tikka）

4人份

600克带骨鸡肉

200毫升酸奶

1汤匙唐杜里炭烤用香料（p.276）

2汤匙葵花籽油

2颗柠檬

1小把胡荽或薄荷

将鸡肉切成5厘米大小的块，先将酸奶搅打一会儿，再加入唐杜里炭烤用香料和油一起搅拌。将鸡肉放进酸奶酱里，至少腌2小时。等到可以烹饪时，再将烤箱预热到220℃。如果不想用烤箱的话，也可以准备烤炉和烤架。用烤肉叉将鸡肉块串起来，再将串好的鸡肉放到抹油的烤架上烤。若只是想在室内烤肉食用的话，就将鸡肉放到铁盘里烤。

用烤箱烘烤的话，要花12分钟左右。如果是用铁架烤的话，要花10分钟左右。烤的过程中要记得转动一次烤肉叉，以便让肉受热均匀。

若是户外烤肉的话，则需要10～12分钟的时间。当然，不管哪一种方式，都要记得转动烤肉叉让肉能均匀地烤熟。烤好的鸡肉串烧，配着切成楔形的柠檬和切碎的胡荽（或薄荷）一起吃，非常美味。胡荽酸甜酱（p.301）是鸡肉串烧的最佳搭配。

加勒比风味咖喱鸡（Caribbean chicken Colombo）

这道咖喱口味食谱来自法属加勒比海群岛，适合使用小山羊肉、小羊肉、牛肉、猪肉以及鸡肉等制作。

6~8人份

1.5千克鸡肉片，去皮

3汤匙葵花籽油

2颗洋葱，切碎

4瓣大蒜，切碎

1小片生姜，切碎

2汤匙西印度群岛科伦坡咖喱粉（p.287）

2汤匙罗望子露（p.157）

300克南瓜瓤，切成厚片

300克甘薯，去皮后切成厚片

1个佛手瓜或1个茄子，去皮后切成厚片

600毫升鸡汤

盐

1汤匙青柠汁

1束细香葱或3根大葱，切碎

准备一个大的深口锅，倒点油，煎一下鸡肉片，让鸡肉两面都略微变色，然后将煎好的鸡肉放到盘子里。剩下的油用来将洋葱炒成金黄色，然后，再倒入大蒜、姜以及西印度群岛科伦坡咖喱粉，继续搅拌3~4分钟，直到炒出香料的香味。等到香料开始飘香时，就可以将鸡肉再倒回锅内，再加入罗望子、蔬菜以及高汤，然后用盐调味。

盖上锅盖。煮至沸腾后再转成小火，慢慢煨煮，大概要炖45分钟，炖到鸡肉和蔬菜都变得很软嫩即可。等到上桌食用时，再加入青柠汁搅拌一下，再撒上细香葱（或大葱）。这道咖喱适合拌饭一起吃。

这种科伦坡咖喱料理可以事先炖多一点，等到要吃时再加热即可。不过记得要等到食用时，才能加入青柠汁与香草。

印度香料烤鸡（Pot-roasted chicken with Indian spices）

4人份

1只鸡（1.5千克）

4茶匙印度综合香料（P.275）

厚切片鲜姜，切碎

1瓣大蒜，捣碎

1/2茶匙盐

30克黄油

3汤匙葵花籽油或澄清的黄油

做这道菜之前2~3小时就要开始处理鸡。混合印度综合香料、姜、大蒜和盐，然后将混合物加入黄油中制成糊状物。用手指按摩鸡肉，将鸡肉保持松弛状态，但不要破坏鸡胸和鸡腿的皮层。将香料抹在鸡肉上进行按压。静置2~3小时，使味道能渗进肉里。将烤箱加热至190℃。

在一个能够放下一只鸡的耐热砂锅里加热油。将鸡肉放在锅里，盖紧盖子，烘烤30~35分钟，然后将鸡肉翻个面再烘烤30分钟左右。最后将鸡胸朝上，用锅里的汤汁浸泡，然后将砂锅放进烤箱中，不盖锅盖，烤10~15分钟，使鸡的表面变成褐色。用扦子刺穿大腿最厚的部分，如果有清澈的汤汁流出来，就烤好了。切开后，将砂锅中的汤汁浇在鸡肉上。搭配柠檬角，酸辣酱或酸奶和香草酱，和米饭一起食用。

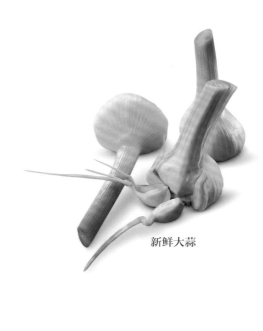

新鲜大蒜

细香葱

蔬菜料理

番红花奶油豌豆（Peas in saffron cream）

　　这个菜最好是用新鲜豌豆做，如果没有，可以用冷冻的青豌豆代替。

6人份

60克黄油

2.25千克豌豆（带壳），约600克去壳的

1茶匙糖

盐和现磨黑胡椒

10个番红花，捣碎

150毫升高脂浓奶油

1/2茶匙面粉

1汤匙切碎的莳萝或香葱

把黄油和100毫升水煮沸。加入豌豆和糖，调味，调至小火，盖上锅盖，小火加热8~10分钟，直到豌豆几乎软掉。如果锅中有几勺液体，则不要盖锅盖，将水分蒸发掉。

将番红花与1汤匙温水混合，并将面粉一起搅拌到奶油中。将奶油混合物倒在豌豆上，煮沸后，就可以撒上莳萝或香葱食用。

五香扁豆（Spiced lentils）

4人份

250克普伊扁豆

2片月桂叶

1茶匙胡荽籽粉

3/4茶匙小茴香粉

2个小豆蔻豆荚，仅取籽使用，捣碎

1颗中型洋葱

盐

4汤匙高脂浓奶油，或用特级冷压初榨橄榄油代替

1瓣大蒜，加少许盐捣碎

1汤匙切碎的薄荷

1汤匙切碎的罗勒，最好选泰国罗勒或茴香罗勒品种

将扁豆、月桂叶、香料和整颗洋葱都倒入大锅里。再加入900毫升水，煮至沸腾，然后转成小火，锅盖盖一半即可，慢慢熬煮20分钟，煮到扁豆变软。在煮到最后5分钟时，根据个人口味加盐调味。将材料捞出来，沥干水分，丢掉月桂叶和洋葱。再将鲜奶油或橄榄油加热，加入大蒜翻炒，淋到扁豆上。边淋边搅，让扁豆能充分裹上酱料。再将香草加进去，搅拌一下即可食用。

干月桂叶

四季豆佐味噌芝麻酱（Green beans with a miso and sesame sauce）

4人份

2汤匙白味噌酱

2汤匙芝麻酱

1小块姜，切碎

1汤匙味淋酒

2~3汤匙日式狐鲣鱼汤

350克四季豆或扁豆

2茶匙芝麻，烤熟的

把生姜、味淋酒、味噌酱和芝麻酱混在一起。每次加入一些狐鲣鱼汤，将混合物稀释成糊状。

将四季豆或扁豆在沸腾的水中焯一下，如果使用四季豆，则煮沸1分钟，如果使用扁豆就煮2分钟。捞出，沥干水分，在冷水冲洗冷却，斜切成2厘米的长度。四季豆或扁豆淋上酱汁，撒上芝麻，晾至室温后食用。

八角焖小茴香（Braised fennel with star anise）

4人份

4个球茎茴香

2瓣大蒜，切片

2个八角茴香

4汤匙橄榄油

300毫升蔬菜高汤

盐和现磨黑胡椒

1汤匙切碎的细香葱

修剪茴香，去头去尾，剥掉外面的叶子。将茴香并排放进深口锅内，同时放入大蒜和八角。之后倒入橄榄油和高汤，用盐和胡椒调味。盖上锅盖煮滚，等到沸腾之后，再转成文火慢慢炖煮30~40分钟，中途将茴香翻一次面。如果刀子可以刺穿茴香时，就代表茴香已经煮好了。有点脆脆的口感并且有嚼劲的茴香，尝起来才是最美味的。

马郁兰拌胡萝卜
（Glazed carrots with marjoram）

4人份

500克胡萝卜，切成薄片

盐和现磨黑胡椒

60克奶油

2茶匙切碎的马郁兰

1/2未上蜡的橙子，果肉榨汁，橙皮磨碎

准备一锅盐水，煮沸，将胡萝卜放进去煮4~5分钟，煮至变软。然后把胡萝卜捞出，沥干水分，将胡萝卜倒进融化的奶油里搅拌，再加入胡椒、马郁兰、橙汁以及橙皮。煮1~2分钟，即可上桌食用。

甜马郁兰

莳萝拌甜菜根（Beetroot with dill）

4人份

300克生甜菜根

2汤匙橄榄油或核桃油

1汤匙香醋

2~3汤匙切碎的莳萝

将甜菜根剥皮（戴上手套可以避免手被染红）。将油加热，倒入甜菜根，翻炒并搅拌5~6分钟。把甜菜根放在一个预热过的盘子中，洒上香醋，加入大部分莳萝搅拌，留下一点点装饰顶部。这道菜可以趁热食用，也可以晾凉后作为沙拉食用。

南瓜泥（Squash purée）

2人份

1个中小型的南瓜

盐和新鲜研磨的黑胡椒

1/4~1/2茶匙五香粉

60~80克黄油

150~200毫升奶油

2汤匙朗姆酒或威士忌（可选）

烤箱加热至190℃，把南瓜切成两半，取出里面的籽，根据其大小和品种，烘烤30~45分钟。用勺子取出南瓜肉，用盐和胡椒调味，加入所选香料，再添加适量黄油和奶油即可做出口感顺滑的南瓜泥；如果用到朗姆酒或威士忌，南瓜泥需要保持一定温度，盖上盖子，在低温烤箱中烤10~15分钟。

意大利面、面条和谷物料理

香草意面（Linguine with herbs）

这道料理对材料的要求比较严格。只有当你手边有新鲜优质的香草以及特级冷压初榨橄榄油时，做出来的意面才会好吃，否则不如不做。切香草时，不要用食物料理机，要手工切，这样香草口感会比较好。

4人份

4枝带叶的罗勒嫩枝

6枝带叶的平叶荷兰芹嫩枝

3枝带叶的马郁兰草嫩枝

1枝带叶的迷迭香嫩枝

1小枝带叶的牛膝草嫩枝

100毫升特级冷压初榨橄榄油

盐和现磨黑胡椒

1棵青葱，去皮后剁细

3~4汤匙新鲜面包丁

600克新鲜的扁平意面，或400克干燥的扁平意面

将所有香草中较为粗大的茎都挑掉，将留下来的叶片和嫩枝一起切碎。因为迷迭香和牛膝草这两种的叶片较为粗糙锐利，所以一定要剁细碎，否则口感不好。将切碎的香草放进等一下要端上桌的大碗里，留出2汤匙左右的橄榄油，其他的橄榄油全都倒进香草碗里。将留出的橄榄油倒入锅内加热，撒上足量的现磨胡椒、青葱和面包丁，快炒一下，直到面包丁变得酥脆。将扁平意面煮到弹牙的程度，并沥干水分。然后将意大利面倒入刚做好的香草橄榄油中，搅拌均匀。最后在上面撒上青葱和面包丁，即可上桌食用。

甘草罗勒

突尼斯风味意面（Tunisian rishta with chicken, peas, and broad beans）

Rishta是阿拉伯语中长条状意大利面的意思。如果买不到小蚕豆，可以用长在豆荚中的豆子，在沸水中煮几分钟，然后沥干水，去皮后备用。

6人份

2汤匙橄榄油

200克无骨鸡大腿，切成小块

1个洋葱，切碎

250克小蚕豆（去皮重量）

200克豌豆（去皮重量）

少量切碎的平叶荷兰芹

500克去皮、去籽、切碎的番茄或400克番茄罐头

1汤匙哈里萨辣椒酱

盐和新鲜研磨的黑胡椒

300克意大利宽条面

在平底锅中加热橄榄油，将鸡肉和洋葱炒至变色，不时搅拌。加入蚕豆、豌豆、荷兰芹、番茄、哈里萨辣椒酱，并用盐和胡椒调味。加入150毫升的水，慢炖30分钟，直到鸡肉熟透。将一大锅盐水煮沸并加入宽面条，根据包装袋上的时间烹调，煮至有嚼劲。沥干水分并加入鸡肉和蔬菜，与面食一起进行搅拌，再煮5分钟，然后盛出上桌食用。

西蓝花牛肉炒面

（Noodles with beef and broccoli）

2人份

300克牛的上腰里脊肉

3汤匙酱油

2汤匙米醋

1茶匙切碎的大蒜

1茶匙切碎的鲜根姜

1茶匙糖

4汤匙葵花籽油

250克鸡蛋面

200克分成小朵的西蓝花

4棵大葱，切成薄片

3汤匙切碎的胡荽

1汤匙烤过的芝麻

逆着肉的纹理将牛排切成细条状。将酱油、醋、大蒜、姜、糖和2汤匙油混合均匀，用来腌牛肉。静置30分钟，让牛肉腌入味。
煮开足量的水，不要放盐，直接煮面，煮到软硬度恰好即可。将面捞出来，过冷水，沥干水分。
准备一口炒锅，放入剩下的油，然后摇晃锅子，让油在锅内打旋，均匀沾满锅底和锅侧，再放西蓝花下去翻炒2分钟。接着放入面条，面条和西蓝花一起翻炒2分钟左右。之后再将牛肉和卤汁都倒进去，继续炒2分钟。此时就可以将大葱和胡荽都加进去搅拌。将锅内炒好的材料倒进预先温热好的碗里，上面撒上芝麻，即可上桌食用。

马来西亚香辣米线（Laksa）

这是一道口味新奇特殊的马来料理，用香料调味过的香辣椰奶清澈汤头来煮面条。石栗的果实很硬，有淡淡的苦味，油脂含量高，加在汤里面的话，会让汤的口感变得更加浓厚，作用有点类似勾芡剂。如果找不到石栗果实，可以用味道比较甘甜的夏威夷豆代替。本道料理所用的石栗果实和虾干都可以在亚洲商店里买到。

6人份

400克新鲜米线

2瓣大蒜

3根香茅的茎，仅取底下1/3使用

5厘米长的姜或芦苇姜

3根红辣椒，去籽

8颗青葱

2茶匙新鲜黄姜，或用1/2茶匙黄姜粉代替

5粒石栗果实

2汤匙虾干（虾米），用水泡发

200克豆芽，去尾

3汤匙葵花籽油

600毫升鱼高汤或鸡高汤

600毫升椰奶

400克白肉鱼的去骨鱼片，切成约4厘米的厚度

300克小明虾，先煮过并剥壳

盐

1颗青柠，榨汁

2棵大葱，切成薄片

2汤匙切碎的越南香草，或用胡荽代替

准备一个大锅，里面注入水烧开，但是不要加盐，用来烫米线。米线捞起来以后，再用冷水好好地冲洗。
制作香辣酱：首先将大蒜、香茅、姜、辣椒、青葱、新鲜的黄姜以及石栗果实，全都切成大块，再倒入食物料理机里，加上虾干一起打匀（如果选用的是黄姜粉，就在此时加进去一起打）。视情况而定，有必要时，加一点油进去，好让最后打出来的酱料能够变成顺滑的泥状。豆芽烫1分钟，沥干水分，然后再用冷水冲洗。用冷水冲洗可以让豆芽吃起来更清脆。
在大型的锅或是炒锅里，倒入剩下的油，热锅。加入做好的香料酱，不停地翻炒约5分钟，炒到酱料散发出香味，分泌出油脂和高汤能均匀混合在一起。然后再转小火，加入椰奶，小火熬煮2~3分钟。接着再加入鱼片，边煮边搅，煮到鱼肉快熟透时，再加入虾干，并用盐和青柠汁加以调味即可。
要上菜时，准备一只深碗，将米粉放进去，中间铺一层豆芽。然后再用长勺子舀一些海鲜和汤进去。最后用大葱和越南香草或胡荽叶装饰即可。

蔬菜拌面

(Stir-fried vegetables with egg noodles)

你可以改变这道菜中的蔬菜，以符合你的口味。使用蘑菇、芹菜或切碎的青豆。如果您想要一份非素食餐，那就在调味料开始变色的时候加入300克猪肉。

3 ~ 4人份

300克新鲜或干燥的鸡蛋面

1.5汤匙芝麻油

2汤匙葵花籽油

3瓣大蒜，切碎

1块新鲜根姜，切碎

2个小辣椒，去籽切碎（如果想要更辣可以多准备一些）

100克胡萝卜，切成丝

1 ~ 2棵小白菜或者其他绿叶蔬菜，如果叶片太大就切开

1个红辣椒，切成条

100克嫩豌豆或雪豌豆

80克豆芽

2 ~ 3汤匙酱油

5 ~ 6根小葱，切成条

1大把芫荽叶和切碎的芫荽茎

在温水中冲洗新鲜面条，然后在一大锅无盐的沸水中煮。面需要煮1 ~ 4分钟，煮面的时间取决于面的厚度。如果使用干面，需要煮4 ~ 10分钟。在达到推荐烹饪时间之前尝一下，不要过度烹饪。沥干水分，然后冲洗，再次沥干水分以去除淀粉。

如果需要将煮好的面在一边放置一段时间，将面放在碗中，加入1汤匙芝麻油搅拌。重新加热时，将面短暂地浸入一锅沸水中，或者将面放在笊篱上，过沸水。

加热一口大锅，加入葵花籽油，转动锅，使锅的四周和底面都沾上油，然后加入大蒜、姜和辣椒，快速搅拌，防止调味品烧焦。加入胡萝卜，翻炒1 ~ 2分钟，然后放入小白菜。再翻炒1 ~ 2分钟，然后加入辣椒和肉酱，继续翻炒，然后放入豆芽。将剩下的芝麻油和酱油倒入面条中，然后搅拌，使其与蔬菜混合。最后，盛入碗中，撒上葱和胡荽。

马拉巴尔抓饭（Malabar pilaf）

这种饭来自印度西南部的山丘，那里的香料植物种类繁多，是炖鸡肉或羔羊，或炖菜的最佳搭配。这种抓饭搭配的香料中只有孜然籽才能吃。

4 ~ 6人份

500克印度香米

2汤匙葵花籽油或澄清的黄油

1颗大洋葱，切碎

8个青小豆蔻豆荚

1根肉桂棒

8粒丁香

1茶匙孜然籽

12粒黑胡椒

1茶匙盐

适量米用冷水洗涤，沥干，冲洗，直至水清澈透明，在冷水中浸泡30分钟左右。

在一个厚平底锅中加入油，将洋葱炒至金黄色。轻轻地打开豆蔻豆荚，将三分之一的肉桂磨碎。将所有香料与洋葱混合，轻轻翻炒约30秒钟，直到香料稍微膨胀并变暗。沥干米中的水，并倒入锅中。翻炒2 ~ 3分钟，搅拌，直至米变成半透明。米和沸水按照1:1.25的比例加入锅中。用盐调味，重新煮开。调至小火，盖上锅，煮15分钟，至水被吸收，米的表面被微小的蒸汽孔覆盖。如果你愿意，可以在这时将油或黄油倒入米饭中。

把毛巾折起来，盖在锅上，盖上盖子，然后将毛巾的顶部折叠起来。大火加热5分钟以上，然后关火，使其不受干扰蒸发5 ~ 10分钟。用木叉子把米饭翻到一个加热的盘子上，这样就可以把米饭弄松了。

丁香

伊朗香草饭（Rice with herbs）

这是一道兼具美观与口感的佳肴。白色的米饭夹有翠绿的香草，锅底焦黄酥脆的锅巴更是一大惊喜。这道伊朗美食最好选用新鲜的香草材料，干燥的香草也可以替代。500克米饭大约需要15~20克干燥香草调味。在加进米饭前，新鲜的香草必须先经过脱水处理，完全沥干水分。所以制作时，先将香草放进沙拉蔬果脱水器把水分彻底甩干，或是用抹布轻柔地将水分挤干之后再切碎。

4人份

500克印度香米

盐

100克奶油，或6汤匙葵花籽油

80克莳萝，切碎

80克荷兰芹，切碎

80克胡荽，切碎

80克细香葱，切碎

将米放进锅中清洗，直到洗米水不再混浊为止，然后再将米倒回锅内，用盐水浸泡至少2小时。泡得越久，米的口感越好。

将米饭的水分沥干。准备2.5升的水，加入1汤匙盐烧开。水沸腾后，将米放进去，同时加以搅拌以免粘锅。让米饭继续煮，不要盖盖子，煮约2~3分钟，米饭外面变得柔软，里面还是有点硬的程度即可。此时将米饭捞出来沥干，然后用温水冲洗一下。

如果有不粘锅且大小容纳得下这些米的话，就很适合用在此处。若没有不粘锅，就把刚刚煮米的锅洗干净，再拿来用。在锅内放入一半分量的奶油（或葵花籽油）以及3汤匙水。等到奶油熔化（或葵花油热了），铺上一层米，将三种混合香草倒进去一些。重复同样的步骤，层层铺上去。铺的时候，每一层都铺得比下面那一层窄一点，这样一来，铺到最后，米饭的形状看起来就像是锅中隆起的圆锥体一样。等到最上面那一层铺上米就完成了。用木质汤匙的柄，把堆得像小山丘一样的米饭，由上往下捅2~3个洞，让蒸汽能散发出来。再淋上剩下的奶油或油。将毛巾折好，盖到锅子上，再盖上锅盖。要将毛巾的四角往上塞到锅盖上，避免太接近火源而烧起来。用大火煮3~4分钟，看到米饭一直在冒蒸汽时，就将火转小，然后继续蒸30分钟。为什么还要另外垫上毛巾呢？因为毛巾可以吸收多余的蒸汽，使米饭能保持粒粒松散不粘连。煮好后，让锅盖和毛巾继续盖着，放在合适的地方保温20~30分钟。食用时，将盘子和木叉温热一下，再将米饭盛进去。再用刮刀将底部锅巴铲起来，然后铺在米饭四周。

西班牙风情烤饭（Arroz al horno）

这道西班牙料理是将米和鹰嘴豆在烤箱里烤制而成的。西班牙米的颗粒为中等大小，如果找不到西班牙米，就用意大利米，会比长粒米更好。鹰嘴豆提前煮熟（或使用罐头）。烤饭中心放一整头大蒜，使整个饭吃起来味道更醇厚。

4~6人份

1头大蒜

80毫升橄榄油

3个番茄，去皮并切碎

2块土豆，切成薄片

1茶匙熏制辣椒粉盐

120克鹰嘴豆，煮熟

750毫升蔬菜或鸡肉

400克大米

将烤箱加热至200℃。从大蒜中取出松散的外皮，但保持整体完好无损。在一个耐热砂锅中加热油（在西班牙，人们通常使用陶锅），烘烤大蒜。2~3分钟后，加入番茄和土豆。炒几分钟，放入辣椒粉和盐，并加入鹰嘴豆，加热。将米放入盘中，搅拌均匀，然后倒入所有的材料，确保大蒜在中心。煮沸，调至小火再煮2~3分钟，然后将菜肴放回到烤箱中烤约20分钟。检查米饭是否蒸熟，并从烤箱中取出菜肴。将蒜瓣分开，搭配米饭一起食用。

变化

在一些地方，会加入小块血肠或香肠，有时会加入在温水中泡至饱满的葡萄干，还有一些地方用扁豆替代了鹰嘴豆。西班牙风情烤饭可以用不同的方式来诠释，但要保持相同比例的米和鹰嘴豆或豆子，并使用整头大蒜才能保证其基础风味。

藜麦沙拉

（Artichoke, broad bean, and quinoa salad）

　　藜麦来自藜科家族，所以它不是严格意义上的谷物，而是其中的一种作物。它原产于安第斯地区，现在在超市和保健食品店随处可见。

4人份

200克藜麦

4~5颗朝鲜蓟心

1汤匙橄榄油

300克带荚蚕豆

100克腰果

3个大番茄，切丁

1颗小红洋葱，切碎

1小把日本沙拉菜，金丝旱金莲雀或其他沙拉叶

2茶匙孜然

盐和现磨黑胡椒

2~3汤匙葡萄酒醋

5~6汤匙特级初榨橄榄油

适量罗勒叶或琉璃苣花

冲洗藜麦，并在600毫升水中煮15~20分钟，煮至水分被吸收，这种状态下就可以用于烹饪了。沥干水，在冷水下冲洗，散布在托盘上干燥。

如果使用冷冻的朝鲜蓟，使用前要焯一下。将它们切成条状，用1汤匙橄榄油翻炒。将蚕豆放入加盐的开水锅中焯一下，沥干水分，然后在冷水下冲洗并去皮。在干煎锅中小火烤一下腰果。

将孜然、盐、胡椒、葡萄酒醋和橄榄油拌匀，倒入沙拉碗中。将朝鲜蓟、蚕豆和晾凉的腰果和晾干的藜麦混合之后，将沙拉叶添加到碗中，然后将除罗勒叶之外的剩余配料加进去，轻轻搅拌，把罗勒叶或琉璃苣花撒在上面用作装饰。

罗勒叶

时蔬粗粮饭

（Couscous with seven vegetables）

　　这是摩洛哥的传统料理。里面用的蔬菜种类不拘，如南瓜、豌豆、土豆、朝鲜蓟等，各类当季的蔬菜均可，不见得一定要按照下面的食谱所列出的材料。

6人份

3汤匙橄榄油

1茶匙现磨的黑胡椒

1汤匙红椒粉

1汤匙胡荽综合香料（p.283），或用磨碎的小茴香和胡荽代替

2颗洋葱，略切

3颗番茄，去皮切碎

60克鹰嘴豆（事先浸泡过夜），或是用1/2罐的罐装鹰嘴豆（使用前要先冲洗一下）

2根胡萝卜，切成厚片

2根小胡瓜，切成厚片

3根小白萝卜，各切成四等份大小

200克去壳的新鲜蚕豆，或用冷冻蚕豆代替

200克甘蓝菜心，切片

2根红辣椒，切成块

1小把胡荽叶，切碎

盐

300克快熟北非小米

突尼斯辣酱（p.292）

准备一只大锅，倒油热锅，将香料和洋葱放进去，用中火炒3~4分钟，再加入番茄，继续翻炒几分钟。

如果是用事先浸泡的新鲜鹰嘴豆，先将水分沥干，再倒入锅内，同时加900毫升水，煮沸，盖上锅盖，然后保持沸腾40分钟。此时，再加入其他的蔬菜、胡荽叶和盐，再继续煮20~30分钟，煮到所有的蔬菜都熟透可以食用为止。

如果用的是罐装的鹰嘴豆，就要等到要放其他蔬菜、胡荽和盐时，再一起放入锅中，一样加水煮沸，再改成小火熬煮20~30分钟，让蔬菜都熟透。

当蔬菜炖得差不多时，就该准备北非小米了。按照北非小米包装上的说明进行处理。上菜时，先温好盘子，然后将处理好的北非小米堆到盘子上，再放上蔬菜，淋上一些汤汁即可。然后舀一点炖菜的汤汁，倒进突尼斯辣酱里，稍微搅开，稀释一下，并将剩下的汤汁装到另外一只碗里。最后，将装好盘的粗粮饭、突尼斯辣酱以及炖菜的汤汁一起端上桌食用。

蛋糕和甜点

杏仁蛋白软糖蛋糕
（Marzipan cake）

这是一款很受欢迎的茶点蛋糕，杏仁蛋白软糖赋予了它丰富的口感。蛋糕可以在罐子里保存几天。

可容纳1千克蛋糕的长条锡纸

150克黄油

120克细砂糖

3个鸡蛋，蛋清、蛋黄分离备用

2茶匙朗姆酒

100毫升酸奶油，或者是淡奶油混合2茶匙柠檬汁

200克杏仁蛋白软糖，在冰箱中冷冻30分钟，磨成粉

150克中筋面粉

2茶匙泡打粉

少许盐

将烤箱预热到180℃，在锡纸底部涂上一层油。在碗里打发黄油和糖，直至颜色发白，并稍有膨胀。每次加入一个鸡蛋黄，充分搅拌使之完全混合，然后加入朗姆酒和奶油。一边搅拌一边加入磨碎的杏仁蛋白软糖。
将面粉、泡打粉和盐一起过筛2～3遍，蛋白打至硬性发泡。将面粉调成糊状，然后加入2～3汤匙打好的蛋白使面糊膨松，用一个大的金属勺把剩下的蛋白搅拌进去。
将混合物倒入锡纸盒中，放入烤箱烤1个小时，直到针插入蛋糕中心部位再拔出时，针上是干净的为止。取出锡纸盒，放置在烤架上晾10分钟后将蛋糕从锡纸盒中取出，放在烤架上至完全凉透。

香草冰淇淋（Vanilla ice cream）

6人份

450毫升全脂牛奶或淡奶油

1个香草豆荚，纵向剖开

4个蛋黄

150克细砂糖

150毫升高脂浓奶油

将牛奶或淡奶油和香草豆荚放在高身平底锅中，小火煮至沸腾。熄火，盖上锅盖，闷20分钟。将香草豆荚取出，把种子取出放回液体中。
将蛋黄和糖一起打发至白色黏稠状。用小火重新加热一下香草牛奶或奶油。先取一些香草牛奶打进蛋黄里，再将蛋糊全部倒入香草奶油中，用小火加热。不停地搅拌，不要让其沸腾，直至混合物黏稠至可以挂在勺子背上，这将花费几分钟的时间。
把锅从火上取下，持续搅拌至完全冷却。轻轻地搅打高脂浓奶油，将其加入混合物中。冻在冰淇淋机中，之后按照冰淇淋制造机的说明制作。

香草冰淇淋的变化

小豆蔻冰淇淋（Cardamom ice cream）
用8颗小豆蔻豆荚代替香草豆荚。小豆蔻的豆荚要事先稍微压碎，浸泡时间改为30分钟，要过滤，其他做法同上。

肉桂冰淇淋（Cinnamon ice cream）
用1汤匙磨得很细的肉桂粉代替香草豆荚。使用肉桂粉的话，就不需要像香草豆荚一样事先浸泡在牛奶中，只要直接按上面的做法进行即可。

薰衣草冰淇淋（Lavender ice cream）
用3汤匙新鲜的薰衣草花代替香草豆荚。薰衣草花也需要在牛奶中浸泡1小时。同样地，染有薰衣草香气的牛奶也要过滤后才能使用。等到要加入高脂鲜奶油时，再将1茶匙的薰衣草花剁成细末，一起加入即可。

香子兰豆荚

肉桂葡萄酒烤无花果（Baked figs with port and cinnamon）

如果手边有一些不是很成熟的无花果，这道甜点就是最棒的解决方法。这道甜点的调味料也可以随着个人的喜好稍作改变：不想用肉桂的话，可以用4~5个小豆蔻豆荚或是1茶匙薰衣草花代替；葡萄牙甜红葡萄酒则可以改用麝香葡萄酒或是其他配着甜食享用的餐后甜酒代替；糖浆也可以改用橙汁或少许糖来代替。除了不太成熟的无花果，其他只要是还有点青涩的果实，如摸起来还很硬的桃子或油桃，都很适合用于这道甜点。

6人份

100毫升水

60克糖

6汤匙葡萄牙甜红葡萄酒

1/2根肉桂棒

12颗无花果

将烤箱预热到200℃。准备一个小型的长柄平底深锅，倒入水和糖，一起加热，煮到糖溶化之后，再继续用小火慢慢熬煮糖浆3~4分钟。准备一个能容下所有无花果的烤盘，将糖浆与葡萄酒倒进去。再将无花果放进盘子里，塞上折成两截的肉桂棒。
然后放进烤箱烤20~30分钟。烘烤时间的长短取决于无花果的成熟度。将烤好的无花果夹进上菜用的盘子。将剩下的糖汁倒进锅中煮到略微变稠，经过滤后再淋到无花果上。这道甜点最好趁热吃，不然就等完全放凉后再食用。

杏仁薄脆饼（Speculaas）

这是荷兰风味的饼干，可以是薄的、脆脆的或酥饼状，它们是12月5日圣尼古拉斯节日的传统食物。饼干可以在一侧印上图像或图案，或者用传统的木制模具切割成圣尼古拉斯或荷兰风车等图案。使用的传统香料是肉桂、肉豆蔻、五香粉、丁香和豆蔻，姜有时也包括在内。下面这份食谱可以制作出稍厚的脆饼型饼干。

依据饼干大小，制作15~20块

2茶匙肉桂

1/4茶匙磨碎的多香果

1/4茶匙丁香粉

1/2茶匙磨碎的肉豆蔻

1/4茶匙小豆蔻种子，去掉豆荚

200克自发面粉

100克绵红糖

125克黄油

片状巴旦木（可选）

将所有香料混合在一起，拌入筛过的面粉中，并在糖和黄油中逐渐混合，可以使用食品料理机或直接用手。如果混合物看起来很硬，加入1汤匙水揉成面团。将面团放在面板上，滚成5毫米的厚度。将烤箱加热至180℃。将面团切成圆形或其他形状，并将其放在带有防油纸的烤盘上，可根据个人口味撒上薄片状杏仁，烘烤15~20分钟，至颜色金黄。

丁香

鸣谢

关于作者

Jill Norman是一位受人尊敬的作家和编辑，她对世界各地的美食有着广泛的了解和认识。在20世纪70年代，Jill Norman为企鹅出版社编写了关于食物和酒的系列图书。因此，她开启了追寻饮食文化之旅。她还热衷于发现香草与香料的来源以及使用方法，在国际上，她被认为是香草与香料方面的权威人士。其所著的《香料全书》在英国和美国获奖，第一版《香草与香料》荣获德国美食学院奖。她的书籍被翻译成多种文字版本。另外，Jill曾是Elizabeth David的出版人，现在是David地产的文学受托人。

作者致谢

2015年第二版：对于第二版的出版，要再次感谢出版商Mary-Clare Jerram精心统筹一个优秀的出版团队。DK伦敦出版社的Dawn Henderson, Peggy Vance和Christine Keilty以及DK新德里出版社的Janashree Singha, Ivy Roy, Navidita Thapa和Alicia Ingty一直在提供建设性意见以及富有耐心的帮助，并在极为有限的期限内完成诸多工作。我向他们致以最诚挚的感谢。

2002年第一版：首先感谢我的丈夫Paul Breman，他帮助我进行研究，并在整本书的写作过程中不断鼓励我，并且还为我的书编制了目录。

许多朋友慷慨地提供了自己所处区域以及专业领域的信息和样品；感谢Lynda Brown, Vic Cherikoff, NevinHalıcı, Ian Hemphill, Richard Hosking, Philip Iddison, Aglaia Kremezi, Myung Sook Lee, Maricel Presilla, Diny Schouten, MariaJosé Sevilla, Margaret Shaida, David Thompson, Yong Suk Willendrup, Paula Wolfert和Sami Zubaida。

密尔沃基香料屋的William Penzey慷慨提供了丰富的香料以及相关信息；印度香料局的P.S.S. Thampi博士为我介绍了喀拉拉地区的几位相关人士。在肉桂生产方面，Summa Navaratnam和N.M. Wickramasinghe提供了帮助；在香草方面，Aust&Hachmann的Patricia Raymond提供了帮助；在红辣椒和调料方面，匈牙利贸易办事处提供了帮助；西迪安花园的Sarah Wain带我参观他们令人印象深刻的辣椒丛。MSK的Kevin Bateman提供了克什米尔藏红花和波旁香草的样品；劳雷尔香草农场的Chris Seagon提供了香草；Jason Stemm为我提供了美国香料贸易协会的统计资料，皇家园艺协会的A.C. Whitely和基尤皇家植物园的Mark Nesbitt博士帮助我辨别波斯豸草。DK出版社的Mary-Clare Jerram，艺术总监Carole Ash以及他们的团队构思了一本令人眼前一亮的高品质书籍。Gillian Roberts可谓执行编辑的楷模；Frank Ritter和Hugh Thompson在他们的编辑工作方面付出了艰辛的劳动，提出了建设性的意见。Toni Kay和Sara Robin提供了大气而富有想象力的设计；Dave King制作了所有香草和香料的生动而翔实的照片。再次感谢以上所有人。

出版商致谢

2015年更新版：DK出版社要对Michele Clarke所做的目录工作，Dorothy Kikon, Seetha Natesh, Arani Sinha和Neha Samue所做的校对工作表示感谢。

2002年第一版：DK出版社感谢Marghie Gianni和Jo Gray提供设计帮助；Sarah Duncan提供的图片研究；Jo Harris的研究调查和风格设计；Nancy Campbell在摄影方面的研究和采购工作；Jim Arbury提供的汉堡荷兰芹；香料屋的Patty Penzey；安大略省Richters的Debbie Yakeley；以及在佛罗里达州帮助我们获得在英国无法找到的诸多新鲜香草和辣椒的所有人，包括杰克逊维尔的Linda Cunningham以及Maggie香草农场的Maggie，提供棕榈谷辣椒的Tim Baldwin, Della以及Paul Figura。

图片感谢

出版商想要感谢以下人员给了我们使用图片的许可：

a=上；b=下；c=中间；l=左；r=右；t=顶部；

Anthony Blake图片库：Sue Atkinson 75br; Martin Brigdale 193r; Graham Kirk 212; Andrew Pini 75 bl。

Jacques Boulay: 151br, 180 - 181。

Corbis图库：Jonathan Blair 44bl; Chris Bland 45tl; Michael Busselle 75tr; Dean Conger 192b, 193bl; Ric Ergenbright 180bl; Owen Franken 74b, 151tr, 232tl, 233tl, 233tr; Michael Freeman 150 - 151b; Lindsay Hebberd 232 - 233; Chris Hellier 45tr, 150bl; Dave G Houser 212cl; Earl & Nazima Kowall 181tl; Gail Mooney 213tl; Caroline Penn 181tr; Kevin Schafer 150t。

Flowerphotos网站：Barbara Gray 192tl。

花园图片库：David Cavagnaro 74-75; Brigitte Thomas 151tl; Michel Viard 213tr, 213br, 232tr。

牛津科学电影：Deni Bown 193tl; Alain Christof 44-45; Bob Gibbons 213bl; TC Nature 233br。

Dorling Kindersley: mowie kay137。

所有其他图像 © Dorling Kindersley。

Dorling Kindersley图片库包含超过250万张图片，包括旅游摄影，食物和饮料。欲了解更多信息，请访问www.dkimages.com。